高职高专教育“十二五”规划教材

网站建设技术

主　编　李京文

副主编　刘春友　王鹤琴　王琦进　王德正

内 容 提 要

本书的编写本着**“案例驱动，教学做一体”**的理念进行，把知识学习与技能训练、学校与企业、职业素质训导与能力培养有机结合起来。全书共 12 章，主要内容包括：网站建设概述、网站规划与设计、使用 HTML 制作网页、使用 CSS 布局网页、使用 JavaScript 设计网页特效、使用 VBScript 脚本编程、使用 ASP 内置对象、使用 SQL 操作数据库、使用 ADO 对象访问数据库、企业网站后台管理系统设计、企业网站前台页面设计、网站管理与维护。

本书的编写体例为：**案例介绍→案例解析→案例实现**。案例设计本着由浅入深、循序渐进、可操作性强的原则，将知识点融于各个案例中。全书以若干个案例为载体，形成一个种类多样的案例群，构建一个完整的教学设计布局，并注意突出案例的趣味性、实用性和完整性。在引导学生完成每个案例的制作后，给出相关的综合练习。对于既是重点又是难点的知识，还会在不同的案例中反复使用，使学生能够举一反三，灵活应用。学生在完成案例制作的同时，就逐步掌握了网站建设的相关技术，具备独立的小型网站设计能力。

本书可以作为高等专科学校、高等职业技术学院、成人高校、民办高校网站建设技术课程的教材，也可以作为各种相关网站建设技能培训的教材，还可以作为网站建设爱好者的参考用书。

本书配有电子教案，读者可以从中国水利水电出版社网站和万水书苑免费下载，网址为：http://www.waterpub.com.cn/softdown/和 http://www.wsbookshow.com。

图书在版编目（CIP）数据

网站建设技术 / 李京文主编. -- 北京 : 中国水利水电出版社, 2012.7（2021.1 重印）
高职高专教育“十二五”规划教材
ISBN 978-7-5084-9842-3

Ⅰ. ①网… Ⅱ. ①李… Ⅲ. ①网站－开发－高等职业教育－教材 Ⅳ. ①TP393.092

中国版本图书馆CIP数据核字(2012)第119884号

策划编辑：雷顺加　责任编辑：宋俊娥　加工编辑：李元培　封面设计：李　佳

书　名	高职高专教育“十二五”规划教材 **网站建设技术**
作　者	主　编　李京文 副主编　刘春友　王鹤琴　王琦进　王德正
出版发行	中国水利水电出版社 （北京市海淀区玉渊潭南路 1 号 D 座　100038） 网址：www.waterpub.com.cn E-mail：mchannel@263.net（万水） sales@waterpub.com.cn 电话：（010）68367658（营销中心）、82562819（万水）
经　售	北京科水图书销售中心（零售） 电话：（010）88383994、63202643、68545874 全国各地新华书店和相关出版物销售网点
排　版	北京万水电子信息有限公司
印　刷	三河市鑫金马印装有限公司
规　格	184mm×260mm　16 开本　15.25 印张　398 千字
版　次	2012 年 7 月第 1 版　2021 年 1 月第 4 次印刷
印　数	6001—7000 册
定　价	28.00 元

前　言

“网站建设技术”课程是“网页设计与制作”课程的后续课程，是在掌握网页设计基本知识的基础上，讲解网站开发的相关知识和方法。

本书的编写本着**“案例驱动，教学做一体”**的理念进行，把知识学习与技能训练、学校与企业、职业素质训导与能力培养有机结合起来。

本教材的编写本着既注重培养学生自主学习能力、创新意识，又注意为今后的学习打下更好基础的原则，精心选择了针对性、实用性极强的案例。这些案例全部是针对学生的特点和设计网站的实际需求而选定的具有典型代表性的案例。例如，第 4 章根据使用 CSS 布局的特点设计了“网页设计教学”页面作为案例；第 5 章针对使用 JavaScript 设计网页特效，设计了具有“用户注册信息检验、显示系统日期、随机产生验证码”等功能的注册页面作为案例；第 7 章使用 ASP 内建对象，设计了用户登录、数据库连接等案例。学生每完成一个案例的学习，就可以立即应用到实际中，并具备触类旁通地解决网站设计中所遇到问题的能力。

为了便于学生学习，本书精选的案例遵循由浅入深、循序渐进、可操作性强的原则进行组织，并将知识点融会于各个案例中。以若干个案例为载体，形成一个种类多样的案例群，构建一个完整的教学设计布局，并注意突出案例的趣味性、实用性和完整性。在引导学生完成每个案例的制作后，给出相关的综合练习。对于既是重点又是难点的知识，还会在不同的案例中反复使用，使学生能够举一反三，灵活应用。学生在完成案例制作的同时，就逐步掌握了网站建设的相关技术，具备独立的小型网站设计能力。

本书共 12 章。第 1 章是网站建设概述，内容主要包括网站与网站建设的含义、当前流行的几种网站开发技术与工具的介绍以及构建 Web 服务器的方法；第 2 章介绍了网站规划与设计方法，主要内容包括网站规划与设计的基本知识、网站规划的方法和网站设计的一般过程以及如何编写网站策划书；第 3 章介绍了如何使用 HTML 编写页面，主要是通过案例介绍了 HTML 标记对页面进行布局控制等内容；第 4 章讲解了使用 CSS 布局网页的方法，内容主要包括添加样式表的方法、CSS 选择器的设置方法、盒子模型、文字、颜色和背景的设置方法以及多种页面布局的设置方法等；第 5 章介绍了如何利用 JavaScript 设计网页特效，内容主要包括如何在客户端使用 JavaScript 和在网页中应用 JavaScript 特效；第 6 章介绍了 VBScript 脚本编程的使用，主要内容包括 VBScript 基础知识和 VBScript 对象与事件；第 7 章讲解了 ASP 内置对象，主要内容包括 Request 对象、Response 对象、Server 对象、Session 对象和 Application 对象的使用；第 8 章讲解了 SQL 操作数据库，介绍了常用的 SQL 语句；第 9 章内容为使用 ADO 对象访问数据库，主要讲解了数据库连接对象、记录集对象的使用；第 10 章以一个新闻发布网站后台管理系统建设为案例，综合运用 ASP 技术，系统讲解了一个完整的网站后台系统的开发过程；第 11 章通过案例讲解了企业网站前台页面开发和设计方法，主要包括网站栏目结构设计，网站首页布局设计，首页新闻、图片等动态内容的设计，以及其他页面的设计与制作；第 12 章是网站管理与维护，本章将从网站域名的基础知识开始，介绍域名和空间的申请、网站的上传与发布、网站的维护与安全，及网站的评价与推广。

本书每章都配有习题和上机实验，供读者自我测试之用。

本书由李京文任主编，各章编写分工如下：第 1、5 章由刘春友编写；第 2、3 章由王德正编写，第 4 章由王鹤琴编写，第 7、8、9、12 章由王琦进编写，第 10、11 章由宋雅丽编写。全书由李京文和刘春友统稿与审校。本书的编写得到了李雪、孙衔亭、董武、李明才、汪采萍、翟梅梅、李军、秦晓彬、钱力航、胡玲丽、韩从梅和张友海等的大力支持，花冬梅老师为本书的面世提供了很多支持。

由于时间仓促，水平有限，书中错误和疏漏之处在所难免，希望广大的读者提出宝贵的意见和建议，在此一并致谢。

编者

2012 年 3 月

目 录

第 1 章　网站建设概述

近年来，随着网络技术的迅猛发展和Internet的普及使用，网站建设逐渐成为炙手可热的新兴行业。越来越多的企业开始意识到网站对提升企业形象、开展网络营销的巨大作用，纷纷组建企业网站，搭建电子商务平台。巨大的市场需求，促使网站建设面临前所未有的机遇与挑战。

本章将主要介绍网站与网站建设的含义，当前流行的几种网站开发技术与工具，以及构建Web服务器的方法。

- 了解网站与网站建设的含义。
- 了解常用的几种网站开发技术与工具。
- 掌握Web服务器的构建方法。

1.1　网站建设的含义

网站，实质上就是包括主页在内的很多网页的集合，也称站点，通过这些网页，各种各样的资源信息被放置在互联网上，供用户浏览使用。Internet 上每个网站和网页都可以通过超链接与其他网站或网页连接，从而形成了庞大的环球信息网。

网站建设是指由网站策划师、网页设计师、网络程序员等专业网站开发人员使用各种网络程序开发技术和网页设计技术，为企事业单位、公司或个人在Internet上建立站点，包括提供域名注册和主机托管等服务的总称，包括网站策划、网页设计、网站功能设计、网站内容设计、网站推广、网站评估、网站运营、网站整体优化等。

网站是展示企业形象、加强客户服务、完善网络业务的新型网络平台，通过建设网站，可以达到以下目的：

（1）企业形象展示与提升。随着全球化进程的推进，企业越来越多地要和外界发生行业内外的信息沟通，在时机成熟时，这种信息沟通就会成为潜在的市场。在互联网上，信息的沟通非常方便且廉价，企业的产品或服务信息可以直接陈列在互联网上供人们浏览。总而言之，建立自己的网站就等于找到了自己企业的一个永久的广告发布平台。

（2）网络化的业务、用户管理。在一个有相当规模的企业中，信息流、物流、资金流的管理应该有一个比较规范和科学的流程。而网络的出现，恰恰满足了这种业务管理自动化的需要。在这里，网络在提高效率，比如内部新闻通告、订货管理、客户管理、采购管理、员工管理等许多繁杂的工作都可以在互联网和局域网上很轻松地完成。

在互联网时代，网络在缩短距离，企业无需建立自己的分支机构或派遣业务人员就可将业务拓展到全国乃至全球，大大提高企业内部、生产者和用户联络沟通的效率。企业原有的业务系统一旦进入互联网的平台将创造更大的价值。

（3）开展电子商务。直接利用互联网开展电子商务，是企业上网的理想目标，目前对于一些大型公司来说这已成为现实。他们已经尝到了电子商务带来的巨大好处：内部信息数据的瞬间沟通、人员联系的日趋紧密、业务开展效率加快、国际化成分的日益增加、大量门面与分支机构的消减所带来的资金节约等。

建立网站的作用还有很多，在网站建立以后发挥的作用根据企业的不同其表现方式也是不同的。

1.2 网站建设技术介绍

网络技术日新月异，而作为互联网的重要载体之一的网站，建设技术也是在不断地更新升级。早期的网站建设技术主要是基于静态，网页文件扩展名为.htm 或.html，但随着站点内容和功能需求的不断复杂化，静态网站技术就显得不太适用，直到动态网站制作技术的出现才解决了这一矛盾。

“静态”网页：指网页的内容已预先设计好，并存放在 Web 服务器上，当用户通过浏览器及互联网的 HTTP 协议向 Web 服务器提出请求时，服务器仅仅是将原已设计好的静态 HTML 文档传送给用户浏览器。

“动态”网页：指网页能够根据用户的要求和选择，进行不同的处理，并根据处理的结果，自动生成新的页面，不再需要设计者手动更新 HTML 文档。

1.2.1 静态网页设计技术

常见的静态网页设计技术有以下几种：

HTML（HyperText Markup Language）：主要的用途是编写网页，由标记（Tag）与属性（Attribute）组成，浏览器只要看到 HTML 标记与属性就能将其解析成网页。虽然 HTML 源文件为纯文本文件，但由于包含指向定义多媒体元素的标记，故而网页上会产生图形、影像或声音等效果。

XML、XSL（eXtensible Markup Language、eXtensible Stype Language）：主要的用途是在 Internet 传送或处理数据时提供跨平台、跨程序的数据交换格式，其中 XML 用来描述文件的内容，XSL 用来描述文件的样式。XML、XSL 可以扩大 HTML 的应用及适应性，例如 HTML 虽然有着较佳的网页显示功能，却不允许用户自定义标记与属性，而 XML、XSL 则允许用户这么做。

CSS（Cascading Stype Sheets）：主要的用途是定义网页数据的编排、显示、格式化及特殊效果，虽然 HTML 提供的标记可以将数据格式化，但变化有限，而 CSS 正好弥补了这个不足。

DHTML（Dynamic HTML）：这项技术能够在网页下载完毕后插入、删除或替换网页的某些 HTML 原始代码，而浏览器会自动根据更新过的 HTML 原始代码显示新的网页内容，无须从服务器重新下载整个网页，如此便能大量减少浏览器访问服务器的次数；此外 DHTML 还允许设计者加入更多动态效果，例如文字或图片的飞出、跳动、逐字空投、波浪等。

XHTML（eXtensible HTML）：这是 W3C 按照 XML 1.0 的形式将 HTML4 重新制定的一

种标记语言，未来有望取代 HTML 成为网页制作的标准语言。由于 XHTML 是将 HTML4 按照 1.0 的形式重新制定，因此 HTML4 的元素与属性均能沿用，只是要留意一些来自 XML 1.0 的语法规则，例如标记与属性必须是小写英文字母，非空元素必须有结束标记，属性值必须放在双引号中，不能省略属性的默认值等。

JavaScript：是受 Java 启发而设计的、基于对象（Object）和事件驱动（Event Driven）并具有安全性能的脚本语言。因它的开发环境简单，不需要 Java 编译器，而是直接运行在 Web 浏览器中，因而倍受 Web 设计者喜爱。

1.2.2　动态网页设计技术

提到动态网站技术，就不得不提及 CGI 技术。这是一种早期的动态网页制作技术，全名 Common Gateway Interface（公用网关接口）。在当时这是一种非常大的进步，CGI 技术因为可以使用不同的程序编写适合的 CGI 程序，如 Visual Basic、Delphi 或 C/C++等，并且功能强大，被早期的很多网站采用。但发展到后来，由于编程困难、效率低下、修改复杂，所以慢慢地被新技术所取代。

目前被广泛应用的动态网站建设技术主要有 ASP、JSP、PHP、ASP.NET 等，各种技术都有自身的特点和长处。

1. ASP

ASP（Active Server Pages），即动态服务器页，是一种类似 HTML（超文本标识语言）、Script（脚本）与 CGI（公用网关接口）的结合体，它没有提供自己专门的编程语言，而是允许用户使用许多已有的脚本语言编写 ASP 的应用程序。与 HTML 相比，ASP 程序的编写更为方便，也更为灵活。

ASP 的最大好处是可以包含 HTML 标签，也可以直接存取数据库及使用无限扩充的 ActiveX 控件，因此在程序编制上要比 HTML 方便而且更富有灵活性。通过使用 ASP 的组件和对象技术，用户可以直接使用 ActiveX 控件，调用对象方法和属性，以简单的方式实现强大的交互功能。

但 ASP 技术基本上是局限于微软的操作系统平台之上，主要工作环境为微软的 IIS 应用程序结构，又因 ActiveX 对象具有平台特性，所以 ASP 技术不能很容易地实现在跨平台 Web 服务器上工作，因此一般只适合一些中小型站点。但目前由 ASP 升级演变而来的 ASP.NET 支持大型网站的开发，不过因其开放性低，所以目前的应用还不是非常普遍。

2. PHP

PHP（Hypertext Preprocessor），即超文本预处理器，其语法大量借鉴了 C、Java、PERL 等语言，但只需要很少的编程知识就能使用 PHP 建立一个真正交互的 Web 站点。因为 PHP 为开源，所以被广大的编程者喜好，它也是当今 Internet 上最为火热的脚本语言之一。PHP 与 HTML 语言具有非常好的兼容性，使用者可以直接在脚本代码中加入 HTML 标签，或者在 HTML 标签中加入脚本代码从而更好地实现页面控制。PHP 提供了标准的数据库接口，数据库连接方便，兼容性强；扩展性强；可以进行面向对象编程。

3. JSP

JSP（Java Server Pages），是基于 Java Servlet 以及整个 Java 体系的 Web 开发技术。JSP 是由 Sun Microsystem 公司于 1999 年 6 月推出的新技术，它与 ASP 有一定的相似之处，特别是在技术上，但 JSP 能在大部分的服务器上运行，而且其应用程序易于维护和管理，安全性能方面也被认为是这三种基本动态网站技术中最好的。

就以上三种动态网站建设技术而言，都是各有各的优势，而编程人员因为偏好和习惯的不同，都各有大量的支持者。目前被广泛认可的观点是，ASP 被认为是入门比较简单，但是安全性较低，而且不宜构架大中型站点； JSP 被认为是目前网站制作技术中安全性最好的，但是学习和操作均较为复杂，目前被认为是三种动态网站技术中最有前途的技术；PHP 介于前两者之间，但其兼容性却非常好，而且因为不存在版权方面的问题，被广大的编程爱好者所喜爱。

本书中动态网站案例主要使用 ASP 技术编写。

1.2.3 网页设计软件

在建设网站过程中，除了需要掌握相关网页设计技术外，最好还能够熟练使用一些网页设计工具软件。常用的网页设计软件有 Dreamweaver、Photoshop、Fireworks、Flash 等。

1. 网页编辑工具 Dreamweaver

Dreamweaver 是美国 Adobe 公司的一个优秀的所见即所得的网页编辑工具，用于网页制作和网站管理的专业化设计。它能够快速高效地创建极具表现力和动感效果的网页；具有网站建设过程中所必需的网站管理、页面制作、多媒体设计、动画制作和 CSS 样式设计等丰富实用的功能；而且生成的 HTML 源代码效率高，冗余代码少；其简洁实用的用户界面也深受网页设计者的喜爱。目前 Dreamweaver 的最新版本是 Dreamweaver CS5，但被市场认同的较成熟的版本是 Dreamweaver CS3。

2. 图形图像处理软件 Photoshop

Photoshop 是一种最专业、最流行、最常用、使用功能最强大的图形图像处理软件，它功能完善，具有专业的图像处理技术和多种设计手段；兼容性强，兼容多种外围设备，可处理多种格式的图形图像文件；使用灵活，帮助快捷方便；操作界面良好，风格独特。它不仅可以帮助处理网页中需要的图片，最重要的是能够使用它快速高效地设计页面布局图。

3. 图形制作工具 Fireworks

Fireworks 是网页设计中专业的图形制作软件，使用它可以创建和编辑位图、矢量图，还可以非常轻松地实现各种网页设计中常见的效果，如下拉菜单、翻转图像等，更重要的是它可以快捷地将设计好的图像输出为 HTML 文件。

4. 动画制作工具 Flash

Flash 是一款专门用于矢量图编辑和动画制作的软件，与 Dreamweaver 和 Fireworks 一起被誉为“网页三剑客”，具有体积小、动态性强、简单易学、交互性强、输出格式灵活等特点，是设计网页多媒体的不可缺少的工具。

1.3 建站准备——架设 Web 服务器

使用 ASP 技术开发动态网站，首先要在机器上创建一个 Web 服务器环境，也就是要安装 IIS。

IIS 是 Microsoft 公司推出的 Web 服务器。IIS 的设计目的是建立一套集成的服务器服务，用以支持 HTTP、FTP 和 SMTP，它能够快速提供集成了现有产品、同时可扩展的 Internet 服务器。IIS 支持与语言无关的脚本编写和组件，通过 IIS，开发人员就可以方便地开发动态交互式网页。

1.3.1　IIS 的安装

目前，PC 机安装的 Windows 操作系统主要有 Windows XP 和 Windows 7 等，主流的网站服务器系统为 Windows Server 2003 或 Windows Server 2008 R2。Windows XP 的 IIS 版本为 5.1，Windows Server 2003 的 IIS 版本为 6.0，Windows 7 和 Windows Server 2008 R2 的 IIS 版本为 7.0。各种版本的 Web 服务器的安装和使用基本相似，本章就以 Windows XP 操作系统为例来讲解 IIS 5.1 的安装和设置。

1. 安装 IIS

（1）将 Windows XP 系统光盘放入光驱中，打开“控制面板”窗口，双击“添加/删除程序”，在弹出的窗口单击“添加/删除 Windows 组件”，弹出“Windows 组件向导”对话框，如图 1-1 所示。

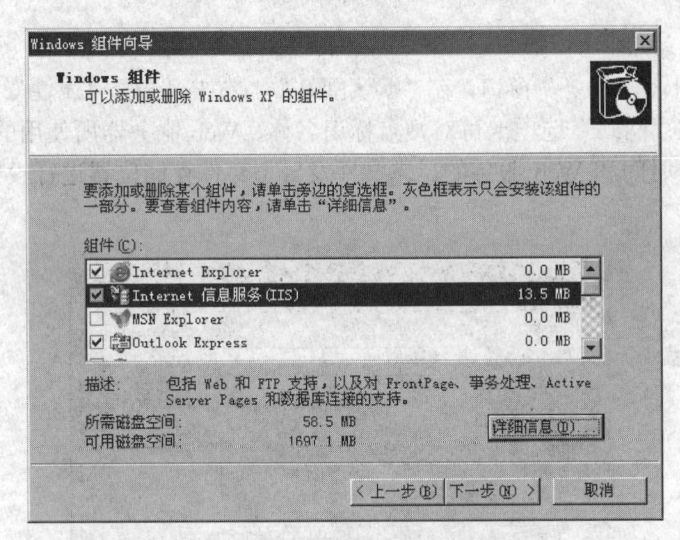

图 1-1　“Windows 组件向导”对话框

（2）在弹出的“Windows 组件向导”对话框中，单击选择“Internet 信息服务”，然后单击“详细信息”按钮，进行相关组件的详细安装选择，通常只需选择“Internet 服务管理器”、“World Wide Web 服务器”、“公用文件”和“文件传输协议（FTP）服务器”组件，单击“确定”按钮即可。最后单击“下一步”按钮，开始安装组件。

2. IIS 运行状态管理

IIS 安装后，会作为操作系统的一项服务随操作系统的启动而自动运行。用户也可以通过单击 IIS 管理器工具栏的 ▶ ■ ‖ 按钮实现启动、停止、暂停 Web 服务。

若要启动 Internet 信息服务管理器，单击“开始”菜单→“程序”→“管理工具”→“Internet 信息服务”即可，如图 1-2 所示。

可以看到系统自动创建了一个默认的 Web 站点和 FTP 站点，默认的 Web 站点的根目录为 C:\Inetpub\wwwroot，默认 FTP 站点的根目录为 C:\Inetpub\ftproot。通常用户可以修改默认的 Web 站点，使其成为自己所需要的 Web 站点。

1.3.2　Web 站点的配置与管理

通过设置站点的属性，可以实现对 IIS Web 服务器的配置与管理。

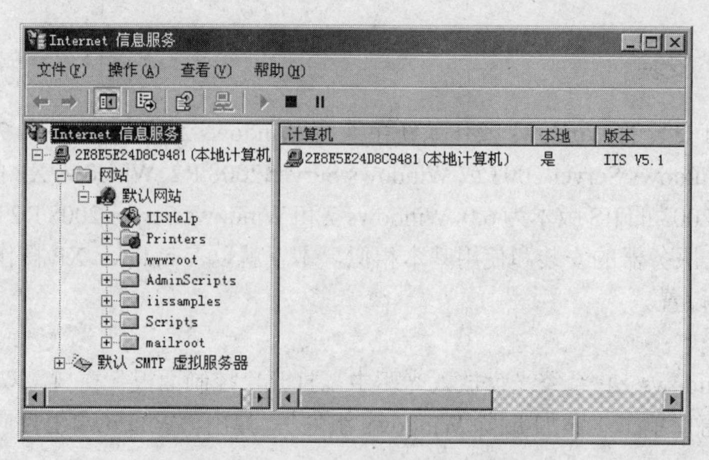

图 1-2 “Internet 信息服务”窗口

1. 配置 Web 站点

打开“Internet 信息服务”窗口，在“默认网站”上右击，选择“属性”，弹出属性对话框，如图 1-3 所示。在“网站”选项卡可对站点标识名称、Web 服务器所使用的 IP 地址、端口、连接数、连接超时时间和 Web 服务的日志文件及日志文件存储位置进行设置。一般均采用默认值，无需修改。

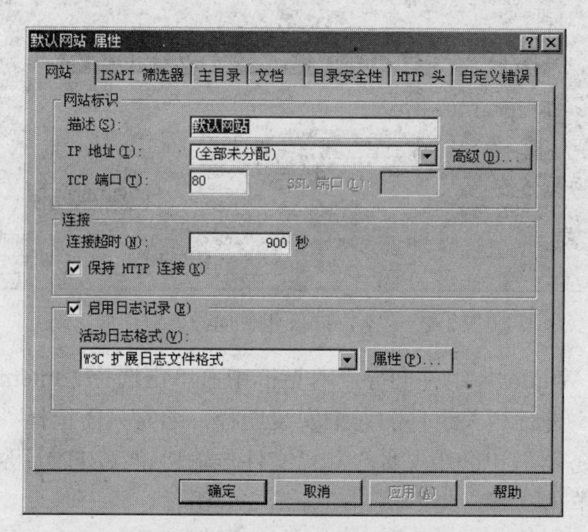

图 1-3 “默认网站属性”对话框

2. 设置站点主目录

单击“主目录”选项卡，切换到网站主目录设置界面，如图 1-4 所示。单击“浏览”按钮，选择设置 Web 站点的主目录。

3. 设置网站默认主页文件

单击“文档”选项卡，切换到对网站默认首页的设置界面，如图 1-5 所示。选择“启用默认文档”，则站点启用默认定义的文件列表。运行网站首页时，系统会按照由上到下的顺序，首先默认 Default.htm 文件为站点首页名称，并在站点中搜索，若没有找到，则依次向下搜索 Default.asp 文件，依次类推。若一直未找到，则提示出错，Web 服务器会向客户端浏览器返回 404 号错误。

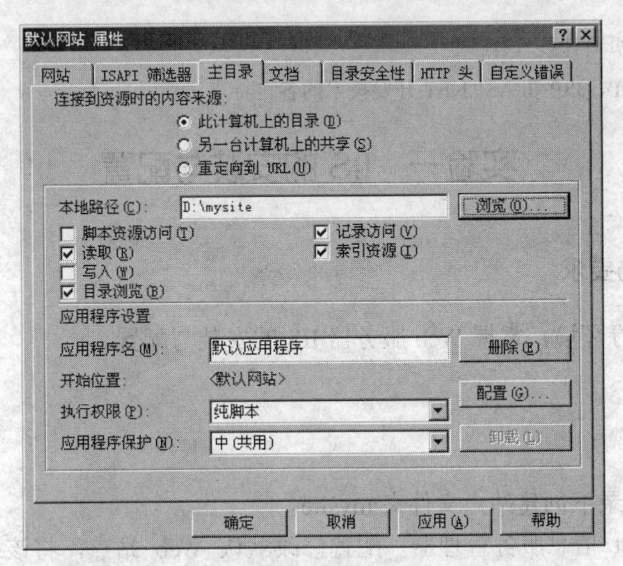

图 1-4　“主目录”选项卡

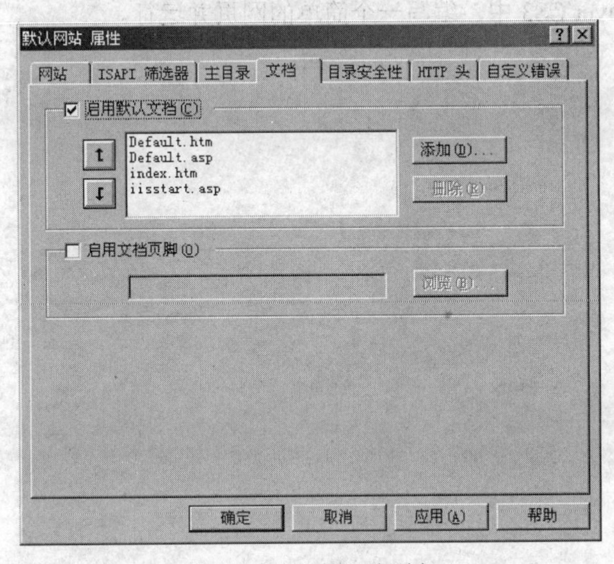

图 1-5　“文档”选项卡

4. 删除默认站点中定义的虚拟目录

默认 Web 站点中还定义了几个虚拟目录，如 Scripts、IISHelp、IISAdmin、IISSamples、Printers 等，这些虚拟目录对新建站点并没有什么用处，可以单击右键删除。如果需要，用户可以单击右键创建虚拟目录。

5. 测试站点

打开 IE 浏览器，在地址栏输入http://localhost或http://127.0.0.1，即可浏览 Web 站点中的网页。

1. 阐述静态网页和动态网页的优点和缺点。
2. 常用的静态网页设计技术有哪些？

3．常用的动态网页设计技术有哪些？

4．阐述 ASP、PHP、JSP 和 ASP.NET 开发技术的各自特点。

实验一　IIS 的安装与配置

一、实验目的与要求

熟悉 ASP 的运行环境，掌握 Web 服务器 IIS 的安装与配置。

二、实验内容

1．安装 IIS。

2．在 D 盘根目录下创建站点文件夹 mysite。

3．启动 Internet 信息服务管理器，配置修改默认 Web 站点，将该站点的根目录设置为 D:\mysite。

4．在 Dreamweaver CS3 中，编写一个简单的网页并运行。

第 2 章　网站规划与设计

网站规划与设计在网站建设过程中起着至关重要的作用。网站设计者应该对网站的整体规划与设计有所了解，并能够编写网站策划书，以网站策划书为指导方案建设网站。本章主要介绍网站规划与设计的基本知识，解析网站规划的方法和网站设计的一般过程及如何编写网站策划书。

- 了解网站规划的主要任务、特点与原则。
- 了解如何进行网站类型的定位、网站目录结构组成及网站栏目规划方法。
- 了解网站设计的目标、原则与特点。
- 了解和掌握网站设计的一般过程。

2.1　网站规划

2.1.1　网站规划的主要任务、特点与原则

网站规划是指在网站建设前对市场进行分析、确定网站的目标和功能，并根据需要对网站建设中的技术、内容、费用、测试、维护等做出规划。网站规划对网站建设起到计划和指导的作用，对网站的内容和维护起到了定位的作用。网站规划是网站建设的重要环节，是网站建设的基础和指导纲领，决定了一个网站的发展方向，同时对网站推广也具有指导意义。

不同类别的网站，在内容方面的差别很大，因此，网站内容规划没有固定的格式，需根据不同的网站类型来制定。例如，一般信息发布型企业网站内容应包括公司简介、产品介绍、服务内容、价格信息、联系方式、网上订单等基本内容；电子商务类网站要提供会员注册、详细的商品服务信息、信息搜索查询、订单确认、网上付款等；综合门户类网站则将不同的内容划分为许多相互独立的频道，有时，一个频道就相当于一个独立网站的功能。

一、网站规划的主要任务

（1）制定网站的发展战略。首先要分析网站的功能、环境和应用状况，再在此基础上确定网站的使命，制定网站统一的战略目标及相关政策。

（2）制定网站的总体方案，安排项目开发计划。在调查分析的基础上，提出网站的总体结构方案。根据发展战略和总体结构方案，确定项目开发次序及时间安排。

（3）制定网站建设的资源分配计划。提出实现开发计划所需要的硬件、软件、技术人员、资金等资源，以及整个项目建设的概算，进行可行性分析。

网站的规划阶段是一个管理与技术结合的过程，它要应用现代信息技术有效地支持管理决策的总体方案，规划人员对管理和技术发展的见识、开创精神、务实态度是网站规划成功的关键因素。

二、网站规划的主要特点

网站规划是网站建设工作的起始阶段，其好坏将直接影响到整个网站建设的成败。因此，应该充分认识这一阶段工作所具有的特点和应该注意的一些关键问题，以提高网站规划的科学性和有效性。

（1）网站规划工作是面向长远的、未来的、全局性和关键性的问题，因此它具有较强的不确定性。

（2）网站规划不在于解决项目开发中的具体业务问题，而是为整个系统建设确定目标、战略、系统总体结构方案和资源计划，因而整个过程是一个管理决策过程。

（3）网站规划人员对管理与技术环境的理解、见解程度以及开创精神与务实态度是网站规划工作的决定因素。

（4）网站规划工作的结果是要明确回答规划工作内容中提出的问题，描绘出网站的总体概貌和发展进程，宜粗不宜细。要给后续各阶段的工作提供指导，为网站的发展制定一个科学而又合理的目标和达到该目标的可行途径，而不是代替后续阶段的工作。

三、网站规划的基本原则

规划一个成功的网站，至少应遵循以下几个基本原则：

1. 明确建立网站的目标和用户需求

网站是在 Internet 上宣传和反映企业形象及文化的重要窗口。因此，首先必须明确建立网站的目的，这将有助于网站的设计工作。其次网站用户需求分析是非常关键的一个环节，只有明确网站有哪些用户和潜在的可能用户，用户及潜在的可能用户的需求是什么，他们对哪些内容感兴趣，搞清楚这些才能做到有的放矢。只有吸引并能够留住目标用户的网站才是成功的网站。

2. 总体设计方案主题鲜明

在目标明确的基础上，完成网站的构思创意即总体设计方案。对网站的整体风格、特色进行定位，规划网站的组织结构。充分利用一切技术手段表现网站的个性、特点、情趣，设计出具有独特魅力的网站。要做到主题鲜明、重点突出，力求简洁、明确，要能够用简单、质朴的语言、图片或多媒体体现网站的主题，吸引目标用户和潜在用户的视线。

3. 快速的访问

众所周知，网页的下载速度是网站能否留住用户的关键因素。一般情况下，如果超过 60 秒还不能打开一个网页，浏览者就会没有耐心再等待下去。因此，应尽可能保证页面的简洁，以确保页面的传送速度。

4. 网站的内容应及时更新

网站的信息必须经常更新。由于企业的情况和市场在不断地变化，网站的内容也需要随之进行相应的调整。在吸引浏览者的同时，信息的及时更新也便于客户和企业合作伙伴及时了解企业的详细状况，企业也可以及时得到相应的反馈信息，以便做出合理的措施或决策。

5. “三次单击”原则

网站规划中有一个非常著名的“三次单击”原则，即访问者通过三次单击超链接就可以找到相关的信息。即使访问者找到的信息与本身想要得到的信息不完全相同，但是至少应在三次单击内没有偏离所要找信息的正确路径。如果网站层次太多，会使有价值的信息被埋在层层的链接之中，很少有访问者能有足够的耐心去找它，通常他们会三次单击之后就放弃。当然，如果网站规模特别庞大，那么它的结构层次不会很浅，在这种情况下，一方面要尽量压缩网站的层次结构，另一方面可以通过提供网站地图的方式来帮助访问者尽快找到所需要的信息。

6. 网站的信息交互能力

网站的交互性是网站设计成功的关键。企业要想让自己的网站富有吸引力，必须做到能让访问者或业务伙伴参与进来，推出实用的网上服务措施，如在线留言、BBS 等方式实现客户与网站之间"一对一"的实时交流，带动和捕捉用户兴趣和爱好。

7. 多平台策略

目前，网络上的浏览器种类很多，在网站规划时要考虑到不同的用户可能会采用不同的浏览器，因此必须解决各种浏览器兼容性的问题。至少应使设计的网页在 Internet Explorer 和 Netscape Navigator 等主流浏览器中有良好的显示效果。

2.1.2 网站类型定位

网站类型定位就是从网站的内容、功能上确定其属于何种类型，它是网站建设的策略核心，网站架构、内容、功能及表现形式等都围绕其展开，网站定位是否准确将直接决定着网站的前景和规模。

尽管目前各种各样的网站层出不穷，网站数量也在飞速增长，但仍然可以按照网站的设计内容和功能将其分成两大类，即门户型网站和专业型网站。

一、门户型网站

门户型网站就是提供搜索引擎或全文检索，以便于用户查找信息或登录其他网站的一种网站，它同时利用自身优势提供其他服务和信息，如新闻、电子商务、聊天室、BBS 和电子信箱等。新浪网（www.sina.com.cn）、搜狐网（www.sohu.com)、雅虎网（www.yahoo.com）等众所周知的大型网站就是典型的门户型网站。

二、专业型网站

专业型网站提供各种专业内容和服务。通常可分为利用互联网进行商务活动的电子商务网站；介绍企业产品和服务的企业网站；介绍政府部门职能与信息宣传的政府网站；为某一特定行业而建立的行业信息网站；提供新闻或影视媒体信息的新闻媒体网站；提供免费服务和资源的网站；公益性宣传网站；学校和科研机构网站；以及论坛、个人网站等。

下面简单介绍这些常见的专业型网站。

1. 电子商务网站

电子商务网站主要依靠互联网完成商业活动的各个环节。它利用网络技术，模拟真实的商业环境，营造更加直观的商业氛围和感染力，促进商业活动的完成。电子商务网站最成功、最为典型的就是网上购物网站，它包含产品管理、订购管理、订单管理、产品推荐、支付管理、收费管理、送发货管理、会员管理等功能，将营销渠道扩充到更加广阔的网络上来，有效地扩大了产品销售市场。全球知名的阿里巴巴、亚马逊网上书店等网站就是电子商务网站的典范。

2. 企业网站

企业网站可以帮助企业在互联网上宣传展示公司形象与实力，发布及时信息，方便快捷地与客户相互沟通，拓宽业务渠道。企业网站是目前网站数量最多、普及程度最好的网站类型之一。

3. 政府网站

政府网站作为政府机构的一种传媒手段，就政府各职能部门或某一政务专题的情况和信息向公众介绍、宣传或说明，同时也是实施现代化电子政务的主要平台。政府网站具有规模大、信息量大、权威性强等特点。

4. 行业信息网站

本类网站通常是某一行业所有企业网站的综合，是企业面向客户、面向全社会的窗口，是目前最普遍的形式之一。该类网站将企业的日常涉外工作上网，其中包括营销、技术支持、售后服务、物料采购、社会公共关系处理等。该类网站涵盖的工作类型多，信息量大，访问群体广，有利于社会对行业的全面了解。

5. 新闻媒体网站

新闻媒体网站利用网络的及时性、广泛性的优势，采用不同的多媒体技术，为广大用户提供全面、详实的新闻信息。

6. 提供免费服务和资源的网站

此类网站通过提供免费的服务和资源吸引用户，增加网站访问量。用户可以在这类网站上获取各种各样的免费资料，如免费软件、书籍、图片、音乐、影视等。

7. 学校和科研机构网站

学校和科研机构网站一般提供一定的技术服务和咨询，以及学术和科研资源共享服务等。如中国教育网（www.edu.cn），通过它可以访问我国各高校的网站和图书馆。

8. 论坛性网站

论坛通常称为BBS系统，是网站与用户、用户与用户之间进行交流沟通的平台。如“西祠胡同”、“大旗”等都是当前人气很高的论坛网站。

9. 个人网站

个人网站具有较强的个性化，是以个人名义创建的网站，不管是内容、样式、风格等都是非常有个性的。当前流行的博客就是一种个人网站。

2.1.3 网站目录结构

对于一个内容丰富的网站，需要设计的栏目很多，要求对网站的结构认真仔细地分析和设计。一个合理的、符合逻辑的网站结构无论是对网站的建设还是对网站以后的管理、维护都是大有裨益的。

网站目录是指建立网站时创建的站点目录。目录结构是一个极其容易被忽略的问题，有很多网站是未经规划随意创建子目录的。目录结构设计是否科学，对浏览者来说并没有什么太多的影响，但是对于站点本身的维护、内容的扩充和移植有着重要的影响。

例如，图2-1为本书第四部分中的案例网站的目录结构。

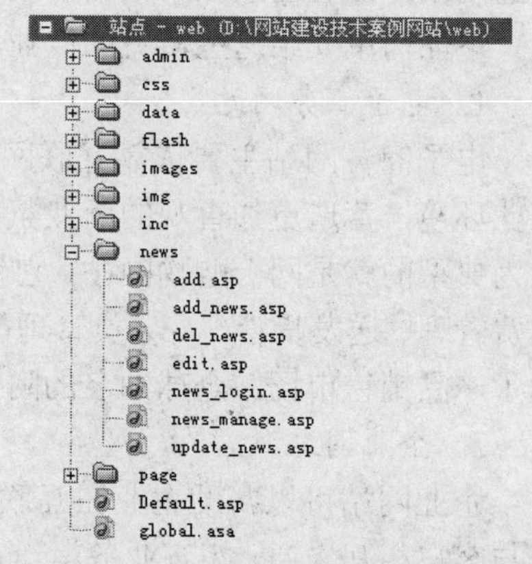

图2-1 网站目录结构

对于网站目录的创建，通常有一些原则性的建议。

1. 不要将所有文件都存放在根目录下

有些网站设计者为了方便，将所有文件都放在根目录下。这样做会造成文件管理混乱，常常搞不清哪些文件需要编辑和更新，哪些无用的文件需删除，哪些是相关联的文件，从而影响了工作效率。另一方面，服务器一般都会为根目录建立一个文件索引，将所有文件都放在根目录下，即使上传一个文件，服务器也需要将所有的文件检索一遍，重新建立文件索引。显然，文件量越大，等待的时间也越长。所以，应该尽可能地减少根目录的文件存放数目，从而提高文件的上传速度。

2. 按栏目内容建立子目录

子目录的建立，首先按主菜单栏目建立。如企业网站可以按公司简介、产品介绍、价格、在线订单、反馈联系等建立相应的目录。其他的次要栏目可以建立独立的子目录。一些相关性很强且不需要经常更新的栏目如关于本站、关于站长、站长经历等，可以合并放到一个目录下。

3. 在每个主目录下都建立独立的 Images 目录

一个站点根目录下都有一个默认的 Images 目录。在主页制作初期，人们习惯把所有的图片都存放在 Images 目录里，当需要将某个栏目打包供用户下载或将某个栏目删除时，发现对图片管理相当麻烦。实践表明，为每个主栏目建立一个独立的 Images 目录最便于管理，而根目录下默认的 Images 目录只是用来存放首页和一些次要栏目的图片。

4. 目录的层次不要太深

为了网站维护和管理的方便，网站目录的层次建议不要超过 3 层。

5. 尽量不要使用中文目录名

使用中文目录名可能会使浏览器对网站文件路径的正确解析造成困难，应尽量使用简单的英文单词或英文缩写作为目录名。

6. 不要使用过长的目录名

尽管服务器支持长文件名，但是太长的目录名不便于记忆。尽量使用意义比较明确的目录名，例如可以使用 flash、html、asp 等来建立目录名。

随着网页技术的不断发展，利用数据库或者其他后台等程序自动生成网页越来越普遍，网站的目录结构也将升级到一个新的层次。

2.1.4 网站栏目规划

确定了网站的主题，收集了相关的素材后，需要根据用户需求规划网站的栏目。网站栏目实质上是网站的一个大纲索引，它能够简单明了地将网站的主体内容明确显示出来。建立一个网站好比写一篇文章，首先要拟好提纲，文章才能主题明确，层次清晰。如果网站没有进行合理的栏目规划，容易导致结构不清晰，目录庞杂，内容散乱，不仅不方便浏览，而且维护网站也相当困难。

例如，图 2-2 为本书第四部分中的案例网站的主栏目结构。

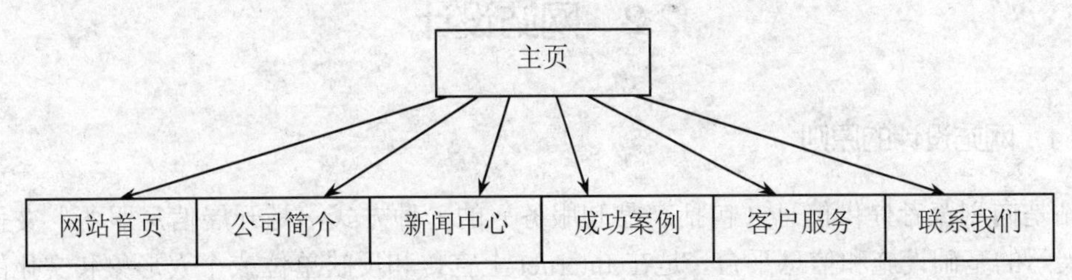

图 2-2　网站主栏目结构

通常，网站栏目的规划需要注意以下几方面：

1. 要紧扣主题

将网站的主题按一定的方法分类后作为网站的主栏目。主栏目在总栏目中要占绝对优势，从而突出网站主题，便于给人留下更加专业的印象。

网站栏目的规划，其实也是对网站内容的高度提炼。即使是文字再优美的书籍，如果缺乏清晰的纲要和结构，恐怕也会被淹没在书本的海洋中。网站也是如此，不管网站的内容有多精彩，缺乏准确的栏目提炼，也难以引起浏览者的关注。因此，网站的栏目规划首先要做到“提纲挈领、点题明义”，用最简练的语言提炼出网站中每一个部分的内容，清晰地告诉浏览者网站的主要信息和功能。

2. 指引迷途，清晰导航

网站的内容越多，浏览者也越容易迷失。除了“提纲”的作用之外，网站栏目还应该为浏览者提供清晰直观的指引，帮助浏览者方便地浏览网站的所有页面和内容。

网站栏目的导航作用，通常包括以下四种情况：

（1）全局导航。全局导航可以帮助用户随时找到并轻松跳转到网站的任何一个栏目。通常来说，全局导航的位置是固定的，以减少浏览者查找的时间。

（2）路径导航。路径导航显示了用户浏览页面的所属栏目及路径，帮助用户访问该页面的上下级栏目，从而更完整地了解网站信息。

（3）快捷导航。对于有些网站用户而言，需要更快捷地到达所需栏目，快捷导航为这些用户提供直观的栏目链接，减少用户的点击次数和时间，提高浏览效率。

（4）相关导航。为了增加用户的停留时间，网站策划者需要充分考虑浏览者的需求，为页面设置相关导航，让浏览者可以方便地去到所关注的相关页面或其他网站。

网站栏目结构与导航奠定了网站的基本框架，决定了用户是否可以通过网站方便地获取信息，也决定了搜索引擎是否可以顺利地为网站的每个网页建立索引，因此网站栏目结构被认为是网站优化的基本要素之一，网站栏目结构对网站推广运营将发挥至关重要的作用。网站栏目结构要求结构简单、层次清晰、导航明晰、方便浏览。

3. 设立最近更新或网站指南栏目

比如论坛、留言本、邮件列表等，可以让浏览者留下最近的信息。

4. 设立下载或常见问题解答栏目

网络的特点是信息共享。如在网站中设置一个资料下载栏目，便于访问者下载所需资料。另外，如果站点经常收到用户关于某方面的问题来信，最好设立一个常见问题解答的栏目，既方便了用户，也为自己节约更多时间。

2.2 网站设计

2.2.1 网站设计的原则

网站是向浏览者提供信息（包括产品和服务）的一种方式，是开展信息服务、文化娱乐或产品展示的基础设施和信息平台，是在 Internet 上宣传和反映单位或个人形象和文化的重要窗口。因此，对于企业来说，网站设计显得极为重要。

在进行网站设计时，应遵循以下原则：

1. 明确建立网站的目标和用户需求

网站设计是展现企业形象、介绍产品和服务、体现企业发展战略的重要途径，因此必须明确设计网站的目的和用户需求，从而做出切实可行的设计计划。要根据消费者的需求、市场的状况、企业自身的情况等进行综合分析，牢记以“消费者（customer）”为中心，而不是以“美术”为中心进行设计规划。

2. 总体设计方案主题鲜明

在网站设计目标明确的基础上，才能完成网站的构思创意即总体设计方案，对网站的整体风格和特色作出定位，规划网站的组织结构。网站应针对所服务对象（机构或人）的不同而具有不同的形式。好的网站可以把图形、图像、声音、视频、动画等表现手法有效地组织、结合起来，做到主题鲜明突出，要点明确，以简单明确的语言和画面体现网站的主题，调动一切手段充分表现网站的特色。

3. 网站的版式设计

网页设计作为一种视觉语言，要讲究编排和布局，虽然网页的设计不等同于平面设计但它们有许多相近之处，应充分加以利用和借鉴。版式设计通过文字、图形的空间组合，表达出和谐与美。一个优秀的网页设计者应该知道如何适当编排网页中的文字、图片等元素，才能使整个网页生辉。页面的编排设计要求把页面之间的有机联系反映出来，特别要处理好页面之间和页面内的秩序与内容的关系。为了达到最佳的视觉表现效果，应讲究整体布局的合理性，使浏览者有一个流畅的视觉体验。

4. 网页设计中的色彩搭配

色彩是艺术表现的要素之一。在网页设计中，根据和谐、均衡和重点突出的原则，将不同的色彩进行组合搭配，从而构成美丽的页面。根据色彩对人们心理的影响，合理地加以运用。按照色彩的记忆性原则，一般暖色比冷色的记忆性强。色彩还具有联想与象征性，如红色象征血、太阳，蓝色象征大海、天空和水面等。网页的颜色应用并没有数量的限制，但不能毫无节制地运用太多的颜色，一般情况下，先根据网站总体风格的要求定出一至两种主色调。在色彩的运用过程中，还应注意的一个问题是不同的人群对色彩的喜恶程度有着很大的差异，在设计中要考虑网站主要受众的背景和构成。

5. 网页形式与内容相统一

要将丰富的内容和多样的形式组织成统一的页面，形式必须符合页面的内容。运用对比与调和、对称与平衡、节奏与韵律等手段，通过空间、文字、图形之间的相互关系建立整体的均衡状态，产生和谐的美感。如对称原则运用在页面设计中，它的均衡有时会使页面显得呆板，但如果加入一些富有动感的文字、图案，或采用夸张的手法来表现内容往往会达到比较好的效果。点、线、面作为视觉语言中的基本元素，要使用点、线、面的互相穿插、互相衬托、互相补充构成最佳的页面效果和完美的设计意境。

6. 内容更新与沟通

网站建成后，需要不断更新网页内容。网站信息内容的及时更新，不仅能使浏览者充分了解企业发展动态和最新信息，同时无形中建立了良好的网站形象。对于网站上的电子邮件、在线留言等，要认真地及时回复用户。

7. 合理运用新技术

新的网页设计技术几乎每天都会出现，对于网站设计者来说，必须不断跟踪学习和掌握网页设计的新技术，根据网站的内容和形式的需要合理地应用到设计中。

一个优秀的网站设计，应该是具有主题明确、导航清晰、风格统一、内容修饰得当、页面下载迅速、功能方便实用等这些典型特征的。

2.2.2 网站设计的过程

一、网站 CI 的设计

所谓 CI 是英文 Corporate Identity 的缩写，意思是通过视觉来统一企业的形象。现实生活中的 CI 策划比比皆是，如可口可乐公司，具有全球统一的标志、色彩和产品包装，给人们的印象极为深刻。

一个杰出的网站，和实体公司一样，也需要整体的形象包装和设计。准确的、有创意的 CI 设计，对网站的宣传推广有事半功倍的效果，具体可从以下几个方面着手：

1．设计网站的标志（logo）

首先需要设计制作一个网站的标志（logo）。就如同商标一样，logo 是站点特色和内涵的集中体现，看见 logo 就让大家联想起该网站。标志可以是中文、英文字母，也可以是符号、图案、动物或者人物等。例如，新浪用字母 sina 和眼睛作为标志。标志的设计创意一般来自网站的名称和内容。

（1）网站代表性的人物、动物、花草等。网站代表性的人物、动物、花草可以用作设计的蓝本，加以卡通化和艺术化，例如迪斯尼的米老鼠，搜狐的卡通狐狸，鲨威体坛的篮球鲨鱼。

（2）代表网站专业性的标志。用专业有代表的物品作为标志。比如中国银行的铜板标志，奔驰汽车的方向盘标志等。

（3）用网站的英文名称作标志。使用网站的英文名称作为网站的标志。采用不同的字体、字母的变形，以及字母的组合可以很容易地制作好自己网站的标志。例如，“新浪”、“网易”等网站都是以字母、符号、数字作为 logo 标志的，如图 2-3 所示。

图 2-3　新浪网和网易网站的 logo 标志

2．设计网站的标准色彩

网站给人的第一印象来自视觉冲击，确定网站的标准色彩是相当重要的一步。不同的色彩搭配产生不同的效果，并可能影响到访问者的情绪。“标准色彩”是指能体现网站形象和延伸内涵的色彩。一般来说，一个网站的标准色彩不超过 3 种，太多则让人眼花缭乱。标准色彩要用于网站的标志、标题、主菜单和主色块，给人以整体统一的感觉。其他色彩也可以使用，但只是作为点缀和衬托，绝不能喧宾夺主。一般来说，适合于网页标准色的颜色有：蓝色，黄/橙色，黑/灰/白色三大系列色。

3．设计网站的标准字体

和标准色彩一样，标准字体是指用于标志、标题、主菜单的特有字体。一般网页默认的字体是宋体。为了体现站点的“与众不同”和特有风格，可以根据需要选择一些特别字体。例如，为了体现专业可以使用粗仿宋体，体现设计精美可以用广告体，体现亲切随意可以用手写体等。当然这些都是个人看法，可以根据自己网站所表达的内涵，选择更贴切的字体。目前常见的中文字体有二三十种，常见的英文字体有近百种，网络上还有许多专用英文艺术字体下载，要寻找一款满意的字体并不算困难。

需要说明的是使用非默认字体只能用图片的形式，因为如果浏览者的计算机里没有安装这样的特别字体，设计也就没有达到预定的效果。

4. 设计网站的宣传标语

网站的宣传标语是网站的目标与口号，一般用一句话甚至一个词来高度概括。类似实际生活中的广告语，如雀巢的“味道好极了”，Intel的“给你一个奔腾的心”等。

总之，标志、色彩、字体、标语等是一个网站树立CI形象的关键，确切地说是网站的表面文章，设计好这些可以有效提升网站的整体形象。

二、页面版式设计

网页设计作为一种视觉语言，特别讲究编排和布局，虽然主页的设计不等同于平面设计，但它们有许多相近之处。版式设计通过文字图形的空间组合，表达出和谐与美。多页面站点页面的编排设计要求把页面之间的有机联系反映出来，特别要处理好页面之间和页面内的秩序与内容的关系。为了达到最佳的视觉表现效果，应该反复推敲整体布局的合理性，使浏览者有一个流畅的视觉体验。

1. 首页版式设计

首页是一个网站的门面，是整个网站版面设计优先考虑的关键因素，它是访问者浏览网站时访问的第一页面，首页设计的成功与否直接影响访问者情绪，同时也影响网站的点击率。

设计首页的第一步是版面布局的设计。版面指的是浏览器看到的完整的一个页面。因为每个人的显示器分辨率不同，所以同一个页面的大小可能会出现800*600像素、1024*768像素等不同尺寸。布局就是以最适合浏览的方式将图片和文字排放在页面的不同位置，主要由网站设计者的创意、构思、想象力决定。

版面布局是一个创意的问题，但要比站点整体的创意容易、有规律。版面布局的一般步骤如下：

（1）绘制草案。新建页面就像一张白纸，没有任何表格、框架和约定俗成的东西，网页设计者可以尽情发挥想象力，将想到的“景象”画上去，形成页面草案。这属于创造阶段，不讲究细腻工整，不必考虑细节功能，只以粗陋的线条勾画出创意的轮廓即可。尽可能多画几张，最后选定一个最满意的作为继续创作的蓝本。

（2）粗略布局。在草案的基础上，将需要放置的功能模块安排到页面上。注意，必须遵循突出重点、平衡协调的原则，将网站标志、导航菜单等最重要的模块放在最显眼、最突出的位置，然后再考虑次要模块的排放。

（3）定案。在布局过程中，定案是将粗略布局精细化、具体化，需要遵循匀称、对比等原则。

2. 二级页面版式设计

虽然网页制作已经摆脱了HTML时代，但是还没有完全做到挥洒自如，这就决定了网页的布局是有一定规则的，这种规则使得网页布局只能在左右对称结构布局、“同”字型结构布局、“回”字型结构布局、“匡”字型结构布局、“厂”字型结构布局、自由式结构布局、“另类”结构布局等几种布局的基本结构中选择。

（1）左右对称结构布局。左右对称结构是网页布局中最为简单的一种。“左右对称”指的是视觉上的相对对称，而非几何意义上的对称，这种结构将网页分割为左右两部分。一般使用这种结构的网页都把导航区域设置在左半部，而右半部用作主体内容的区域，如图 2-4 所示。左右对称性结构便于浏览者直观地读取主体内容，但是不利于发布大量的信息，所以这种结构对于内容较多的大型网站来说并不合适。

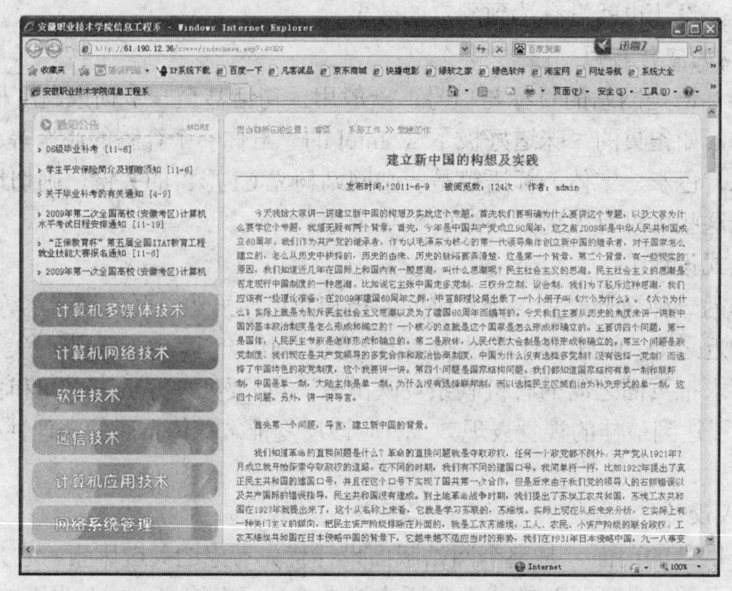

图 2-4　左右对称结构布局的页面

（2）“同”字型结构布局。“同”字结构名副其实，采用这种结构的网页，往往将导航区置于页面顶端，一些如广告条、友情链接、搜索引擎、注册按钮、登录面板、栏目条等内容置于页面两侧，中间为主体内容，如图 2-5 所示。这种结构比左右对称结构要复杂一点，不但有条理，而且直观，有视觉上的平衡感，但是这种结构也比较僵化。在使用这种结构时，高超的用色技巧会规避“同”字结构的缺陷。

图 2-5　“同”字型结构布局的页面

（3）“回”字型结构布局。“回”字型结构实际上是对“同”字型结构的一种变形，即在“同”字型结构的下面增加了一个横向通栏，如图 2-6 所示。这种变形将“同”字型结构不是很重视的页脚利用起来，这样既增大了主体内容，又合理地使用了页面有限的面积，但同时也使页面充斥着各种内容，拥挤不堪。

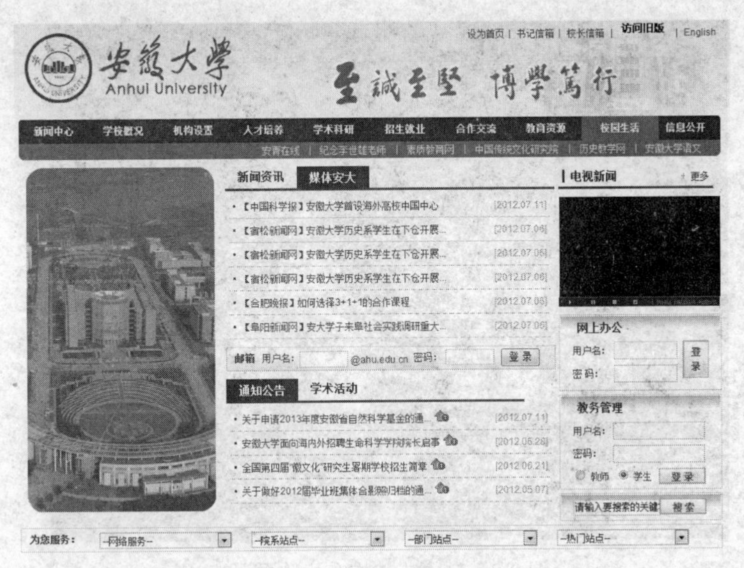

图 2-6　“回”字型结构布局的页面

（4）“匡”字型结构布局。和“回”字型结构一样，“匡”字型结构其实也是“同”字型结构的一种变形，也可以认为是将“回”字型结构的右侧栏目条去掉得出的新结构，这种结构是“同”字型结构和“回”字型结构的一种折中，这种结构承载的信息量与“同”字型相同，而且改善了“回”字型的封闭型结构，如图 2-7 所示。

图 2-7　“匡”字型结构布局的页面

（5）自由式结构布局。自由式结构布局相对而言就没有那么“安分守己”了，这种结构的随意性特别大，颠覆了从前以图文为主的表现形式，将图像、Flash 动画或者视频作为主体内容，其他的文字说明及栏目条均被分布到不显眼的位子，起装饰作用，这种结构在时尚类网站中使用得非常多，尤其是在时装、化妆用品的网站中。这种结构富于美感，可以吸引大量的浏览者欣赏，但是却因为文字过少，而难以让浏览者长时间驻足，另外起指引作用的导航条不明显，而不便于操作，如图 2-8 所示。

图 2-8　自由式结构布局的页面

（6）“另类”结构布局。如果说自由式结构是现代主义的结构布局，那么“另类”结构布局就可以被称为后现代的代表了。在“另类”结构布局中，传统意义上的所有网页元素全部被颠覆，被打散后融入到一个模拟的场景中。在这个场景中，网页元素化身为某一种实物，采用这种结构布局的网站多用于设计类网站，以显示网页设计者前卫的设计理念，这种结构要求设计者有非常丰富的想象力和非常强的图像处理技巧，因为这种结构稍有不慎就会因为页面内容太多而减慢页面下载速度，如图 2-9 所示。

图 2-9　“另类”结构布局的页面

三、辅助元素设计

1. 图像

“一张图片抵得过千言万语”，图片可以让网页更加具有吸引力。但是图片的下载时间一般都比较长，因此，合理利用图片也成为网页设计要考虑的一个重要问题。

网页中使用的图片通常有 GIF、JPEG、PNG 等格式。GIF 格式适用于动画或者字体图像等内容。JPEG（简称 JPG）格式适用于照片。PNG 格式是目前网站中使用较少但潜力最大的一种图像格式，它拥有 GIF 和 JPEG 两者的优点，既可以无损压缩包含上百万种色彩的图像，又支持图像透明。另外，PNG 格式图像各行的扫描速度比其他两种格式图像都要快。但是，目前浏览器对PNG格式图像的支持仍然不是很广泛，这也制约了PNG格式图像的进一步发展。

网页设计中，保证图片清晰的前提下，图片越小越好。因为这样可以减少带宽占用，加快网页打开速度。尤其对于门户网站和访问量很高的网站，如果图片都能比原来小 10KB 的话，那么节省的带宽相当明显。这要求设计师在制作或生成图像时，选择合适的格式和质量，尽可能把图片体积压缩得更小。

2. *动画*

在网站设计中使用一些高品质的动画效果是宣传自己网站形象的很好方式。好的动画作品能够有效地引导网站整体风格，突出网站形象特征。可以将音乐、声效、动画以及富有新意的界面融合在一起，直观地向网站的访问者展示网站形象。

运用动画效果能够增加网站视觉冲击力，吸引浏览者目光，突出自己的特色。网站的动画设计至关重要，新颖、动感、漂亮的动画能有效地提升网站形象，更能够使网站得到浏览者的青睐。在网站中运用动画要恰当，动画的设计必须考虑网站整体效果，否则会适得其反。

2.3　网站策划

网站策划是指在网站建设前对市场进行分析、确定网站的目的和功能，并根据需要对网站建设中的技术、内容、费用、测试、维护等做出策划。

网站策划如同制定一份作战计划，直接影响网站的成败和应用实效，任何一个优秀的网站都有着充分而且切合市场的良好策划，网站的策划离不开全面的市场调研和丰富的网站策划、网络营销经验。

网站策划以实效为本。企业建设网站的主要目的一方面是想通过网站展示企业的形象和实力，另一方面就是网络营销。所以，对于企业网站的建设应当先深入了解企业和行业，然后制定与之相适合的网站建设方案。

网站策划不是在房间里闭门造车，而是和用户沟通了解并将之与网络优势结合的过程。网站策划从某种意义上来说是网站的灵魂和网站建设的核心。目前，国内绝大多数网站都缺乏良好的策划，基本上是网络公司迎合客户的意思去实现，这样的网站是没有长久的生命力的。

2.3.1　网站策划基本知识

网站策划是一个系统的工程，虽然国内大多数互联网企业还没有把网站策划摆到一个重要的位置，但是网站策划的重要性是不可置否的，它对一个网站的制作乃至今后的发展起着关键性的作用。网站策划需要掌握的知识面比较广阔，一般来说网站策划者需要具备的知识主要包括以下几个方面：

（1）具有良好的文案写作能力。想法再好，观点再新颖，如果无法用文字很好地表达出来，那将是一件很可惜的事。文案写作能力是一个网站策划者最基本的素质要求。

（2）具有良好的分析能力和逻辑思维能力。在网站策划中，网站功能定位、赢利模式分析、网站目标定位虽然是很主观的东西，但确实是后续一切工作的重要参考依据，需要对同行业的市场经济进行分析，包括整个行业市场分析、竞争对手分析以及企业实力分析等，从宏观上把握企业的发展方向和整个网站的定位。网站功能和发展方向的分析需要在客观数据的基础上，融合对互联网经济的把握进行分析，调查包括网站用户的年龄、行为特征、文化程度等。这些都需要较强的分析能力和逻辑思维能力。

（3）具有一定的美工基础。网站的栏目及网站整体风格的把握，网站 VI 设计和企业 CI 设计的结合都需要网站策划具有一定的美工基础，这样也便于和网站美工进行沟通。

（4）具有一定的程序设计基础。不要求对网站程序设计的具体细节了解很多，但是基础型的东西还是要了解的，这样有利于和技术部门进行沟通，同时对网站一些功能的要求也需要知道一些程序设计的知识，比如 HTML 语言、ASP、ASP.NET、W3C 标准、XML、AJAX 等，至少知道它们的工作原理和基础知识。

（5）具备网络营销基本知识。网络营销对网站的重要性不言而喻，尤其是网站推广对一个网站的重要性。网站的推广不是在制作好后才需要的，应该贯穿在网站发展的整个过程，所以在策划阶段就需要考虑，如网站的功能是否更需要人性化等。网站制作过程中要注意网页的优化、网站结构的优化以及关键内容的分布等。网站的人性化设计属于看不见的营销策划，也是很重要的。

2.3.2 网站策划书的编写

网站策划对网站建设起到计划和指导的作用，对网站的内容和维护起到定位作用，因此在建站之前一定要先做好网站策划书。同时，网站策划书应该尽可能涵盖网站策划中的各个方面，网站策划书的写作也要科学、认真、实事求是。

网站策划书包含的主要内容如下：

1. 建设网站前的市场分析

（1）相关行业的市场是怎样的，市场有什么样的特点，是否能够在互联网上开展公司业务。

（2）市场主要竞争者分析，竞争对手上网情况及其网站策划、功能作用。

（3）公司自身条件分析、公司概况、市场优势，可以利用网站提升哪些竞争力，建设网站的能力（费用、技术、人力）等。

2. 建设网站目的及功能定位

在确定了网站目标和名称之后，接下来就要设计网站的功能。一般来说，一个网站有几个主要的功能模块，这些模块体现了一个网站的核心价值。

（1）建设网站的目的是为了树立企业形象，宣传产品，进行电子商务，这是企业开拓和延伸市场的基本需要。

（2）整合公司资源，确定网站功能。根据公司的需要和计划，确定网站的功能类型，如企业型网站、应用型网站、商业型网站（行业型网站）、电子商务型网站；企业网站又分为企业形象型、产品宣传型、网上营销型、客户服务型、电子商务型等。

（3）根据网站功能，确定网站应达到的目的与作用。

（4）企业内部网（Intranet）的建设情况和网站的可扩展性。

3. 网站技术解决方案

根据网站的功能确定网站技术解决方案。

（1）采用自建服务器还是租用虚拟主机。

（2）选择操作系统，用 Windows 2000/NT 还是 UNIX、Linux。分析投入成本、功能、开发、稳定性和安全性等。

（3）采用模板自助建站、建站套餐还是个性化开发。

（4）网站安全性措施，防黑、防病毒方案。

（5）选择什么样的动态程序及相应数据库。如程序 ASP、JSP、PHP；数据库 SQL、Access、Oracle 等。

4. 网站内容及实现方式

不同类别的网站，在内容方面的差别很大，因此，网站内容规划没有固定的格式，网站策划书中具体需根据不同的网站类型来制定。

（1）根据网站的目的确定网站的结构导航。一般企业型网站应包括公司简介、企业动态、产品介绍、客户服务、联系方式、在线留言等基本内容。更多内容还包括如常见问题、营销网络、招贤纳士、在线论坛、英文版等。

（2）根据网站的目的及内容确定网站整合功能。如 Flash 引导页、会员系统、网上购物系统、在线支付、问卷调查系统、信息搜索查询系统、流量统计系统等。

（3）确定网站的结构导航中的每个频道的子栏目。如公司简介中可以包括领导致词、发展历程、企业文化、核心优势、生产基地、科技研发、合作伙伴、主要客户、客户评价等；客户服务可以包括服务热线、服务宗旨、服务项目等。

（4）确定网站内容的实现方式。如产品中心使用动态程序数据库还是静态页面；营销网络是采用列表方式还是用地图展示。

5. 网页设计

（1）网页的美术设计一般要与企业整体形象一致，符合企业 CI 规范。要注意网页色彩、图片的应用及版面策划，保持网页的整体一致性。

（2）在新技术的采用上要考虑主要目标访问群体的分布地域、年龄阶层、网络速度、阅读习惯等。

（3）制定网页改版计划，如半年到一年时间进行较大规模改版等。

6. 费用预算

（1）企业建站费用的初步预算。一般根据企业的规模、建站的目的、上级的批准而定。

（2）专业建站公司提供详细的功能描述及报价，企业进行性价比研究。

（3）网站的价格从几千元到几十万元不等。如果排除模板式自助建站和牟取暴利的因素，网站建设的费用一般与功能要求是成正比的。

7. 网站维护

（1）服务器及相关软硬件的维护，对可能出现的问题进行评估，制定响应时间。

（2）数据库维护，有效地利用数据是网站维护的重要内容，因此数据库的维护要受到重视。

（3）内容的更新、调整等。

（4）制定相关网站维护的规定，将网站维护制度化、规范化。

（5）动态信息的维护通常由企业安排相应人员进行在线的更新管理；静态信息可由专业公司人员进行维护。

8. 网站测试

在网站设计完成之后，应先进行测试，然后才能正式发布。主要测试内容有：

（1）网站服务器稳定性、安全性；

（2）各种插件、数据库、图像、链接等是否工作正常；

（3）在不同接入速率情况下的网页下载速度；

（4）网页对不同浏览器的兼容性，在不同显示器和不同显示模式下的表现等；

（5）根据需要的其他测试。

9. 网站发布与推广

网站推广活动一般发生在网站正式发布之后，当然也不排除一些网站在筹备期间就开始宣传的可能，因此在制定网站策划书的时候就应该考虑到。

2.4 综合案例——网上购物网站策划书

一、网上购物网站市场分析

在当今的网络信息时代，作为电子商务（e-commerce）的重要分支，B2C（Business to Customer）模式为消费者提供了一个崭新的购物环境——网上商城，用户足不出户，就可以通过网络平台、电子支付，购买到自己所需要的商品，这种模式使企业更有效地对资源进行分配与调度，提高了交易效率，节省了用户宝贵的时间。网上购物正在成为人们连接的网络重要行为之一。

二、网上购物网站建站目标及功能定位

（1）为客户提供自由选购所需产品的服务功能；

（2）及时补充和增加最新产品上架；

（3）及时为顾客提供产品和服务的信息交流；

（4）拓展市场宣传、提升品牌形象；

（5）广告、招商、市场活动推广。

三、网上购物网站规划及实施

根据销售实体与电子商务特点、服务理念、服务内容形式的不同，规划建设不同的网页表达方式，在设计和创意方面既体现网站的服务特色，又兼顾行业拓展的方向，做到既量身定做，又兼容并蓄。

例如，图 2-10 为一个手机电子商城的网上购物网站页面效果。

1. 设计风格

以网站平台所属企业 CI 系统为基础，以不同浏览者阅读习惯为标准；采用垂直型网站，多语种网站将按不同语言浏览者的浏览习惯来设计。

2. 界面创意

确立良好的 UI 规范，网站 CI 设计、系统页面风格；标准的图标风格设计，统一的构图布局，统一的色调、对比度、色阶；图片风格；导航结构设计；提示信息、帮助文档文字表达遵循的开发原则。

3. 网站架设步骤

（1）建立网站形象。针对网上购物网站的发展方式及战略部署计划对网站进行规划，以实现良好的运行和网站架设目标。

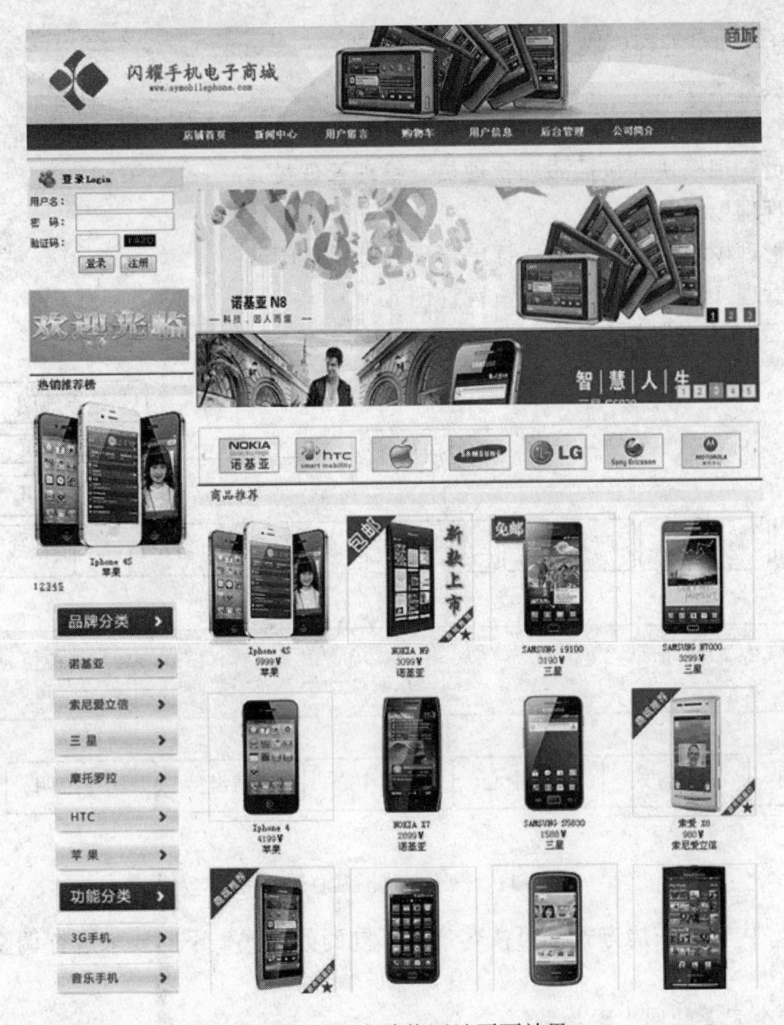

图 2-10　网上购物网站页面效果

（2）网站信息布局。网上购物网站的主体信息结构及布局是网站总体的框架，所有的信息内容都会以此为依据进行布局，清晰明了的布局会使浏览者能方便快捷地取得所需信息。

（3）网站页面制作先进技术的应用。

这是一个成功网站所不可缺少的重要部分。网站的内容必须要生动活泼，网站的整体风格设计富有创意，才能吸引浏览者停留。通常采用当今网络上最流行的 CSS、Flash、JavaScript 等技术进行网页的静态和动态设计，追求形式上的简洁，却又突出功能性和实用性。

4. 网站结构布局

网上购物网站一般主要包括两个大模块，分别为“前台用户功能模块”和“后台管理员管理模块”，具体功能要求如下：

（1）前台用户功能模块。

- 用户注册、登录、验证模块。
- 最新商品、精品推荐、特价商品、热销商品等浏览模块。
- 购物车模块。
- 在线支付模块。
- 网站留言/我的留言模块。

（2）后台管理员管理模块。

- 管理员登录模块。
- 库存管理模块（包括商品添加、商品管理、商品类别添加、商品类别管理）。
- 管理员管理模块（包括添加管理员、管理管理员）。
- 用户管理模块。
- 订单管理模块（订单查询、订单管理、订单打印）。
- 系统管理（上传图片管理、留言管理）。

网站的整体结构布局如图 2-11 所示。

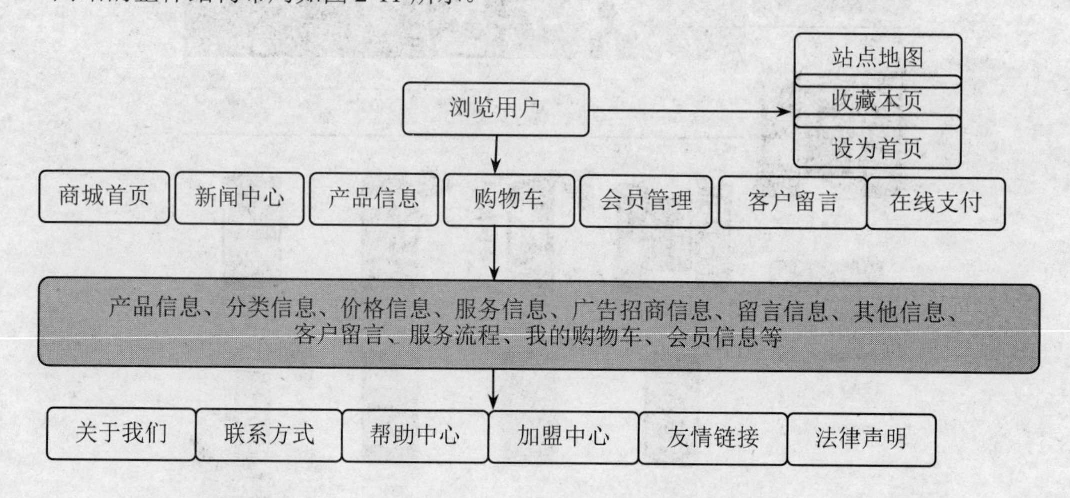

图 2-11　网上购物网站总体结构

以上结构、内容、布局方式都可按客户的不同商务模式、不同要求进行调整，对模块和内容进行细化。

5. 建立一个完善的网上购物系统

网上购物系统分为前台和后台两部分。前台是所有访问者都能访问的网页，也是商品展示页面，包括商品分类信息、产品检索、最新上架产品、热卖产品、推荐产品、网上新闻、购物演示、付款方式与运输方式说明、会员登录在线支付系统接口（支付宝/网银/贝宝 PAYPAL）等功能；后台是网站管理员用来管理网店的管理系统，一般只有管理者能访问，进入网上购物管理后台可以进行商品的增加和修改、订单的管理、邮件的发送、公告的发布等操作。

主要功能模块说明如下：

（1）产品管理系统。产品分类管理可以多级分类，以树状组织表现企业的产品系，方便管理查阅；“产品资料管理”可以自由增加、删除、修改产品的价格、库存量、会员价、产地、品牌、产品图片和参数说明等；“产品检索”使客户可以直接按照产品名称、品牌、产地、型号、价格等进行搜索；“产品对比”让客户可以对选中的产品进行性能比对，客户喜爱的功能一对比即知；“产品属性”显示热卖产品、最新产品、推荐产品等；“产品图片”显示系列选拍图片，点击可放大；“产品点击数”可以记录客户点击数来判断产品是否受客户欢迎；“产品客户评论”让客户可以发表自己对产品的评价或意见等。

（2）新闻发布管理系统。“新闻动态发布”使商家可以针对目前的商品进行推销，发布特惠价格、特惠政策等；“购物帮助信息发布”可发布如交易条款、购物流程、会员优惠政策、运输说明、支付说明、售后服务等信息。所有发布系统支持 Word 格式，进行图文并茂编辑，可以更改类别顺序以确定新闻类别和专题在网站页面上出现的顺序。

（3）会员管理系统。用户在线注册、登录、密码修改；“资料修改”界面可进行会员客户统一管理、资料审核、删除、禁用、购物历史资料和订单状态查询。

（4）产品定购系统。“购物车”让客户浏览产品满意后可在线填写订单、确定运输方式、支付方式等；“会员购物”功能在客户浏览产品满意后在填写订单的时候，自动按照客户注册时的资料预设，购物成功后生成订单号，以备日后查询状态。“非会员购物”功能为了避免客户嫌弃注册麻烦，也可以提供专门的非会员购物通道，购物成功后生成订单号，在网站订单查询系统中查询；“自动实现优惠策略”功能使得会员按照会员价格折扣来计算并给会员积分，积分达到一定程度时可以给客户礼品等。

（5）订单管理系统。“下订单”功能是让顾客在前台填写订单和相关运输方式、支付方式；“订单处理”是登录后台管理系统，提示有未处理订单列表，可对订单确认货款、发货、交易成功等操作；“生成订单历史记录”功能是在订单处理后，可以保存订单的交易细节，比如产品、款项、交易日期等，方便日后售后服务；“销售统计”是对已销售的产品进行统计，方便预计的销售数量，达到宏观管理的目的。

（6）广告系统。“增加广告”功能可以在网站特定的位置添加广告，更好地吸引客户对优势产品的关注程度。

四、网上购物网站测试

1. 网站页面测试

主要包括对色彩搭配的合理性、链接的正确性、导航的便捷性、CSS 应用的统一性进行测试。

2. 性能测试

（1）连接速度测试。用户连接到电子商务网的速度与上网方式有关，可能是电话拨号上网，也可能是宽带上网。

（2）负载测试。负载测试是在某一负载级别下，检测应用程序系统的实际性能。即能允许多少个用户同时在线，可以通过相应的软件在一台客户机上模拟多个用户来测试负载。

（3）压力测试。压力测试是测试系统的限制和故障恢复能力，即测试应用程序系统会不会崩溃。

3. 安全性测试

主要对网上购物客户服务器应用程序、数据、服务器、网络、防火墙等进行测试。网站的安全性（服务器安全、脚本安全）测试包括漏洞测试、攻击性测试、错误性测试等。

五、网上购物网站发布和推广

1. 搜索引擎优化

通过搜索引擎优化可使网上购物网站的主推商品或服务信息位于搜索引擎的顶端，利用百度、Google、Yahoo 或其他搜索引擎可以找到网站。

2. 电子邮件推广

通过向目标客户发送电子邮件的方式来推广网站、服务和商品，这是近年来许多行业网站经常采用的一种推广方式。

3. 论坛博客群发

通过相关的软件自动在各大 B2B、著名 BLOG 等网站上发布网站、服务和商品信息。

六、网上购物网站维护

（1）日常网页维护。对需要经常更新的栏目内容进行定期维护。

（2）虚拟空间维护。

（3）对 DNS 域名解析维护、空间时限管理。

（4）网页 FTP 上传管理。

习题二

1．网站规划的主要任务、特点、原则是什么？

2．网站设计的目标、特点、原则是什么？

3．简述网站设计的一般流程。

4．电子商务网站应具备哪些功能？

5．企业网站建立前应考虑哪些因素？

6．电子商务网站内容设计的基本原则有哪些？电子商务网站的目录结构应注意哪些问题？

7．首页版面设计应注意哪些问题？

8．简述页面版式布局的步骤和过程。

9．什么是网站的风格？怎样树立良好的网站风格？

10．如何写网站策划书？

实验二 编写网上书店网站策划书

一、实验目的与要求

掌握网站策划书的编写方法。

二、实验内容

请以“卓越亚马逊”网上书店网站为例写一份网站策划书。

第 3 章　使用 HTML 制作网页

本章通过具体案例，详细地介绍 HTML 语言中常用的标记及其属性，并解析如何使用 HTML 语言编制网页。在学习过程中，需要了解网页基本组成元素，理解 HTML 常用标记的功能，掌握使用文本编辑插入图像、超链接、表格、多媒体元素和表单的方法。

- 掌握 HTML 页面基本结构和 HTML 标记的使用方法。
- 掌握文本控制、图像显示的方法。
- 掌握使用超级链接、创建表格的方法。
- 掌握多媒体元素及表单对象的使用。

3.1　HTML 基础

3.1.1　使用 HTML 标记设计网页

【例 3.1】利用 HTML 基本标记，创建如图 3-1 所示的红色背景、蓝色文字的网页。

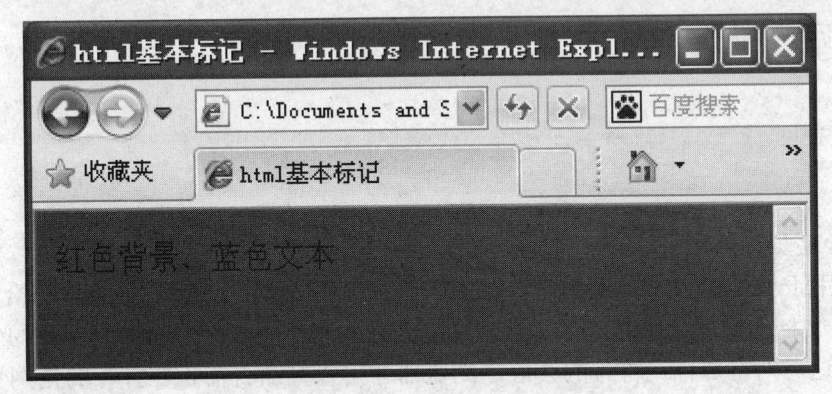

图 3-1　HTML 结构页面

3.1.2　知识解析

一、超文本标记语言——HTML

HTML（Hyper Text Mark-up Language）即超文本标记语言，是 WWW 的描述语言。它

是一个包含标记的文本文件，包含所有将显示在网页上的文字信息，其中也包括对浏览器的一些指示，如文字应放置在何处，如何显示等。HTML 文件通过标记符（tag）来实现这一功能。

二、HTML 的标记符号

HTML 的标记符号是 HTML 标记的核心与基础，用于修饰、设置 HTML 文件的内容及格式。用户只需输入文件内容，并插入必要的标记符号，文件内容在浏览器窗口内就会按照标记符号定义的格式显示出来。一般情况下，HTML 标记符号使用下列格式：

<标记符号>文件内容</标记符号>

标记符号需要填写在一对尖括号“< >”内，它们由整个英文字母组成，往往是英文单词的首字母或缩写。一般地，标记符号是成对出现的。结束标记是在开始标记的前面添加斜杠“/”。

在书写标记符号时，英文字母的大、小写或混合使用大小写都是允许的，如 HTML、html 和 Html 的作用效果都是一样的。

标记内可以包含一些属性，标记属性可由用户设置，否则将采用默认的设置值。属性名称出现在标记符号的后面，并且以空格进行分隔，如果标记具有多个标记属性，那么不同的属性名称之间将以空格隔开。其语法是：

<标记符号 属性 1="值" 属性 2="值" 属性 3="值" … >

HTML 对属性名称的排列顺序没有特别的要求，用户可根据个人的爱好，在标记符号之后排列所需的属性名称。另外，标记符号的属性值可以使用双引号或单引号括起来。

三、HTML 文档的基本结构

HTML 文件通常由 3 部分组成：起始标记、文档头和文件主体，其中文件主体是 HTML 文件的主要部分与核心内容，它包括文件所有的实际内容与绝大多数的标记符号。

在 HTML 文件中，有一些固定的标记要放在每一个 HTML 文件里。本节将对它们进行简略的介绍。下面就是 HTML 文件的基本结构。

```
<html>
<head>
   网页的标题及属性
</head>
<body>
   文档主体
</body>
</html>
```

1. 添加起始标记

<html>用于 HTML 文档的最前边，用来标识 HTML 文档的开始。而</html>恰恰相反，它放在 HTML 文档的最后边，用来标识 HTML 文档的结束，<html>…</html>标记对必成对使用。

通过对这一对特殊标记符号的读取，浏览器才可以判断目前正在打开的是网页文件，而不是其他类型的文件。

html 标记的起始标记和结束标记符号都是可选的，但用户应该养成在文件中使用 html 标记的习惯，每次编写 HTML 文件之前都应该首先在网页内添加<html>…</html>，然后再在标记对之间加入网页的内容。

2. 设置文档头

<head>和</head>构成 HTML 文档的开头部分，在此标记对之间可以使用<title>…</title>、<script>…</script>等标记对。这些标记对都是用于描述 HTML 文档相关信息的，它们之间的内容是不会在浏览器的框内显示出来的。

（1）title 标记。

<title>…</title>标记标明该 HTML 文件的标题，它作为窗口的名称显示在页面标题栏中，一个好的标题应该能使读者从中判断出该文件的大概内容。

<title>…</title>标记对只能放在<head>…</head>标记对之间。例如：

```
<head>
<title>我的第一个网页</title>
</head>
```

（2）base 标记。

<base>标记用于设定超链接的基准路径。使用这个标记，可以大大简化网页内超链接的编写。用户不必为每个标记输入完整的路径，只需指定它相对于 base 标记所指定的基准地址的相对路径即可。该标记包含参数 href 用于指明基准路径。该标记用法如下：

```
<base href="URL">
```

（3）link 标记。

<link>标记表示超链接，在 HTML 文件的 head 标记中可以出现任意数目的 link 标记。link 标记可以帮助用户定义含有链接标记的文件与 URL 中定义文件之间的关系。link 标记通常用来显示作者身份、相关检索及术语、旧的或更新的版本、文件等级、相关资源等。该标记用法如下：

```
<link rev="RELATIONSHIP"    rel="RELATIONSHIP" herf="URL">
```

（4）meta 标记。

<meta>标记用来介绍与文件内容相关的信息。每一个标记指明一个名称或数值对。如果多个 meta 标记使用了相同的名称，其内容便会合并连成一个用分号隔开的列表，也就是和该名称相关的值。meta 标记的主要参数包括：

- http-equiv：把标记放到 HTTP 头之中。HTTP 服务器可使用该信息处理文件，特别是它可在对这个文件请示的回应中包含一个头域。标题名取自 http-equiv 参数值，而标题值则取自 Content 参数值。
- name：指明名称或数值对的名称。如果没有，则由 Http-Equiv 给出名称。
- content：指明名称或数值对的值，一般为 text/html。
- charset：指明网页所使用的基本字符集，一般为 GB2312，即标准简体中文。该 meta 标记一般用法如下：

```
<meta http-equiv="Content-Type" content="text/html;charset=gb2312">
```

3. 网页的主体结构

<body>…</body>是 HTML 文档的主体部分，在此标记对之间可包含众多的标记和信息，它们所定义的文本、图像等将会在浏览器的框内显示出来。两个标记必须成对使用，<body>标记中还可以设置一些属性，如表 3-1 所示。

以上各个属性可以结合使用，如<body bgcolor="red" text="#0000ff">。引号内的 rrggbb 是用 6 个十六进制数表示的 RGB（即红、绿、蓝三色的组合）颜色，如#ff0000 对应的是红色。

表 3-1 <body>标记的属性

属性	用途	示例
<body bgcolor="#rrggbb">	设置背景颜色	<body bgcolor="red">，红色背景
<body text="#rrggbb">	设置文本颜色	<body text="#0000ff">，蓝色文本
<body link="#rrggbb">	设置链接颜色	<body link="blue">，链接为蓝色
<body vlink="#rrggbb">	设置已使用的链接的颜色	<body vlink="#ff0000">
<body alink="#rrggbb">	设置被击中的链接的颜色	<body alink="yellow">

此外，还可以使用 HTML 语言所给定的常量名来表示颜色：black（黑）、white（白）、green（绿）、maroon（褐红）、olive（橄榄）、navy（深蓝）、purple（紫）、gray（灰）、yellow（黄）、lime（浅绿）、aqua（蓝绿）、fuchsia（紫红）、silver（银）、red（红）、blue（蓝）和 teal（青），如<body text="blue">表示<body>…</body>标记对中的文本使用蓝色显示在浏览器的框内。

4. HTML 中的注释

注释标签用来在 HTML 源文件中插入注释，注释会被浏览器忽略不显示。用户可以使用注释来解释代码，例如："<!--这是一条注释信息-->"。这些注释信息可在以后编辑代码的时候给阅读者提供必要的帮助和提示。

四、HTML 标记语言的特点

HTML 语言由若干标记符构成，利用标记符来描述和组织网页内容的呈现格式。HTML 标记用法具有以下几个特点：

（1）HTML 标记均用< >括起来，大多数的标记成对使用，标记的开始符和结束符相同，结束符前多一个斜杠，其用法格式为：

<标记名>文本</标记名>

（2）标记符还拥有属性，利用这些属性可对修饰的部分进行更加详细的控制，其用法格式为：

<标记名 属性名 1="属性值 1" 属性名 2="属性值 2" … >文本</标记名>

各属性项之间用空格分隔，属性值可用单引号或双引号引起来，也可以不用引号直接表达。

（3）HTML 标记可嵌套使用，从不同的角度对文本格式进行控制。嵌套使用时注意不要发生交叉嵌套。标记符不区分大小写，各标记的书写表达没有先后顺序要求。

（4）有些标记是单独使用的，没有对应结束标记。如换行标记
和水平线标记<hr>等。

3.1.3 使用 HTML 标记设计网页的实现

【例 3.1】实现过程：

（1）打开 Dreamweaver 或记事本。

（2）输入以下代码：

```
<!--注释：这是一个拥有 HTML 基本标记的网页-->
<html>
<head>
<title>html 基本标记</title>
</head>
<body bgcolor="red" text="blue">
<p>红色背景、蓝色文本</p>
```

```
</body>
</html>
```

（3）将该文件保存为一个扩展名为.htm 或.html 的 HTML 文件。

（4）使用 IE 浏览器打开该 HTML 文件，查看页面运行效果。

3.2　创建基本网页

3.2.1　文本编辑

文本是网页文件的核心内容，使用 HTML 语言，可在页面中划分段落、插入标题、修改字体、设置字号等。

【例 3.2】本例将使用文本控制格式实现如图 3-2 所示的页面。

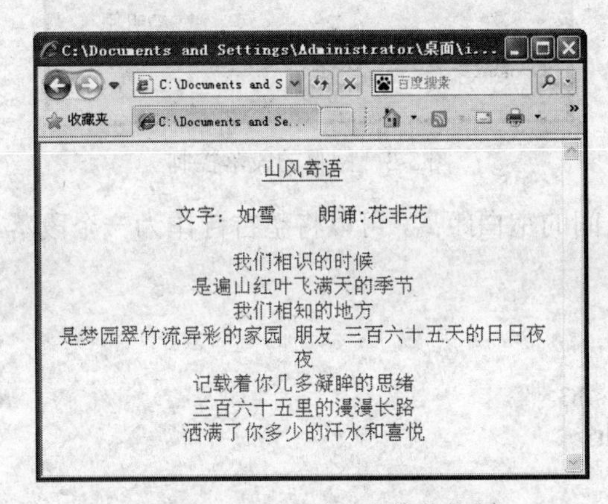

图 3-2　网页中的文本格式控制

一、知识解析

1．段落标记（<p>…</p>）与换行标记（
）

段落标记是用来创建一个段落，在此标记对之间加入的文本将按照段落的格式显示在浏览器上。HTML 将多个空格以及回车等效为一个空格，HTML 的分段完全依赖于分段标记<p>。

另外，<p>标记还可以使用 align 属性，它用来说明对齐方式，其语法格式为：

```
<p align="属性值">段落文本</p>
```

其中 align 的值可以是 left（左对齐）、center（居中）和 right（右对齐）三个值中的任何一个。如“<p align="center">段落文本</p>”表示标记对中的文本使用居中的对齐方式。

换行标记
的作用是使该标记后面的文本换行显示，换行标记没有需要设置的属性。

HTML 语言忽略多余的空格，最多只空一个空格。在需要多个空格的地方，可以用“不换行空格”（ ）插入连续的多个空格，或者输入全角的中文空格。

例如，下面这首李白的《静夜思》中每句诗都使用了段落标记：

```
<html>
<body>
<h3>静夜思</h3>
<p align=center>李白</p>
<p align=left>床前明月光，</p>
<p align=center>疑是地上霜。</p>
```

```
<p align=right>举头望明月，</p>
<p align=left>低头思故乡。</p>
</body>
</html>
```

网页最后的运行效果如图 3-3 所示。

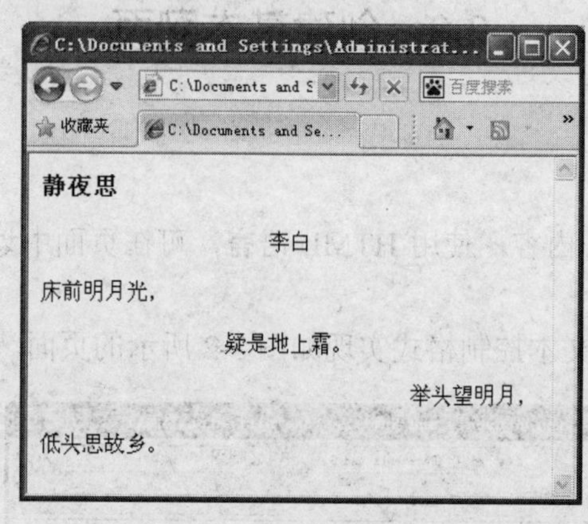

图 3-3 网页的段落控制

为了减少诗句各行之间的空白距离，可以将整首诗作为一个段落，每句诗使用
标记换行，实现代码如下：

```
<html>
<body align=center>
<h3 align=center>静夜思</h3>
<h5 align=center>李白</h5>
<p align=center>
床前明月光，<br>
疑是地上霜。<br>
举头望明月，<br>
低头思故乡。
</p>
</body>
</html>
```

运行效果如图 3-4 所示。

图 3-4 网页文字换行控制

2. 标题标记（Hn）

一般文章都有标题、副标题、章和节等结构，HTML 中也提供了相应的标题标记<Hn>，其中 n 为标题的等级。HTML 总共提供 6 个等级的标题，n 越小，标题字号就越大。

Hn 可以设置对齐 align 属性，其属性值可为 left、center、right，分别表示左对齐、居中对齐和右对齐，不设置该属性时，默认为左对齐。

例如：

```
<html>
<head>
<title>标题显示效果</title>
</head>
<body>
<h1 align="left">标题 1</h1>
<h2 align="center">标题 2</h2>
<h3 align="right">标题 3</h3>
<h4>标题 4</h4>
<h5>标题 5</h5>
<h6>标题 6</h6>
</body>
</html>
```

运行效果如图 3-5 所示。

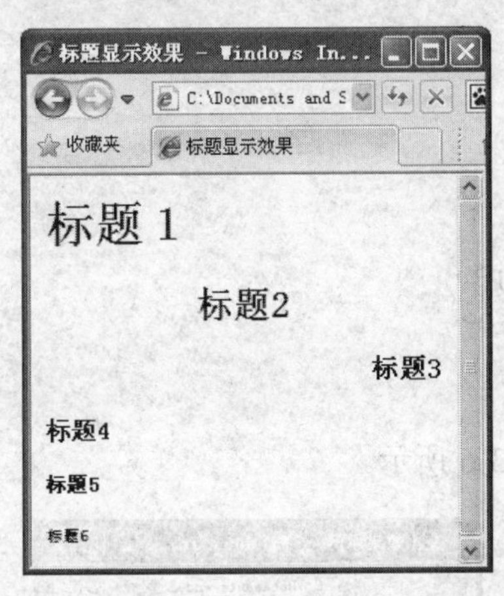

图 3-5　设置标题格式

3. 设置文本格式

在 HTML 文件中，文本是信息最基本的表示方式。为了使页面中的文本内容美观好看，通常还需对所显示的文本格式进行设置。

（1）设置字体和字号。

<font>是用来设置文本字体的标记，<font>标记的属性主要有 face、size 和 color。face 属性用于设置文本字体，size 属性用于指定文本字体大小，color 属性用于设置文本的颜色。其中 size 属性的值为 1～7，文字大小逐渐增大，如果在 size 的属性值前加上“+”号或“-”号，则表示相对于基础字体增大或减小若干字号。

例如：

```
<font face="宋体" size="2" color="#ff0000">红色 2 号宋体</font>
```

这段代码表示<font>与</font>之间的所有文字都以宋体、2 号（10 磅）、红色显示。

<font>标记还可以与<b>、<i>等标记嵌套使用，例如：

```
<font face="宋体" size="2" color="#ff0000"><i>红色 2 号斜宋体</i></font>
```

（2）文本修饰效果。

文字在显示时，还可采取加粗、斜体、加下划线等修饰效果，常用的标记有：

<b>…</b>	文字以粗体显示
<i>…</i>	文字显示为斜体
<u>…</u>	显示下划线
<strike>…</strike>	中心线贯穿文字
<em>…</em>	强调文字，通常用斜体
<strong>…</strong >	特别强调的文字，通常用黑体
<tt>…</tt>	以等宽体显示西文字符
<big>…</big>	使文字大小相对于前面的文字增大一级
<small>…</small>	使文字大小相对于前面的文字减小一级
[…]	使文字成为前一个字符的上标
_…	使文字成为前一个字符的下标
<blank>…</blank>	使文字显示为闪烁效果

例如：

```
<head>
<title>文本效果示例</title>
</head>
<body>
<b>这一行是粗体</b><p>
<i>这一行是斜体</i><p>
<u>这一行有下划线</u><p>
<tt>打字效果的文字</tt><p>
<b><i>粗体并且斜体</i></b><p>
<i><u>斜体并且有下划线</u></i>
</body>
</html>
```

运行后页面显示效果如图 3-6 所示。

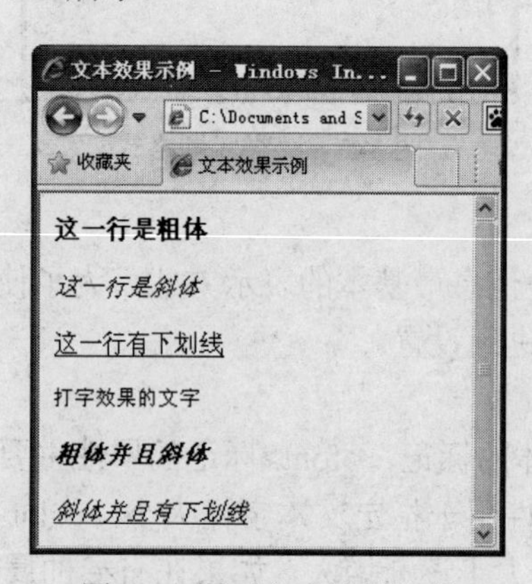

图 3-6　网页文本效果控制

二、案例实现

【例 3.2】实现过程：

（1）打开 Dreamweaver 或记事本。

（2）输入以下代码：

```
<html>
<head></head>
<body>
<center>
<font face=宋体  size=4 color=#006400><u>山风寄语</u></font>
</center>
<p align=center><font face=宋体  size=4 color=#006400>文字：如雪朗诵:花非花</font></p>
<p align=center><font face=宋体  size=4 color=#8b4513>
我们相识的时候<br>
是遍山红叶飞满天的季节<br>
我们相知的地方<br>
是梦园翠竹流异彩的家园　朋友　三百六十五天的日日夜夜<br>
记载着你几多凝眸的思绪<br>
三百六十五里的漫漫长路<br>
洒满了你多少的汗水和喜悦
</font></p>
</body>
</html>
```

（3）将该文件保存为一个扩展名为.htm 或.html 的 HTML 文件。

（4）使用 IE 浏览器打开该 HTML 文件，查看页面运行效果。

3.2.2　使用图像

一、在网页中使用图像

除了文本，图像也是网页中不可缺少的元素。根据网页的整体布局与设计风格，合理地使用图像，将会使网页更加丰富多彩、形象生动。

【例 3.3】本案例将实现在网页中插入图像，页面效果如图 3-7 所示。

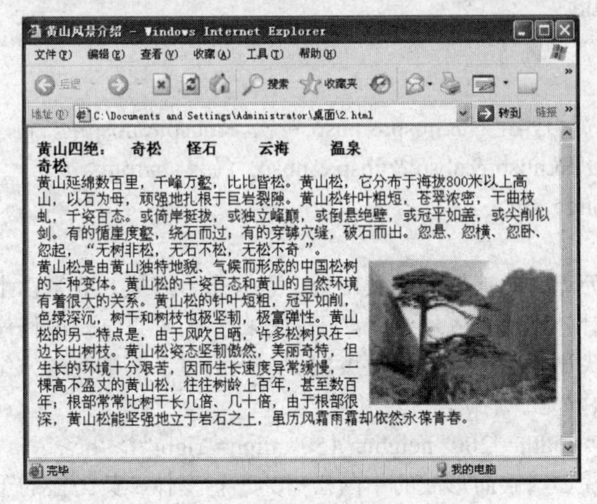

图 3-7　网页中图像实例效果

二、知识解析

1. 在网页中插入图像

HTML 中常用的图像格式有 GIF、JPG 和 PNG。在网页中插入图像，必须使用<Img>标记，它的应用格式如下：

```
<img src="图像路径和名称">
```

2. 设置图像属性

在网页中插入图像后，还需要通过设置相关属性对图像的格式、对齐方式进行编排。<img>标记的属性如表 3-2 所示。

表 3-2 <img>标记的属性及其用途

属性	用途
<img src=" ">	设置图片来源
<img width=" " height=" ">	设置图片大小，此宽度及高度一般采用 px 作为单位
<img hspace=" " vspace=" ">	设定图片边沿空白，hspace 设定图片左右的空间，vspace 设定图片上下的空间，采用 px 作为单位
<img border=" ">	图片边框厚度
<img align="top">	调整图片旁边文字的位置，可选值：top，middle，bottom，left，right，默认值为 bottom
<img alt=" " >	用于设置描述该图形的文字，若使用的浏览器不能显示该图片时，这些文字将会代替图片显示；若浏览器显示了该图片，当鼠标移至图片上该文字也会显示
<img lowsrc=" " >	设定先显示低分辨率的图片，通常采用原图的黑白版本来作为分辨率图片

三、案例实现

【例 3.3】实现过程：

（1）打开 Dreamweaver 或记事本。

（2）输入以下代码：

```
<html>
<head>
<title>黄山风景介绍</title>
</head>
<body>
<p align="left"><strong>黄山四绝：  奇松    怪石
     云海      温泉</strong>
<div><strong>奇松</strong> <br>
</div>
黄山延绵数百里，千峰万壑，比比皆松。黄山松，它分布于海拔 800 米以上高山，以石为母，顽强地扎
根于巨岩裂隙。黄山松针叶粗短，苍翠浓密，干曲枝虬，千姿百态。或倚岸挺拔，或独立峰巅，或倒悬
绝壁，或冠平如盖，或尖削似剑。有的循崖度壑，绕石而过；有的穿罅穴缝，破石而出。忽悬、忽横、
忽卧、忽起，“无树非松，无石不松，无松不奇”。
<img src="../图片/sj1.jpg" width="200" height="150" align="right" /><br>
黄山松是由黄山独特地貌、气候而形成的中国松树的一种变体。黄山松的千姿百态和黄山的自然环境有
着很大的关系。黄山松的针叶短粗，冠平如削，色绿深沉，树干和树枝也极坚韧，极富弹性。黄山松的
另一特点是，由于风吹日晒，许多松树只在一边长出树枝。黄山松姿态坚韧傲然，美丽奇特，但生长的
环境十分艰苦，因而生长速度异常缓慢，一棵高不盈丈的黄山松，往往树龄上百年，甚至数百年；根部
常常比树干长几倍、几十倍，由于根部很深，黄山松能坚强地立于岩石之上，虽历风霜雨霜却依然永葆
青春。</p>
```

```
</body>
</html>
```

（3）将该文件保存为一个扩展名为.htm 或.html 的 HTML 文件。

（4）使用 IE 浏览器打开该 HTML 文件，查看页面运行效果。

3.2.3　建立超链接

一、建立超链接

每个网站都是由很多的网页组成的，使用超链接可以将网站内和网站间不同的网页有机地结合起来。通过超级链接，可以实现页面之间的相互跳转。正是因为有了这些超级链接，才使得 Internet 成为承载浩瀚信息资源的宝库。

【例 3.4】本案例将实现对图 3-8 所示页面中的文本“怪石”建立超链接，点击超链接，将打开图 3-9 所示的页面。

图 3-8　建立链接的页面　　　图 3-9　链接指向的页面

二、知识解析

超链接是网页的灵魂，利用超链接可以实现从一个网页跳转到另一个网页，或跳转到同一页面的不同位置，还可以通过超链接将网页链接到 Internet 任意网站上。

1. 创建超链接

在 HTML 语言中，超链接是通过<a>标记定义的，其定义格式为：

```
<a href="url" target="_blank|_self|_top|_parent" >文本内容或图像</a>
```

超链接有链接源和链接目标。其中 href 标记用于指定所要链接到的目标地址，所链接的目标网页打开位置由 target 属性来指定。若 target 属性设置为“_blank”，则会在新的浏览器窗口中打开所链接的页面；若设置为“_self”，则会在当前窗口中打开所链接的页面；若设置为“_top”，则会在顶层窗口打开所链接的页面；若设置为“_parent”，则会在父框架窗口打开所链接的页面。<a>标记对之间的文本或图像作为链接源，设置为链接源的文本一般显示为带下划线的蓝色文本，当鼠标停放在文本上时会显示为手形指针，单击时就会跳转到所链接的目标位置。

例如，在页面中添加一个到搜狐网的超级链接，可以使用如下方式实现：

```
<a href="http://www.sohu.com.cn">搜狐网</a>
```

2. 创建锚点链接

所谓锚点链接就是页面内部的链接，也即网页中的书签。在内容较多的网页内建立内部链接时，它的链接目标不是其他文档，而是网页内不同的部分。在使用锚点链接之前，需要在网页中的特定位置创建一个标记，该标记在 HTML 语言中称为锚点（anchor），并给该锚点设置一个标识名称。

定义锚点通过<a>标记实现，其定义格式为：

```
<a name="锚点名称">锚点文本 </a>
```

其中，“锚点名称”是代表“锚点文本”的字符串，可使用简短、有意义的字符串代替网页文本。为了使浏览器易于区分“锚点名称”与文档内容，“锚点名称”前面需要添加符号#。

注意：锚点名称应唯一，不能出现重复的锚点。

例如，在页面中的某个位置定义好一个锚点，若要跳转到这个位置，就可以编写如下代码：

```
<a href="网页文件名 #锚点">单击此处将使浏览器跳到“锚点内容”处</a>
```

3. 创建邮件链接

邮件链接可使访问者在浏览页面时，只需单击邮件链接就能够启动电子邮件客户端程序，打开默认的邮件编辑窗口，向指定的地址发送邮件。

电子邮件链接的应用格式如下：

```
<a href="mailto:E-mail 地址"> 邮件链接文本</a>
```

其中，“E-mail 地址”是用户在国际互联网上的电子邮件地址，而“邮件链接文本”就是网页中访问者单击的文本。

访问者单击链接文本时，将打开默认的电子邮件编辑窗口。例如，使用 Office 系列的 Outlook Express 作为默认的邮件编辑器时，单击 E-mail 地址时将打开邮件编辑器窗口，收件人项将出现邮件地址，如图 3-10 所示。

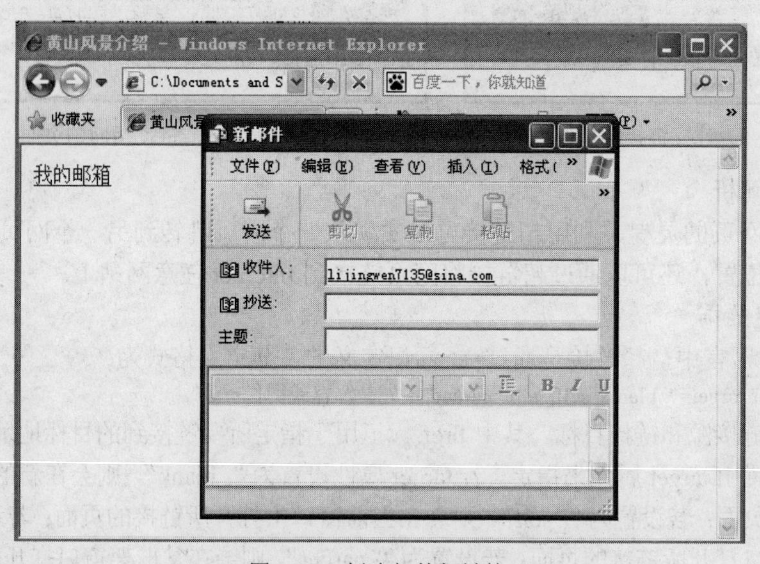

图 3-10　创建邮件超链接

三、案例实现

【例 3.4】实现过程：

（1）打开 Dreamweaver 或记事本。

（2）输入以下代码：

```
<html>
<head>
```

```
<title>黄山风景介绍</title>
</head>
<body>
<p align="left"><strong> 黄 山 四 绝 ：    奇 松   <a href="3-8.html"> 怪 石
</a>    云海     温泉</strong>
<div><strong>奇松</strong> <br />
</div>
黄山延绵数百里，千峰万壑，比比皆松。黄山松，它分布于海拔 800 米以上高山，以石为母，顽强地扎
根于巨岩裂隙。黄山松针叶粗短，苍翠浓密，干曲枝虬，千姿百态。或倚岸挺拔，或独立峰巅，或倒悬
绝壁，或冠平如盖，或尖削似剑。有的循崖度壑，绕石而过；有的穿罅穴缝，破石而出。忽悬、忽横、
忽卧、忽起，"无树非松，无石不松，无松不奇"。
 <img src="../图片/sj1.jpg" width="200" height="150" align="right" /><br />
黄山松是由黄山独特地貌、气候而形成的中国松树的一种变体。黄山松的千姿百态和黄山的自然环境有
着很大的关系。黄山松的针叶短粗，冠平如削，色绿深沉，树干和树枝也极坚韧，极富弹性。黄山松的
另一特点是，由于风吹日晒，许多松树只在一边长出树枝。黄山松姿态坚韧傲然，美丽奇特，但生长的
环境十分艰苦，因而生长速度异常缓慢，一棵高不盈丈的黄山松，往往树龄上百年，甚至数百年；根部
常常比树干长几倍、几十倍，由于根部很深，黄山松能坚强地立于岩石之上，虽历风霜雨霜却依然永葆
青春。</p>
</body>
</html>
```

（3）将该文件保存为一个扩展名为.htm 或.html 的 HTML 文件。

（4）使用 IE 浏览器打开该 HTML 文件，查看页面运行效果。

3.2.4　使用表格

一、在网页中使用表格

表格在网页中的应用非常广泛，使用表格可以方便地进行页面的排版和布局。当网页中需要条理清晰地组织大量的数据、文本、图像等时，表格的优越性就体现出来了。通过使用表格，网页的版面设计和规划布局会更加方便、快捷。

【例 3.5】本案例利用表格实现图 3-11 和图 3-12 所示页面中的图像和文本的控制。

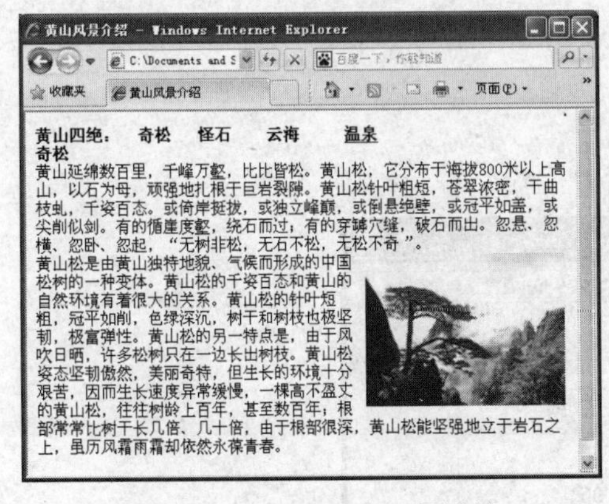

图 3-11　点击"温泉"超链接

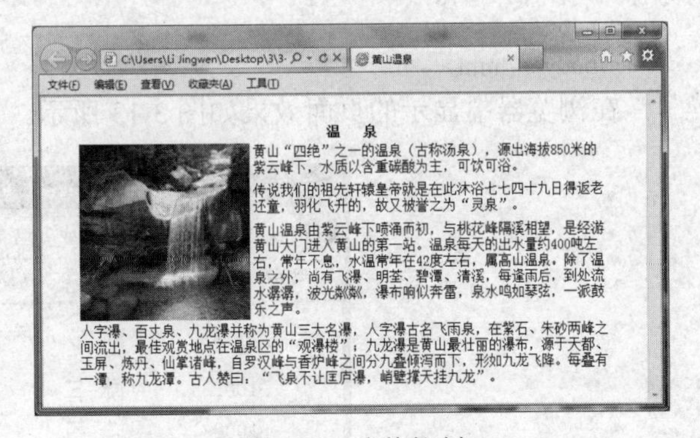

图 3-12　表格控制

二、知识解析

表格标记对于制作网页是很重要的，现在很多网页都是使用多重表格。主要是因为表格不但可以固定文本或图像的输出，而且还可以任意地进行背景和前景颜色的设置。

（一）表格标记

表格由若干行和列构成，在 HTML 语言中，表格标记主要由<table>…</table>、<tr>…</tr>和<td>…</td>等标记来定义。<table>和</table>分别定义表格的开始和结束；<tr>和</tr>定义每行开始和结束；<td>和</td>定义单元格的开始和结束。另外，每个标记还有属性，通过这些属性可对表格内容进行更加详细的控制。

例如，要产生一个宽度为 300 像素，高度为 120 像素，边框粗细为 1，带有底纹的四行三列的表格，其代码定义如下：

```
<html>
<title>表格定义</title>
<body>
<table   width=300 height=120 border=1 background="../图片/bg.jpg" align=center >
<tr>
        <td>编 号</td>
        <td>姓 名</td>
        <td>成 绩</td>
</tr>
<tr>
        <td>1001</td>
        <td>张 三</td>
        <td>80</td>
</tr>
<tr>
        <td>1002</td>
        <td>李 四</td>
        <td>95</td>
</tr>
<tr>
        <td>1003</td>
        <td>王 五</td>
        <td>100</td>
</tr>
</table>
</body></html>
```

在浏览器中显示的页面效果如图 3-13 所示。

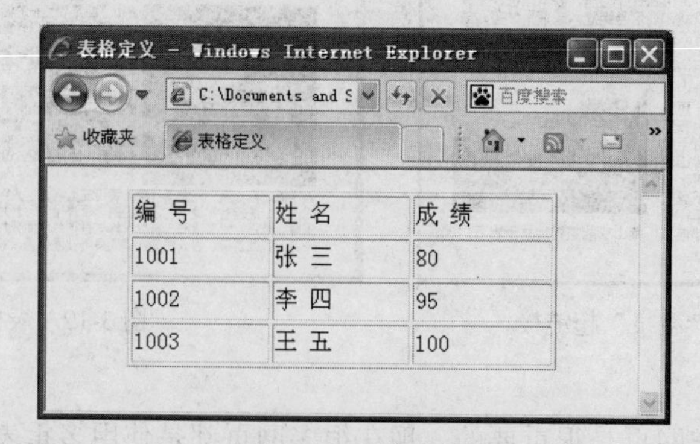

图 3-13 定义表格

（二）表格标记的常用属性

<table>…</table>标记对用来创建一个表格。它具有以下属性：

1．width 和 height 属性

width 和 height 属性分别用于设置表格的宽度和高度，其值可以使用像素或百分比。

2．background 和 bgcolor 属性

background 属性用于设置表格的背景图像，bgcolor 属性用于设置表格的背景颜色。

3．border 和 bordercolor 属性

border 属性用于设置表格的边框线的宽度，当 border 属性设置为 0 时产生的是虚线表格边框，当表格在浏览器中浏览时，虚线表格边框不显示。bordercolor 属性用于设置表格的边框线的颜色。

4．cellpadding 和 cellspacing 属性

cellpadding 属性用于设置单元格的内容与表格框线之间的距离；cellspacing 属性用于设置表格单元格之间的距离。

5．align 和 caption 属性

align 属性用于设置表格的对齐方式，其值可为 left、center、right，分别用于实现左对齐、居中对齐和右对齐；caption 属性用于设置表格的标题，<caption> 的作用是为表格标识一个标题列，如同在表格上方加一没有格线的通栏，通常用来存放表格标题。可使用 align 属性来设置该表格标题列相对于表格的水平对齐方式，可选值为：left、center、right、top、middle 与 bottom。若 align="bottom"，则标题列便会出现在表格的下方，而与<caption> 语句在<table>中的位置无关。

（三）表格行的标记及属性

<tr>…</tr>标记对用来创建表格中的一行，表格有多少行就有多少对<tr>…</tr>。<tr>标记的常用属性有：

1．width 和 height 属性

width 属性用于设置所在行的宽度，height 属性用于设置所在行的高度，其值可以使用像素或百分比。

2．align 和 valign 属性

align 属性设置表格行中文本或图像的水平对齐方式，可选值为 left、center、right；valign 属性用于设置表格行中文本或图像的垂直对齐方式，可选值为 top、middle、bottom、baseline，分别用于设置靠顶端对齐、垂直居中对齐、靠底端对齐、与基线对齐。

3．bgcolor 和 bordercolor 属性

bgcolor 属性用于设置表格行的背景色，bordercolor 属性用于设置表格行的边框颜色。

（四）表格单元格标记及属性

<td>…</td>标记对表示表格中的一个单元格。单元格中可包含文本、图像、列表、段落、表单、水平线、表格等对象。利用单元格合并还可以形成不规则表格。<td>标记常用的属性有：

1．width 和 height 属性

width 和 height 属性用于设置单元格的宽度和高度，其值可以使用像素或百分比。

2．colspan 和 rowspan 属性

colspan 和 rowspan 属性可分别设置单元格跨列和跨行数，通过设置这两个属性值可实现表格单元格跨列合并和跨行合并。

3. align 和 valign 属性

align 属性设置表格单元格中文本或图像的水平对齐方式，可选值为 left、center、right；valign 属性用于设置单元格中文本或图像的垂直对齐方式，可选值为 top、middle、bottom、baseline，分别用于设置靠顶端对齐、垂直居中对齐、靠底端对齐、与基线对齐。

4. bgcolor 和 background 属性

bgcolor 属性用于设置单元格的背景颜色，background 属性用于设置单元格的背景图像。

5. bordercolorlight 和 bordercolordark 属性

bordercolorlight 属性用于设置单元格的边框向光部分的颜色，bordercolordark 属性用于设置单元格的边框背光部分的颜色。

通过设置表格属性，创建如图 3-14 所示的表格网页。

图 3-14　表格属性设置

实现图 3-14 的表格页面效果，其代码如下：

```
<html>
<title>表格属性设置</title>
<body>
<table width="85%" border="1" cellspacing="5"   bordercolor="black">
<caption>设置表格的属性</caption>
<tr   bordercolor="#0000ff" align="right">
        <td bgcolor = "aqua">第一行边界线为蓝色</td>
        <td bgcolor = "maroon">第一行靠右对齐</td>
</tr>
    <tr   bordercolorlight="#cf0000"   bordercolordark="#00ff00"   valign="bottom">
        <td>第二行向光边框为绿色背光边框为红色</td>
        <td bgcolor = "fuchsia">第二行靠底对齐</td>
</tr>
</table>
</body>
</html>
```

三、案例实现

【例 3.5】实现过程：

（1）打开 Dreamweaver 或记事本。

（2）输入以下代码：

```
<html>
<body>
```

```
<title>黄山温泉</title>
    <center><strong>　温　　泉 </strong><br /></center>
<table width="91%" height="185" border="0" align="center" cellpadding="1" cellspacing="2">
    <tr>
    <td rowspan="3"><img src="../图片/wq.jpg" alt="温泉" width="200" height="200" hspace="0" vspace="0" longdesc="../图片/sj4.jpg" /></td>
    <td width="69%" colspan="2">黄山“四绝”之一的温泉（古称汤泉），源出海拔 850 米的紫云峰下，水质以含重碳酸为主，可饮可浴。</td>
    </tr><tr>
    <td height="44" colspan="2">传说我们的祖先轩辕皇帝就是在此沐浴七七四十九日得返老还童，羽化飞升的，故又被誉之为“灵泉”。</td>
    </tr><tr>
    <td height="56" colspan="2">黄山温泉由紫云峰下喷涌而初，与桃花峰隔溪相望，是经游黄山大门进入黄山的第一站。温泉每天的出水量约 400 吨左右，常年不息，水温常年在 42 度左右，属高山温泉。除了温泉之外，尚有飞瀑、明荃、碧潭、清溪，每逢雨后，到处流水潺潺，波光粼粼，瀑布响似奔雷，泉水鸣如琴弦，一派鼓乐之声。</td>
    </tr><tr>
    <td height="31" colspan="3">人字瀑、百丈泉、九龙瀑并称为黄山三大名瀑，人字瀑古名飞雨泉，在紫石、朱砂两峰之间流出，最佳观赏地点在温泉区的“观瀑楼”；九龙瀑是黄山最壮丽的瀑布，源于天都、玉屏、炼丹、仙掌诸峰，自罗汉峰与香炉峰之间分九叠倾泻而下，形如九龙飞降。每叠有一潭，称九龙潭。古人赞曰：“飞泉不让匡庐瀑，峭壁撑天挂九龙”。</td></tr>
</table>
</body></html>
```

（3）将该文件保存为一个扩展名为.htm 或.html 的 HTML 文件。

（4）使用 IE 浏览器打开该 HTML 文件，查看页面运行效果。

3.2.5　使用多媒体

一、页面中使用多媒体

随着多媒体技术的广泛应用，目前在网页中不仅能够看到文字、图片，还能够听到美妙的音乐，享受到动画、电影、视频等各种视觉媒体元素带来的冲击力。

【例 3.6】本案例要求使用多媒体元素及相关素材，制作一多媒体网站首页，其页面运行效果如图 3-15 所示。

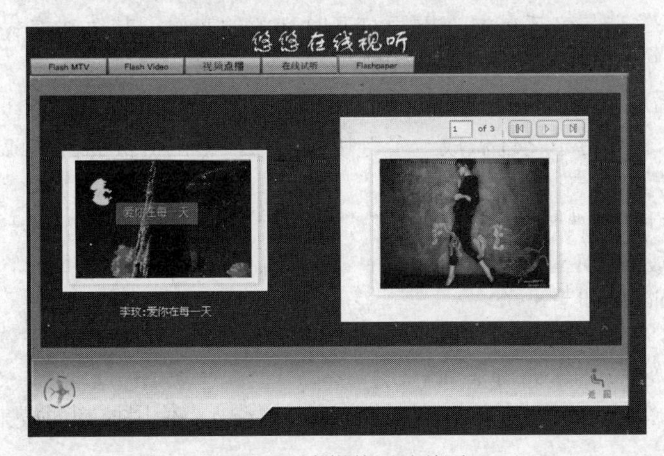

图 3-15　多媒体网站首页

二、知识解析

随着网络的不断发展，静态网页已经不能满足人们的要求，人们在追求动态网页的同时，还希望网页能够给人带来更好的听觉和视觉效果，给人以美的享受，在页面中插入多媒体组件，可以极大地丰富网页，使网页具有精彩的效果。

1．常用多媒体组件

网页中常用的媒体组件有：

（1）Flash 动画。Flash 动画是一种质量好、压缩率高、具有很强交互能力的动画。

（2）Shockwave 影片。Shockwave 是 Macromedia 公司制定的一种用于在 Web 上进行媒体交换的标准，可以在大多数浏览器中播放。

（3）ActiveX 控件。ActiveX 控件是一种可以重复使用的组件，可以运行在 Microsoft 的 IE 浏览器中，目前基本上所有浏览器都支持 ActiveX 控件。在网页中使用 ActiveX 控件的语法格式为：

```
<object id= "id 值" classid="classid：classid 值"codebase="控件地址及版本号" width ="宽度" height = "高度" align = "对齐方式" hspace = "水平距离" vspace = "水平距离"> < / object >
```

（4）Java Applet 程序。Java Applet 程序是一种 Java 小型应用程序，可以嵌入在 HTML 页面中，Java Applet 小程序一般用于产生网页特效。在网页中使用 Java Applet 程序的语法格式为：

```
<applet code="applet 程序类文件" width="宽度" height="高度"></applet>
```

2．添加视频

通过插件可以在网页中插入视频文件，常用的视频文件格式有：QuickTime、AVI 以及.rm、.ram、.rpm 等。在网页中添加视频的语法格式为：

```
<img dynsrc=url start="值" width="360" height="190" alt="替换文本" hspace="水平间距" vspace="垂直间距">
```

其中，dynsrc 的值为视频文件的名称，它一般是以 avi、ra、ram 为后缀名的文件；start 的值一般为“fileopen”，这样就可以使动画自动播放；width 和 height 的值分别是动画播放时的画面的宽度和高度（以像素为单位，也可用百分比来表示）；alt 的值是对视频文件的非显示说明；hspace 是画面离页左边的距离；vspace 是画面离页顶部的距离。

3．添加音乐

HTML 中不仅可以插入图形，还可以播放音乐和视频。用网页浏览器可以播放的音乐格式有 midi、wav、au、MP3 等，其中 MP3 是压缩率最高，音质最好的文件格式。

（1）背景音乐。背景音乐就是在网页打开时播放的音乐。其语法格式为：

```
<bgsound src="音乐文件地址" loop="重复次数">
```

其中 src 为待播放音乐文件地址，loop 值为循环次数，当 loop 值为-1 时表示无限循环。

（2）点播音乐。将音乐文件做成一个链接的对象，单击链接的文本或图像，就可以播放音乐。其语法格式为：

```
<a  href="音乐地址">乐曲名</a>
```

例如，播放一段 MIDI 音乐：

```
<a  href="midi.mid">midi 音乐</a>
```

播放一段 au 格式的音乐：

```
<a  href="you.au">同桌的你 au 音乐</a>
```

（3）自动载入音乐。在网页中还可以让音乐自动载入，使用控制面板来控制音乐的播放。其基本语法格式为：

```
<embed src="音乐文件地址">
```

<embed>标记的常用属性如表 3-3 所示。

表 3-3　< embed >标记的常用属性

属性名	用途
src="filename"	设定音乐文件的路径
autostart=true/false	设定播放重复次数，loop=6 表示重复 6 次，true 表示无限次播放，false 播放一次即停止
startime="分:秒"	设定乐曲的开始播放时间，如 startime=00:20
volume=0-100	设定音量的大小。如果没设定，就用系统的音量
width、height	设定控制面板的大小
hidden=true	隐藏控制面板
controls=console/smallconsole	设定控制面板的样式

三、案例实现

【例 3.6】实现过程：

（1）打开 Dreamweaver 8，首先制作多媒体站点的首页，首页背景颜色为深蓝色（#012F47），该网页的布局可采用表格的方式。

（2）在第一行单元格中，插入 Flash 文本“悠悠在线视听”；在第二行单元格中，连续插入 Flash 按钮，构成导航条；在第三行插入一个图像 images/001.jpg。第四行拆分为二个单元格，第一个单元格插入一幅图像：images/once.jpg，并输入文本“李玟：爱你在每一天”，第二个单元格插入图片切换显示的 Flash；最后一行插入一幅图像 images/002.jpg；在代码视图中<head>和</head>添加背景音乐的代码：

```
<bgsound src="yinping/halfmoon.mp3" loop="-1">
```

（3）制作其他的多媒体页面。

- flashvideo.htm：插入一个 flash 视频文件，fla/02.flv。
- flashmtv.htm：插入一个 flash 影片文件，fla/liwenonce.swf。
- flashpaper.htm：插入一个 flashpaper 文件，fla/flashpaper.swf。
- shiping.htm：插入二个视频文件，shiping/xuruyun.wmv 和 shiping/anmei.rm。
- yinping.htm：插入一个音频文件，yinping/halfmoon.mp3。

（4）打开首页，选中某个 Flash 导航条按钮，单击“属性”面板中“编辑”按钮，打开“插入 Flash 按钮”对话框，添加链接地址，分别链接到相应的页面。

（5）将该文件保存为一个扩展名为.htm 或.html 的 HTML 文件。

（6）使用 IE 浏览器打开该 HTML 文件，查看页面运行效果。

3.2.6　使用表单

一、在网页中使用表单

表单是 Internet 用户和网站进行信息交互的重要工具，用户在表单中填写信息并提交后，表单的内容就从客户端的浏览器传送到服务器上，经过服务器端的 ASP 或 PHP 等程序处理后，将处理的结果传送回客户端的浏览器上，这样网页就具有了交互性。通过表单可完成用户登录、会员注册、在线投票、信息查询和购物单等功能。

【例 3.7】本案例用于设计学生上网情况调查表，通过调查表信息的收集，了解学生上网的基本情况，如图 3-16 所示。

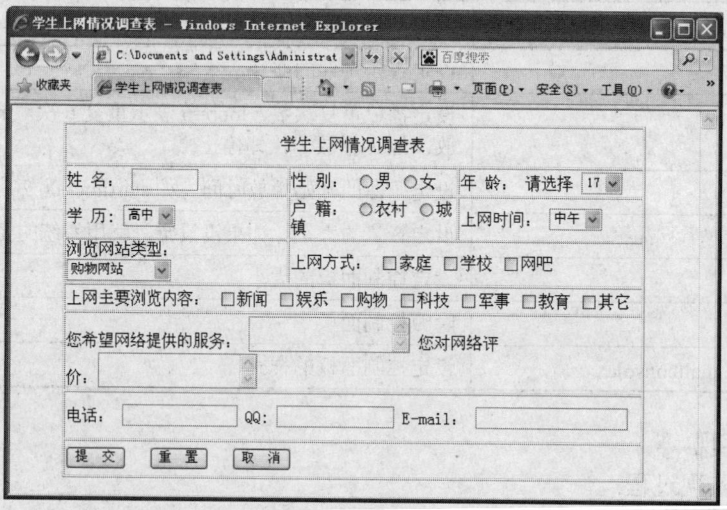

图 3-16 表单应用

二、知识解析

在网页设计中，有时需要收集和提交用户输入数据，表单是一个容器对象，在表单中加入表单对象，可以实现数据输入或选择，利用表单对象的数据提交方法，可以将数据提交给指定的程序或页面进行处理，程序或页面将最后处理结果反馈给用户，从而实现用户和页面之间的信息交互。

1. 表单的创建

在设计表单时，首先必须添加表单，然后再向表单中添加表单对象。在 HTML 语言中，表单是通过<form>和</form>标记定义的，基本格式为：

```
<form name="表单名称"  action= url  method=get|post  enctype="mime 类型">
……
<input type=submit>
<input type=reset>
</form>
```

其中 name 属性用于定义表单对象的名称，表单名称定义后，便于以后对表单中的对象引用；action 属性用于设置处理表单提交数据的处理程序，在 ASP 中，通常将其属性设置为某一页面或程序，让页面或程序负责处理表单提交的数据；method 属性用于设置提交表单数据的方法，其值可为 post 或 get，通常设置为 post；enctype 属性用于设置表单提交数据所采用的编码方式，默认为 URL 编码方式。

2. 常用表单对象元素

表单是一个容器性的对象，表单本身并不接受用户的输入或选择，必须在表单中添加对象才能实现接收数据的目的。表单中的对象通常称为表单元素，常用的表单元素有：

（1）单行文本框。

单行文本框用于实现单行文本输入，其定义格式为：

```
<input type="text" name="文本框名称" size="文本框宽度" maxlength="最大字符数" value="文本框值">
```

其中，type 属性和 name 属性是必需的，type 属性用于指定对象的类型；name 属性用于指定文本框名称。

（2）密码输入框。

密码输入框是一种特殊的文本输入框，外观与单行文本框相同，不同的是用户在密码输入框输入数据时，数据以“*”代替，这样可以避免他人偷窥用户输入数据信息。密码框定义的格式为：

```
<input type="password" name="密码框名称" size="文本框宽度" maxlength="最大字符数" value="文本框值">
```

（3）文本区域。

文本区域通常用于输入大量数据，可以显示多行文本。文本区域定义的格式为：

```
<textArea name="文本区名称" rows="显示行数" cols="显示列数" [readonly]>初始文本内容</ textArea>
```

其中，name 属性用于指定文本区名称；rows 和 cols 属性分别指定文本区显示的行数和列数；readonly 属性为可选项，如选用则表明文本区域内容为只读。

（4）单选按钮和复选框

单选按钮只允许用户选择其中之一，单选按钮一般成组使用。属于同一组的单选按钮 name 属性值相同，表单提交时所提交的值为用户所选的单选按钮的 value 属性值，checked 属性为可选项，表示该单选按钮的选中状态。单选按钮定义格式为：

```
<input type="radio" name="单选框名称" value="值" [checked]>标题文本
```

例如，用户注册邮箱时需要提供性别信息，可以使用如下代码实现：

```
<input type="radio" name="xb" value ="男" checked>男
<input type="radio" name="xb" value ="女" >女
```

复选框和单选按钮类似，不同的是复选框允许选择多项，复选框定义格式为：

```
<Input type="check" name="复选框名称" value="值" [checked]>标题文本
```

注意，与单选按钮不同的是一个<input>标记只产生一个复选框，多个复选项应对应多个<input>标记，每个标记应取不同名称，可选项 checked 表示该项对应复选框的选择状态。

例如，用户注册某网站需提供信息有用户“爱好”一项，要求在所提供项目中选取，可使用如下代码实现：

```
<input type="check" name="ah1" value="音乐">音乐
<input type="check" name="ah2" value="舞蹈">舞蹈
<input type="check" name="ah3" value="旅游">旅游
<input type="check" name="ah4" value="书法">书法
<input type="check" name="ah5" value="文学">文学
```

（5）列表框。

列表框是用于确定选项内容的另一种方式，它包括下拉式列表框与滚动式列表框两种形式。在下拉式列表框内，只能选择其中的一个选项；在滚动式列表框内，却可以选择其中的多项内容。表单的列表框是由 select 和 option 两个标记来定义的，它的应用格式如下：

```
<select name= "列表框名称" size="列表框高度" [multiple]>
<option value ="列表项值 1" [selected] >列表项文本 1</option>
<option value ="列表项值 2" [selected] >列表项文本 2</option>
<option value ="列表项值 3" [selected] >列表项文本 3</option>
……
</select>
```

select 具有 multiple、name 和 size 等属性。multiple 属性不需赋值，直接加入标记中即可使用，加入了此属性后列表框就成为可多选的；name 属性用于确定 select 标记的名称；size 属性用来设置列表的高度，缺省时值为 1，若没有设置 multiple 属性，显示的将是一个弹出式的列表框。

此外，option 标记用来指定列表框中的一个选项，它放在<select>…</select>标记对之间。此标记具有 selected 和 value 属性，selected 用来指定默认的选项，value 属性用来给 option 指定的那一个选项赋值，这个值是要传送到服务器上的，服务器正是通过调用<select>区域的名字的 value 属性来获得该区域选中的数据项的。

例如，用户注册某网站需提供信息有用户“籍贯”一项，要求在所提供项目中选取，可使用如下代码实现：

```
<select name="jg" size=1>
<option value="北京" selected>北京</ option>
<option value="上海" >上海</ option>
<option value="天津" >天津</ option>
<option value="安徽">安徽</ option>
<option value="江苏">江苏</ option>
</select>
```

（6）隐藏表单域。

隐藏表单域在浏览器中不会显示，用户无法更改其数据。通过隐藏表单域可以向服务器发送一些固定的，不需用户输入但服务器又需要的信息。隐藏表单域的定义格式为：

```
<input type="hide" name="隐藏表单域名称" value="值">
```

（7）命令按钮。

表单需要和服务器进行信息交互，这一过程由表单中的按钮实现。对表单而言，按钮很重要，它可以控制表单的操作。表单中的按钮有提交按钮、复位按钮、普通命令按钮和图像按钮四种类型。

①提交按钮。提交按钮用于将表单的内容提交给服务器，完成表单内容的提交任务。其定义格式为：

```
<input type="submit" name="按钮名称" value="按钮文本">
```

②复位按钮。复位按钮用于清除表单内容，重置表单数据。其定义格式为：

```
<input type="reset" name="按钮名称" value="按钮文本">
```

③普通命令按钮。普通命令按钮不具备内建的行为，需要为按钮指定事件（Onclick）处理函数才能实现具体功能。其定义格式为：

```
<input type="button" name="按钮名称" value="按钮文本" Onclick="事件处理函数">
```

命令按钮的常用事件主要是鼠标的单击事件，可以对该按钮 Onclick 指定响应事件的处理函数，当单击命令按钮时，触发 Click 事件，系统就会自动调用事件处理函数进行响应。

④图像按钮。在表单中使用图像按钮，可使按钮更加美观和个性化。在表单中，可以使用指定的图像作为图像按钮，如果使用图像按钮是为了执行某一任务而不是提交数据，则需要将某种行为分配给按钮或者使用客户端的脚本执行某种动作。

图像按钮的作用可与提交按钮相同，都能用于将表单的数据提交给服务器，使用图像按钮不仅起到美化网页的作用，还能增加按钮的灵活性。图像按钮定义的格式为：

```
<input type="image" name="按钮名称" src="图像文件名">
```

（8）文件选项。

如果在表单内填写的内容太多，例如个人工作经历、简介等。为了方便用户填写，可在表单内添加文件选项。

在表单内添加文件选项时，用户可使用 Form 标记的 Enctype 属性指定文件的数据类型，使用该属性还需要将 Input 标记的 Type 属性设置为 File。

例如，设计一页面，请用户输入个人简介，其效果如图 3-17 所示。页面的实现代码为：

```
<form action="js.asp" method="post" enctype="multipart/form-data">
  <p>请输入个人简介:</p>
  <textarea name="js" clos="20" rows="4">
请在这里输入您的简介
  </Textarea>
<p>请选择上传的文件:<input name="filename" type="file"></p>
<input type=submit value="提交">
<input type=reset value="重置">
</form>
```

图 3-17　文件选项设置

三、案例实现

【例 3.7】实现过程：

（1）打开 Dreamweaver 或记事本。

（2）输入以下代码：

```
<html>
<title>学生上网情况调查表</title>
<body >
<form id="form1" name="form1" method="post" action="" >
    <table width="87%" border="1" cellspacing="1" align=center>
    <tr>
          <td height="39" colspan="3" align="center" valign="middle"><div align="center" class="STYLE1"> 学生上网情况调查表</div></td>
    </tr>
    <tr>
        <td width="39%" height="27">姓  名:
        <label><input name="textfield" type="text" size="8" />
        </label></td>
```

```
        <td width="29%">性  别：
        <label><input type="radio" name="radiobutton" value="radiobutton" />男
        <input type="radio" name="radiobutton" value="radiobutton"/>女</label></td>
        <td width="32%">年  龄：
        <label>请选择
        <select name="select">
          <option value="17">17</option>
          <option value="18">18</option>
          <option value="19">19</option>
          <option value="20">20</option>
        </select>
      </label></td>
    </tr>
    <tr>
        <td height="25">学  历:
        <label>
        <select name="select2">
          <option value="高中">高中</option>
          <option value="中专">中专</option>
          <option value="大专">大专</option>
          <option value="本科">本科</option>
        </select>
        </label></td>
        <td>户  籍：
        <label>
        <input type="radio" name="radiobutton" value="radiobutton" />农村
        <input type="radio" name="radiobutton" value="radiobutton" />城镇
        </label></td>
        <td>上网时间：
        <label>
        <select name="select3">
          <option value="中午">中午</option>
          <option value="晚上">晚上</option>
          <option value="午夜">午夜</option>
        </select>
        </label></td>
    </tr>
    <tr>
      <td>浏览网站类型：
        <label>
        <select name="select4">
          <option value="综合门户网站">综合门户网站</option>
          <option value="购物网站" selected="selected">购物网站</option>
          <option value="音乐影视网站">音乐影视网站</option>
          <option value="游戏网站">游戏网站</option>
          <option value="科学教育">科学教育</option>
          <option value="国防军事">国防军事</option>
        </select>
```

```
        </label></td>
        <td colspan="2">上网方式：
        <label>
        <input type="checkbox" name="checkbox" value="checkbox" />家庭
        <input type="checkbox" name="checkbox2" value="checkbox" />学校
        <input type="checkbox" name="checkbox3" value="checkbox" />网吧
        </label></td>
    </tr>
    <tr>
        <td height="26" colspan="3">上网主要浏览内容：
        <label>
        <input type="checkbox" name="checkbox4" value="checkbox" />新闻
        <input type="checkbox" name="checkbox5" value="checkbox" />娱乐
        <input type="checkbox" name="checkbox6" value="checkbox" />购物
        <input type="checkbox" name="checkbox7" value="checkbox" />科技
        <input type="checkbox" name="checkbox8" value="checkbox" />军事
        <input type="checkbox" name="checkbox9" value="checkbox" />教育
        <input type="checkbox" name="checkbox10" value="checkbox" />其他
        </label></td>
    </tr>
    <tr>
        <td colspan="3">您希望网络提供的服务：
        <label><textarea name="textarea"></textarea> </label>
        您对网络评价：<textarea name="textarea2"></textarea>
        <label></label></td>
    </tr>
    <tr>
        <td height="46" colspan="3"><label>电话：
        <input name="textfield2" type="text" size="15" /> QQ:
        <input name="textfield3" type="text" size="15" /> E-mail：
        <input type="text" name="textfield4" />
        </label></td>
    </tr>
    <tr>
        <td height="34" colspan="3"><label>
        <input type="submit" name="Submit" value="提　交" />
        <input name="Reset" type="submit" id="Reset" value="重　置" />
        <input name="Button" type="submit" id="Button" value="取　消" />
        </label></td>
</tr>
</table>
</form>
</body>
</html>
```

（3）将该文件保存为一个扩展名为.htm 或.html 的 HTML 文件。

（4）使用 IE 浏览器打开该 HTML 文件，查看页面运行效果。

3.3 综合案例——制作网上购物网站首页

本节将通过使用 HTML 标记语言，设计制作“手机电子商城”网上购物网站的首页，效果如图 3-18 所示。

图 3-18 “手机电子商城”网上购物网站首页

页面部分关键代码如下：

```
<table width="952" height="30" border="0">
    <tr>
    <td><a href="index.html">商城首页</a></td>
<td><a href="#" target="_blank">新闻中心</a></td>
<td>商品信息</td>
<td><a href="#" target="_blank">购物车</a></td>
<td><a href="#" target="_blank">在线支付</a></td>
<td><a href="#" target="_blank">网站留言</a></td>
</tr>
</table>
........................
<form id="form1" name="form1" method="post" action="">
<table width="196" height="150" border="0">
<tr><td height="27" colspan="2"><img src="images/登录.jpg" width="196" height="27" /></td> </tr>
  <tr><td width="70" height="40">用户名：  </td>
<td><label> <input name="textfield" type="text" size="16" maxlength="20" /></label></td>
  </tr>
  <tr> <td width="70" height="40">密码：  </td>
```

```
    <td><input name="textfield2" type="text" size="16" maxlength="20" /></td>
  </tr>
  <tr><td height="43" colspan="2">
      <input type="submit" name="Submit" value="登录" />
      <input type="reset" name="Submit2" value="取消" />
      </td>
  </tr>
</table>
</form>
……………………
<table><tr> <td height="145">
     <ul class="STYLE8" type="square">
 <li class="STYLE10">苹果</li>
 <li class="STYLE10">摩托罗拉</li>
 <li class="STYLE10">三星</li>
 <li class="STYLE10">诺基亚</li>
 <li class="STYLE10">索尼爱立信</li>
 <li class="STYLE10">联想</li>
 <li class="STYLE10">华为</li>
 <li class="STYLE10">中兴</li>
</ul>
</td></tr></table>
……………………
<table width="180" height="190" border="0">
<tr>
 <td height="120" colspan="2"><img src="images/4.jpg" width="162" height="120" /></td>
</tr>
<tr>
<td width="60"><span class="STYLE13">型号：</span></td>
 <td width="120" height="20"><span class="STYLE13">苹果 iPhone 4 </span></td>
</tr>
<tr>
<td><span class="STYLE13">价格：</span></td>
 <td height="20"><span class="STYLE13">&yen;3600</span></td>
</tr>
<tr>
 <td height="30" colspan="2"><div align="center"><img src="images/mybuy.gif" width="96" height="24"/>
</div></td>
</tr>
</table>
```

习题三

一、选择题

1．用 HTML 标记语言编写一个简单的网页，网页最基本的结构是（　　）。

A．<html> <head>…</head> <frame>…</frame> </html>

B．<html> <title>…</title> <body>…</body> </html>

C．<html> <title>…</title> <frame>…</frame> </html>

D．<html> <head>…</head> <body>…</body> </html>

2．下列 HTML 标记中，属于非成对标记的是（　）。

A．<li>　　B．<ul>　　C．<hr>　　D．<font>

3．以下标记符中，没有对应的结束标记的是（　）。

A．<body>　　B．
　　C．<html>　　D．<title>

4．主页中一般包含的基本元素有（　）。

A．超级链接　　B．图像　　C．声音　　D．表格

5．若要以 2 级标题、居中、红色显示“vbscript”，以下用法中正确的是（　）。

A．<h2><div align="center"><color="#ff0000">vbscript</div></h2></font>

B．<h2><div align="center">< font　color="#ff0000">vbscript</div></h2></font>

C．<h2><div align="center"><font　color="#ff0000">vbscript<</h2>/div></font>

D．<h2><div align="center">< font　color="#ff0000">vbscript</font></div></h2>

6．以下（　）标记没有 align 属性。

A．<p>　　B．<hr>　　C．<body>　　D．<table>

7．在 HTML 中，（　）不是链接的目标属性值。

A．_self　　B．_new　　C．_blank　　D．_top

8．在一个框架的属性面板中，不能设置（　）。

A．源文件　　B．边框颜色　　C．边框宽度　　D．滚动条

9．若要循环播放背景音乐 bg.mid，以下用法中正确的是（　）。

A．<bgsound src="bg.mid" loop="1">

B．<bgsound src="bg.mid" loop=True>

C．<sound src="bg.mid" loop="True">

D．<embed src="bg.mid" autostart=true></embed>

10．设置单元格边距的表格属性是（　）。

A．cellspacing　　B．cellpadding

C．hspace　　D．vspace

二、填空题

1．HTML 网页文件的标记是________，网页主体标记是________，标题标记是________。

2．表单对象的名称由________属性设定；提交方法由________属性指定；若要提交大数据量的数据，则应采用________方法；表单提交后的数据处理程序由________属性指定。

3．________通常是用来作为网站的一个欢迎页面或一个导航页面，是一个网站留给浏览者的最初印象，因而是非常重要的。

4．能够建立网页交互性的脚本语言有两种，一种是只在________端运行的语言，另一种在网上经常使用的语言是________端语言。

5．在网页中设定表格边框的厚度的属性是________；设定表格单元格之间宽度的属性是________；设定表格资料与单元格线的距离的属性是________。

6．利用<table>标记符的________属性可以控制表格边框的显示样式；利用<table>标记符的________属性可以控制表格分隔线的显示样式。

7．单元格垂直合并所用的属性是________；单元格横向合并所用的属性是________。

8．在网页中插入背景图案，其文件的路径及名称为/img/bg.jpg 的语句是________。

9．设定图片边框的属性是________；设定图片高度及宽度的属性是________。

10．在页面中添加背景音乐 bg.mid，循环播放 3 次的语句是________。

三、判断题

1．HTML 标记符通常不区分大小写。（　）
2．网站就是一个链接的页面集合。（　）
3．GIF 格式的图像最多可以显示 1024 种颜色。（　）
4．HTML 表格在默认情况下有边框。（　）
5．在 HTML 表格中，表格的行数等于 TR 标记符的个数。（　）
6．创建图像映射时，理论上可以指定任何形状作为热点。（　）
7．指定滚动字幕时，不允许其中嵌入图像。（　）
8．框架是一种能在同一个浏览器窗口中显示多个网页的技术。（　）
9．在 HTML 中，与表格一样，表单也能嵌套。（　）
10．body 标记中 align 属性用于设置页面的对齐方式。（　）

四、简答题

1．简要说明 HTML 的基本工作原理。
2．简要说明表格与框架在网页布局时的区别。
3．简述网站首页设计的一般流程。

实验三　使用 HTML 制作企业网站首页

一、实验目的与要求

熟悉 HTML 标记，掌握页面布局的基本方法。

二、实验内容

设计制作一个企业网站首页。

第4章　使用CSS布局网页

本章通过具体案例，详细地介绍了CSS语言的基础知识。内容主要包括添加样式表的方法，CSS选择器的设置方法，盒子模型、文字、颜色和背景的设置方法以及多种页面布局的设置方法等。

- 掌握添加CSS样式的方法。
- 掌握设置CSS选择器的方法。
- 掌握盒子模型的设置方法。
- 掌握盒子的浮动和定位的设置方法。
- 掌握文字、颜色和背景的设置方法。
- 掌握页面布局的方法。

4.1　使用CSS样式设计页面

【例4.1】使用CSS样式设计“网页设计教学”页面，页面效果如图4-1所示。

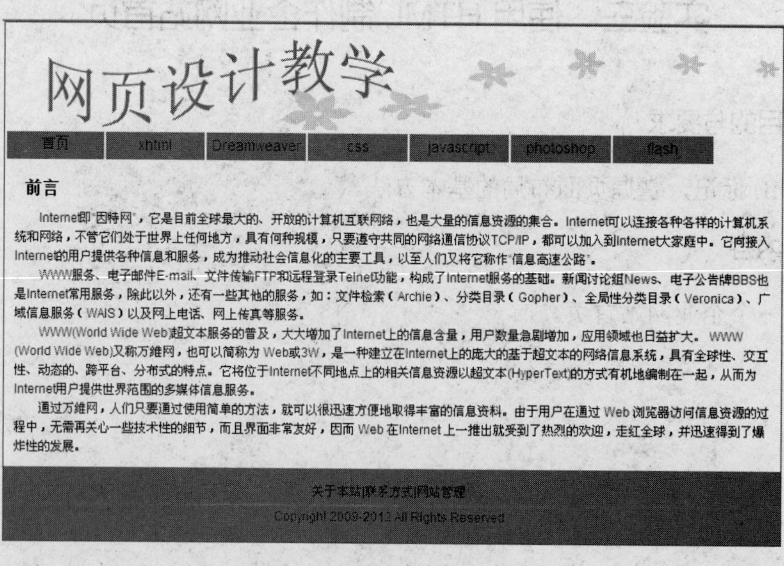

图4-1　网页设计教学网页

要实现上述页面，至少需要掌握以下知识：

（1）掌握 CSS 样式的一些基本概念；
（2）样式选择器的类型；
（3）盒子模型的设置；
（4）使用 CSS 进行页面布局。

4.2　知识解析

4.2.1　CSS 基础

CSS 是一种制作网页的新技术，现在已经为大多数的浏览器所支持，成为网页设计必不可少的工具之一。使用 CSS 能够简化网页的格式代码，加快下载显示的速度，也减少了需要上传的代码数量，大大减少了重复劳动的工作量。

本节以如图 4-1 所示的【网页设计教学】网页为引例，介绍 CSS 样式的一些基本概念，包括 DOCTYPE、选择器、盒子模型、浮动与定位以及多种页面布局的设置方法等。

一、Web 标准

Web 标准不是一个标准，而是一系列标准的集合。网页主要由三部分组成：结构（Structure）、表现（Presentation）和行为（Behavior）。对应的标准也包含三个方面：结构化标准语言，主要包括 XHTML 和 XML；表现标准语言，主要包括 CSS；行为标准，主要包括对象模型（如 W3C DOM）、ECMAScript 等。这些标准大部分由 W3C 起草和发布，也有一些是其他标准组织制订的，比如 ECMA（European Computer Manufacturers Association）制定了 ECMAScript 标准。

二、XHTML

XHTML 是可扩展标记语言（Extensible HyperText Markup Language）的缩写。在 HTML 4.0 的基础上，用 XML 的规则对其进行扩展，得到了 XHTML。它实现了 HTML 向 XML 的过渡。XHTML 和 HTML 最大的区别在于：

- XHTML 元素一定要被正确地嵌套使用。
- 标签名字一定要用小写字母。
- 所有的 XHTML 元素一定要关闭。
- 独立的一个标签也要结束用“/>”来结束。
- 属性名字必须小写。
- 属性值必须要被引用。
- 属性的缩写被禁止。
- 用 id 属性代替 name 属性。

三、DOCTYPE 声明

DOCTYPE 是 document type（文档类型）的简写，用来说明用的 XHTML 或者 HTML 是什么版本。在 Dreamweaver CS3 中新建一个网页文档时，默认情况下生成的基本网页代码的第一行是这样的：

```
<!DOCTYPE html PUBLIC "-//W3C//DTD XHTML 1.0 Transitional//EN" "http://www.w3.org/TR/xhtml1/DTD/xhtml1-transitional.dtd">
```

其中的 DTD（例如上例中的 xhtml1-transitional.dtd）叫做文档类型定义，里面包含文档的规则，浏览器根据定义的 DTD 来解释页面的标识，并展现出来。XHTML 必须确定一个正确的 DOCTYPE，否则 CSS 不会生效。

XHTML 1.0 提供了三种 DTD 声明可供选择：过渡的（Transitional）、严格的（Strict）、框架的（Frameset）。过渡的 DTD（XHTML 1.0 Transitional）是目前的理想选择，因为它允许继续使用 HTML 4.01 的标识（但是要符合 XHTML 的写法）。

四、CSS 简介

CSS 是层叠样式表（Cascading Style Sheets）的缩写。W3C 创建 CSS 标准的目的是以 CSS 取代 HTML 表格式布局、帧和其他表现的语言。纯 CSS 布局与结构式 XHTML 相结合能帮助设计师分离外观与结构，使站点的访问及维护更加容易。

五、添加 CSS 的方法

网页添加样式表的方法有三种：嵌入样式表、内嵌样式表和外部样式表。

（1）嵌入样式表。

样式表定义在页面的<style type="text/css">和</style>标记对之间。其格式为：

```
<style type="text/css">
<!--样式定义语句-->
    </style>
```

（2）内嵌样式表。

在标记符号中直接使用 style 属性来定义和使用样式，其语法格式为：

<标记符号 style="样式属性 1:属性值 1;样式属性 2:属性值 2;…">

例如，使用如下代码建立内嵌样式：

```
<html >
<head>
<title>内嵌样式示例</title>
    <meta http-equiv="content-style-type" content="text/css">
</head>
<body>
    <h1 style="font-size:36px; font-family:宋体;">这是一个内嵌样式示例</h1>
    <h2 style="font-size:18px; font-family:宋体;">这是一个内嵌样式示例</h2>
</body>
</html>
```

（3）链接外部 CSS 样式表（外部样式）。

链接外部样式是通过利用<link>标记，将已定义好的外部单独样式表文件引入到当前的网页中，其引用样式表的格式为：

```
<link rel=stylesheet herf="样式表文件.css" type="text/css">
```

六、CSS 选择器

一般来说，样式表的声明由三个部分构成：选择器（selector）、属性（properties）和属性的取值（value）。

基本格式如下：

```
selector { property: value}
（选择器 { 属性:值}）
```

（一）选择器类型

在 CSS 中，有几种不同类型的选择器，下面详细介绍。

1. 标记选择器

标记选择器就是 HTML 标记，例如 body、p、table…，其作用是重定义 HTML 标记的样式。可以通过此方法重定义标记的属性值，属性和值之间要用冒号隔开，例如，重定义 body，使页面中的文字为红色，代码为：

```
body {color: red}
```

如果属性的值是多个单词组成，必须在值上加引号：

```
p{font-family: "sans serif"}
```

因为字体的名称是几个单词的组合，所以属性值要加引号。该代码的作用是定义段落字体为 sans serif。

如果需要对一个选择器指定多个属性时，使用分号将所有的属性和值分开：

```
p{text-align: center; color: blue}
```

该代码的作用是设置段落居中排列，并且段落中的文字为蓝色。

为了方便阅读定义的样式表，多个属性可以分行书写。如设置段落居中、文字为蓝色、宋体，其代码如下：

```
p
{
text-align: center;
color: black;
font-family: "宋体"
}
```

2. 类选择器

用类选择器能够把相同的元素分类定义不同的样式，定义类选择器时，在自定义类的名称前面加一个点号。注意：类的名称可以是任意英文单词或以英文开头与数字的组合，一般以其功能和效果简要命名。例如：

```
.txtcenter { text-align: center}
```

该代码的作用是定义.txtcenter 的类选择器为文字居中排列。

这样的类可以被应用到任何元素上。下面在 h1 元素（标题 1）和 p 元素（段落）上使用.txtcenter 类，使两个元素的文字对齐方式都由.txtcenter 类决定。

```
<h1 class="txtcenter">
这个标题是居中排列的。
</h1>
<p class="txtcenter">
这个段落也是居中排列的
</p>
```

使用类选择器，可以很方便地在任意元素上使用预先定义好的类样式。

3. ID 选择器

在 HTML 页面中，利用 id 参数指定了某个标记，id 选择器是用来对指定的标记单独定义样式的。

id 选择器的应用和类选择器类似，只要把 class 换成 id 即可。将上例中类用 id 替代：

```
<p id="txtright">
这个段落向右对齐
</p>
```

定义 id 选择器要在 id 名称前加上一个“#”号。下面这个例子，id 属性将匹配 id="txtright"

的标记：

```
#txtright
{
font-weight:bold;
color:#0000ff;
}
```

定义字体为粗体、蓝色。

4. 后代选择器

后代选择器可以对具有包含关系的标记定义样式表，例如表格中包含超链接，后代选择器可以定义表格中的超链接的样式表，对单独的表格或超链接无效，定义格式如下：

```
table a
{
font-size: 12px;
}
```

在表格内的链接改变了样式，文字大小为 12 像素，而表格外的链接的文字仍为默认大小。

5. 分组选择器

可以把定义了相同属性和值的选择器组合起来书写，用逗号将选择器分开，这样可以减少样式重复定义。例如：

```
h1, h2,h3, h4, h5, h6,p { color: green }
```

该代码定义了这个组里包括的所有标记的样式，每个标记的文字都定义为绿色。

6. 交集选择器

交集选择器由两个选择器直接连接构成，其结果是选中二者各自元素范围的交集。其中第一个必须是标记选择器，第二个必须是类别选择器或者 id 选择器。这两个选择器之间不能有空格。

假如下面这个例子只匹配 id="intro"的段落元素：

```
p#intro
{
font-weight:bold;
color:#0000ff;
}
```

（二）CSS 的继承性

CSS 选择器的层叠性就是继承性，样式表的继承规则是外部的元素样式会保留下来继承给这个元素所包含的其他元素。事实上，所有在元素中嵌套的元素都会继承外层元素指定的属性值，有时会把很多层嵌套的样式叠加在一起，除非另外更改。例如在 div 标记中嵌套 p 标记：

```
<div style=" color:red;">
<p>
这个段落的文字为红色字
</p>
</div>
```

p 元素里的内容会继承 div 定义的属性。

当样式表继承遇到冲突时，总是以最后定义的样式为准。如果上例中定义了 p 的颜色：

```
<div style=" color:red; font-size:18px ">
 <p style="color:blue">
```

```
这个段落的文字为蓝色字
</p>
</div>
```

可以看到段落里的文字大小为 18px 是继承 div 属性的，而 color 属性值取最后一次定义的值。

不同的选择器定义相同的元素时，要考虑到不同的选择器之间的优先级。优先级从高到低的顺序为：id 选择器、类选择器和 HTML 标记选择器。因为 id 选择器是最后加到元素上的，所以优先级最高。

（三）注释

可以在 CSS 中插入注释来说明代码的意思，在浏览器中，注释是不显示的。CSS 注释以“/*”开头，以“*/”结尾，例如：

```
/* 定义段落样式表 */
p
{
text-align: center; /* 文本居中排列 */
color: black; /* 文字为黑色 */
}
```

七、div 和 span

span 和 div（division）元素用于组织和结构化文档，并经常同 class 和 id 属性一起使用。网页元素可以分为行内元素和块级元素两种。行内元素是指该元素标记的内容不会对现在的结构造成影响，具有应用样式的作用；而块级元素为一个块状，单独占据一行，在一个块元素前后各加一个换行。块元素和行内元素也不是一成不变的，只要给块元素定义 display:inline，块元素就成了行元素，同样地，给行元素定义了 display:block 就成了块元素。

span 是行内元素，span 的前后是不会换行的，它没有结构的意义，纯粹是应用样式，当其他行内元素都不合适时，可以使用 span。

例如在页面中有如下代码：

```
<ul>
<li><span class="cp">联想昭阳 E43A</span>, <span class="jg">4400 元</span></li>
<li><span class="cp">苹果 iPad 平板电脑(16G)</span>, <span class="jg">4300 元</span></li>
<li><span class="cp">华硕 X88E667Vd-SL</span>, <span class="jg">4600 元</span></li>
</ul>
```

设置样式如下：

```
.cp{
font-style:italic;
}
.jg{
font-weight:bold;
}
```

页面显示如图 4-2 所示。

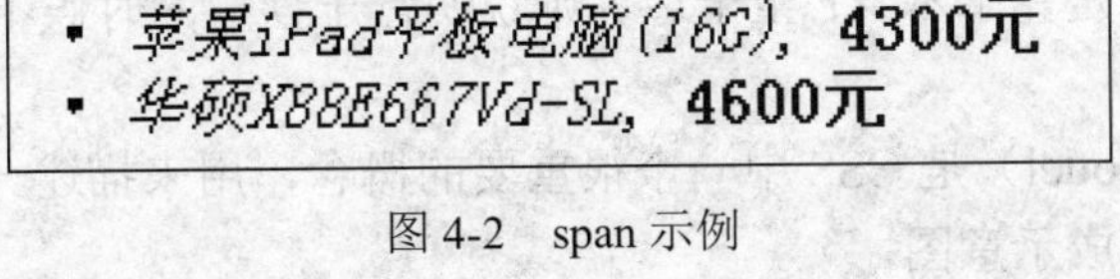

- *联想昭阳E43A*，**4400元**
- *苹果iPad平板电脑(16G)*，**4300元**
- *华硕X88E667Vd-SL*，**4600元**

图 4-2　span 示例

div 是一个块级元素，可以包含段落、标题、表格等元素。例如在页面中有如下代码：

```
<div id="hsmf">
<h2>黄山毛峰</h2>
  <p >
  黄山毛峰,中国极品名茶,是中国十大名茶之一。前身为黄山莲花庵一带产的云雾茶。这里山高林密,荫蔽高湿,雾海云霞,不受寒风列日侵晒,茶树生长健壮. 茶芽鲜嫩。历史上"黄山毛峰"采制加工技术十分精细,一芽一叶,一芽二叶分级摊放,随采随制。因芽小叶嫩不便炒制,经过杀青、揉捻等十多道工序后,要以烘代炒。烘干工艺精巧细腻，要求干燥均匀，以避免碰落白毫，碰碎茶片。
  </p>
</div>
```

设置样式如下：

```
#hsmf {
  text-indent:      2em;
  font-style:       italic;
  font-family:      宋体;
  color:            #555555;
  border:           1px dashed white;
  padding:          10px;
  background:       #33cccc;
}
```

页面显示如图 4-3 所示。

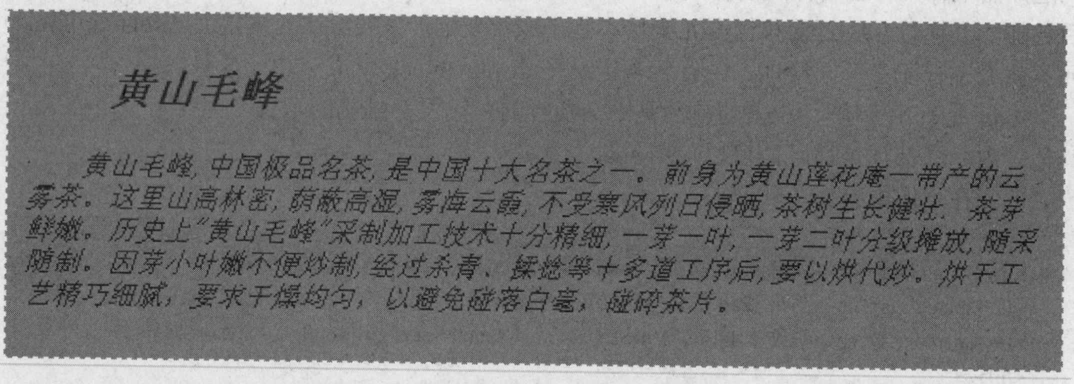

黄山毛峰

黄山毛峰,中国极品名茶,是中国十大名茶之一。前身为黄山莲花庵一带产的云雾茶。这里山高林密,荫蔽高湿,雾海云霞,不受寒风列日侵晒,茶树生长健壮. 茶芽鲜嫩。历史上"黄山毛峰"采制加工技术十分精细,一芽一叶,一芽二叶分级摊放,随采随制。因芽小叶嫩不便炒制,经过杀青、揉捻等十多道工序后,要以烘代炒。烘干工艺精巧细腻，要求干燥均匀，以避免碰落白毫，碰碎茶片。

图 4-3 div 示例

span 跟 div 类似的地方是：这两个标签的目的都是将内容分为不同的区域。不同的是：可以用<span>来调整单一文字的样式；在</span>之后不会换行。

4.2.2 盒子模型

什么是 CSS 的盒子模型呢？为什么叫它盒子？CSS 盒子模型具备内容（content）、填充（padding）、边框（border）、边界（margin）等属性。日常生活中所见的盒子也具有这些属性。内容就是盒子里装的东西；而填充就是怕盒子里装的东西（贵重的）损坏而添加的泡沫或者其他抗震的辅料；边框就是盒子本身；至于边界则说明盒子摆放的时候不能全部堆在一起，要留一定空隙保持通风。

盒子模型（Box Model）是 CSS 中一个很重要的概念，用来描述一个元素是如何组成的。图 4-4 是盒子模型的组成示意图。

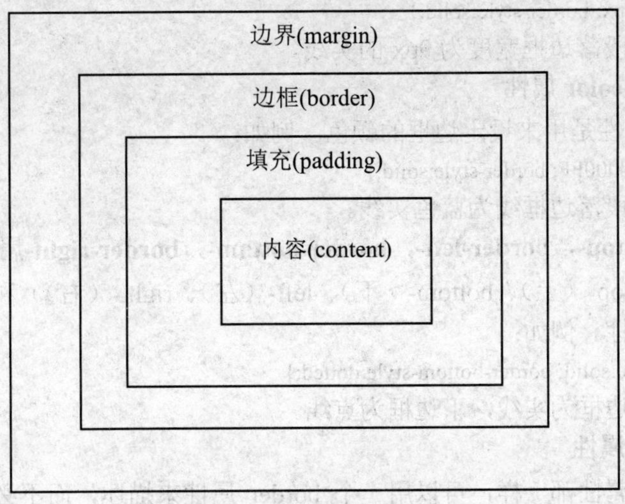

图 4-4　盒子模型的组成

在盒子模型中，内容（content）是最内层的部分，接下来依次为填充（padding）、边框（border）以及边界（margin）。

一、边框

在 CSS 中常见的边框（border）属性有以下几种：

- border-style
- border-width
- border-color
- border-top-，border-left-，border-bottom-，border-right-
- border

（一）border-style 属性

border-style 属性指定边框的样式。表 4-1 列出这个属性可能有的值，以及每一个值显现出来的结果。

表 4-1　border-style

CSS 样式	显示结果
p {border-style:solid;}	实线
p {border-style:dashed;}	虚线
p {border-style:double;}	双线
p {border-style:dotted;}	点线
p {border-style:groove;}	凹线
p {border-style:ridge;}	凸线
p {border-style:inset;}	嵌入线
p {border-style:outset;}	浮出线

（二）border-width 属性

border-width 属性用来设定边框的宽度。可用的值为 thin（薄）、medium（中等）、thick（厚）或一个数字。例如：

```
p {border-width:9px; border-style:solid;}
```

其作用是设置段落边框宽度为 9px 的实线。

（三）border-color 属性

border-color 属性是用来设定边框的颜色。例如：

```
p {border-color:#0000FF; border-style:solid;}
```

其作用是设置段落边框线为蓝色实线。

（四）border-top-，border-left-，border-bottom-，border-right-属性

可以将方向（top-（上）、bottom-（下）、left-（左）、right-（右））和样式、宽度及颜色合起来而成为一个属性。例如：

```
p {border-top-style:solid; border-bottom-style:dotted;}
```

设置段落的上边框为实线，下边框为点线。

（五）border 属性

若四边的边框属性都一样，可以用一个 border 属性来描述，而不必四个边都描述一次。另外，可以在同一行一次性设置边框样式、边框宽度以及边框颜色。例如以下代码设置段落的边框为红色 5 像素的实线。

```
p{ border:#0000FF 5px solid; }
```

二、填充

在盒子模型中，填充（padding）是内容和边框之间的部分。一个盒子有四个边，所以可以对这四个边的填充逐一设定：

- padding-top（上）
- padding-right（右）
- padding-bottom（下）
- padding-left（左）

有三种方式可以设定填充的值，分别为长度、百分比以及 auto。

例如在页面中有如下代码：

```
<div id="container">
这是填充的例子。
</div>
```

样式代码如下：

```
#container {
color:#FF0000;
 padding-top:15px;
 padding-left:10px;
 padding-bottom:40px;
 border: 1px solid #000000;}
```

显示如图 4-5 所示。

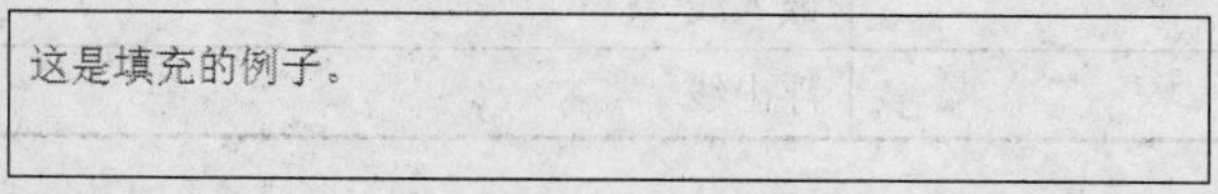

这是填充的例子。

图 4-5 填充示例

在这个例子里，上面的填充为 15px，左边的填充为 10px，下面的填充为 40px。

所有四个边的填充可以同时由 padding 属性设定。它的语法如下：

padding: [上面填充值] [右边填充值] [下面填充值] [左边填充值]

在这里顺序非常重要。第一个值是上面填充的值，第二个值是右边填充的值，第三个值是下面填充的值，而第四个值是左边填充的值。

三、边界

边界在边框之外，用来设定各个元素之间的距离。一个盒子有四个边界，可以对这四个边界逐一设定：

- margin-top（上边界）
- margin-right（右边界）
- margin-bottom（下边界）
- margin-left（左边界）

如果四边的边界都一样，可以使用 margin 同时设定四个边界。有三种方式可以设定边界，分别为长度、百分比以及 auto。一次性设定有效。

body 是一个盒子，有如下页面代码。

```
<body>
<div id="sh">
<img src="t1.jpg" width="175" height="41" />
</div>
</body>
```

样式代码如下：

```
body{
border:black solid 1px;
background:#cc0;
}
```

显示效果如图 4-6 所示，在细黑线外面的部分就是 body 的 margin。

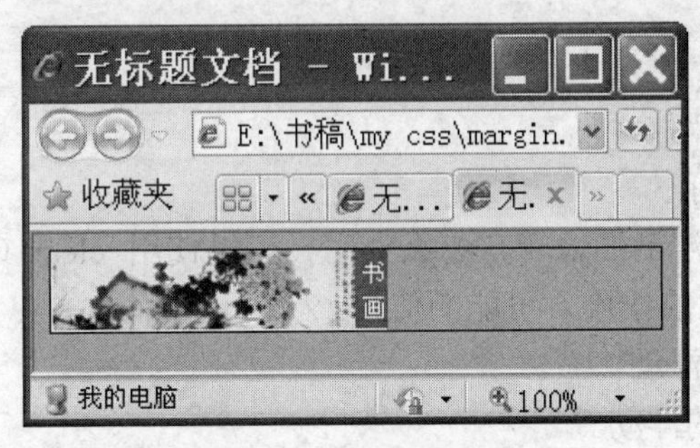

图 4-6　margin 示例 1

添加样式代码如下：

```
#sh{
border:5px blue dashed;
margin:20px;
}
```

显示效果如图 4-7 所示，div 的粗边框与 body 的细边框之间的 20 像素距离就是 margin 的范围。

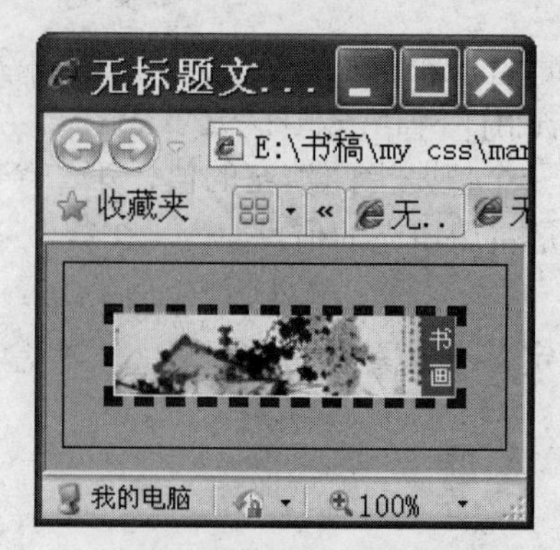

图 4-7 margin 示例

样式#sh 中，所有四个边的边界是由 margin 属性设定的。它的语法如下：

margin: [上面边界值] [右边边界值] [下面边界值] [左边边界值]

4.2.3 盒子的浮动与定位

应用盒子的浮动和定位可以实现丰富多彩的布局效果。下面就详细介绍它们的基础知识。

一、盒子的浮动

网页上常见的一个效果就是将文字绕着一个图案显示。这要使用 float（浮动）属性来设置。float 属性有三个可能的值：left、right 和 none。float 属性默认为 none，这种情况下，页面在浏览器中显示时，一个块级元素在水平方向会自动伸展，直到包含它的元素的边界；而在竖直方向与兄弟元素依次排列，不能并排。如果将 float 属性的值设置为 left 或 right，元素就会向其父元素的左侧或右侧靠紧。

例如，页面代码如下：

```
<div id="leftfloat"><img src="jolin.gif" width="59" height="44" /></div>
这个例子是用来显示 float:left 会如何影响整个页面的呈现。在这里，图案浮动于左边。
```

设置的样式如下：

```
#leftfloat {
 float:left;
 }
```

页面显示如图 4-8 所示。

如果不希望文字围绕浮动的盒子，怎么办呢？可以使用 clear（清除）属性来实现。clear 属性是用来消除 float 属性的作用。可能的值为：

- left：消除左边的浮动。
- right：消除右边的浮动。
- both：消除左边及右边的浮动。
- none：不消除任何一边的浮动。

将上例稍作修改，页面代码如下所示。

```
<div id="leftfloat"><img src="jolin.gif" width="59" height="44" /></div>这个例子<div id="clearleft">展现出 clear:left 能够消除 float 属性的值。 </div>
```

样式代码如下所示：

```
#leftfloat {
 float:left;
 }
```

```
#clearleft {
 clear:left;
 }
```

页面显示如图 4-9 所示。

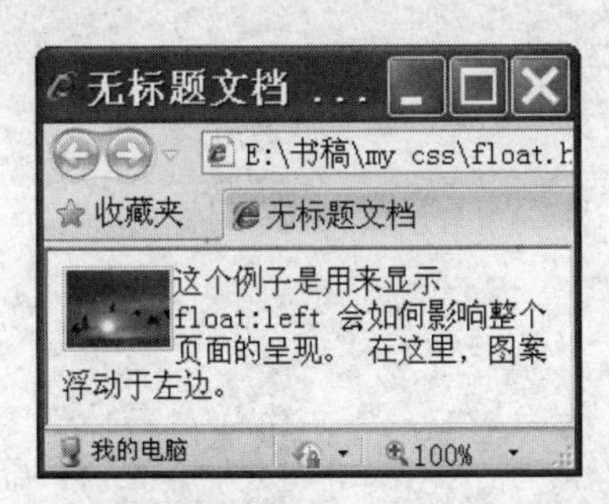

图 4-8　float 示例

图 4-9　clear 示例

在上面的例子中，一旦 clear:left 的样式被用上，float:left 就不再有作用。也就因为这样，在 clear:left 样式后的所有文字都是在图案之下。

二、盒子的定位

在 CSS 中与定位有关的属性有以下几种：

- position
- top
- right
- left
- bottom
- overflow
- z-index

position 属性用于设置或检索元素的定位方式，有以下取值：

- static（默认值）：表示无特殊定位，元素遵循 HTML 定位规则，这是默认值。如果 position 的值被设定为 statics 的话，top、bottom、left 和 right 的值就都没有意义了。
- absolute：将对象从文档流中拖出，使用 left、right、top、bottom 等属性相对于其最接近的一个最有定位设置的父对象进行绝对定位。如果不存在这样的父对象，则依据 body 对象定位。而其层叠通过 z-index 属性定义。
- relative：对象不可层叠，但将依据 left、right、top 和 bottom 等属性在正常的 HTML 文档流中实现偏移的位置。
- fixed：这代表元素会被放在浏览器内的某个位置（依 top、bottom、left 和 right 的值而定）。

当使用者将网页往下拉时，元素的位置不会改变。

top、right、bottom 和 left 表示偏移的方向。每一个方向（top、right、bottom 和 left）的位置值可以是长度、百分比或 auto。

例如，页面代码如下：

```
<div>
 <p>举例文字。</p>
 </div>
```

样式代码如下：

```
div {
 background-color:# 00FFFF;
 width:500px;
 height:60px;
 }
```

页面显示如图 4-10 所示。

添加样式代码如下所示：

```
p {
 position:relative;
 top:10px;
 left:50px;
 }
```

页面显示如图 4-11 所示，文字的位置在离浅蓝色方块上面 10px 及左边 50px 的地方。

图 4-10 未设置 position 的效果

图 4-11 设置 position 的效果

overflow 属性用来设定当内容放不下时的处理方式，可能的值包括：

- visible：内容完全呈现，不管放得下放不下。
- hidden：放不下的内容就不显示出来。
- scroll：无论内容放得下放不下，都添加上、下、左、右滚动条。
- auto：当内容放不下时，加上滚动条。

z-index 属性是用来决定元素重叠的顺序。换言之，当两个元素有重叠的情况时，z-index 值将会决定哪一个元素在上面。z-index 值比较大的元素会被放在上面。

例如，页面代码如下：

```
<div id="blueblock"></div>
<div id="redblock"></div>
```

样式代码如下：

```
#blueblock {
 z-index: 1;
 position:   absolute;
 width:80px;
 height:100px;
 top:20px;
 left:20px;
 border: 1px solid #FFF;
 background-color: #0000FF;
```

```
}
#redblock {
z-index: 2;
position: absolute;
width:100px;
height:80px;
top:50px;
left:50px;
border: 1px solid #FFF;
background-color: #FF0000; }
```

图 4-12 z-index 示例

页面效果如图 4-12 所示，红色方块的 z-index 值（2）比蓝色方块的 z-index 值（1）高，因此红色方块在上面。

4.2.4 文字、颜色和背景

文字、颜色和背景是网页设计中必不可少的设置。

一、文字

在 CSS 中常见的字体（font）属性有以下几种：

- font-family
- font-size
- font-weight
- font-style
- font-variant

font-family 属性是用来设定字体的类别。

如：p {font-family: arial;}

其中 font-size 属性是用来设定字体的大小。

在 CSS 中，长度单位可以分为两大类：绝对（absolute）单位以及相对（relative）单位。

相对单位包括：

- px：像素。
- em：字母的宽度。
- ex：字母的高度。

绝对单位包括：

- in：英寸。
- cm：厘米。
- mm：毫米。
- pt：points，1pt = 1/72 英寸。
- pc：picas，1 pc = 12 pt。

如果没有注明单位，默认的单位是 px。

font-weight 属性是用来设定字体的粗细。设定值可以从 100 到 900。另外，也可以将字体粗细设置为 bold、bolder 及 normal。例如：

```
p{font-weight:bold;}
```

font-style 属性是用来设定字体是否为斜体字（italic 或 oblique）。例如：

```
p {font-style: italic;}
```

font-variant 属性是用来设定文字是不是要以小型大写（small caps）字体显现。在小型大写字体中，所有的字母都是大写，可是字体是比一般大写字母小。该属性的取值可以为 small-caps 或 normal。例如：

```
span { font-variant:small-caps;}
```

二、颜色

color（颜色）属性用于在 CSS 中设定一个元素的颜色。这个属性值的设置方式有三种：

- 十六进制值
- RGB 码
- 颜色名称

1. 十六进制值表示

语法格式：

```
{color:#XXXXXX;}      'X 为十六进制码（从 0 到 9、A 到 F）
```

2. RGB 表示

语法格式：

```
{color:rgb(X,Y,Z); }      'X、Y 和 Z 都是介于 0 和 255 之间的数字
```

3. 颜色名称

语法格式：

```
{color:[颜色名称];}
```

下面就以上三种方式各举一个例子。例如：

```
p {color:#FF0000;}
```

其作用是设置段落文字为红色。

```
p {color:rgb(255,0,255);}
```

其作用是设置段落文字颜色为粉红色。

```
p {color:green;}
```

其作用是设置段落文字颜色为绿色。

三、背景

在 CSS 中常见的背景（background）属性有以下几种：

- background-image
- background-color
- background-repeat
- background-attachment
- background-position

background-color 属性是用来指定背景的颜色。例如：

```
p {background-color: 00FF00;}
```

其作用是设置背景为绿色。

background-image 属性是用来设置背景图片的文件。例如设置背景图片文件为 bg.jpg 的代码为：

```
div {background-image:url(bg.jpg);}
```

background-repeat 属性是用来指定背景图片的重复情况。默认值是 repeat，代表此背景图片在 x 及 y 方向都会重复。其他的值为 x-repeat（x 方向重复）、y-repeat（y 方向重复）以及 no-repeat（不重复）。

background-attachment 属性是用来指定背景图片是否在屏幕上固定。这个属性可能的值为 fixed（当网页滚动时，背景图片固定不动）以及 scroll（当网页滚动时，背景图片会跟着移动）。

background-position 属性是用来指定背景图片的位置。它的值可以是：

- 两个英文单词：第一个单词为[top、center 和 bottom]中的一个，用于确定垂直方向上的位置；第二个单词为[left、center 和 right]中的一个，用于确定水平方向上的位置。
- 两个百分比：第一个百分比为 x 轴的百分比；第二个百分比为 y 轴的百分比。
- 两个数目：第一个数目为 x 轴的位置；第二个数目为 y 轴的位置。

例如：

```
body {
background-image: url("bg.jpg");
background-repeat: no-repeat;
background-position: center center;
```

4.3　案例实现

前面介绍了 CSS 的基本知识，接下来通过【例 4.1】中【网页设计教学】网页的制作来加深对这些知识的理解。具体操作步骤如下：

（1）打开 Dreamweaver CS3，创建一个新的站点。

（2）在站点下创建 index.html 文件。打开该文件，切换到代码视图。在页面的 body 部分添加如下所示代码，定义 4 个盒子。

```
<div id="header"></div>
<div id="nav"></div>
<div id="content"></div>
<div id="footer"></div>
```

在 content 区块和 footer 区块中输入如图 4-1 所示的文字。

（3）在站点下新建一个名为 style.css 的样式表文件，然后打开，添加如下所示的 CSS 代码设置 body 的效果。

```
body{
    font-family:Arial, Helvetica, sans-serif;
    font-size:12px;
    margin:0px auto;
    height:auto;
    width:760px;
    border:1px solid #006633;
    }
```

上面代码的作用是让页面居中，定义其宽度为 760 像素，并加上边框。

（4）设置页头 header 区块的效果，代码如下。

```
#header{
   height:100px;
   width:760px;
   background-image:url(images/banner.gif);
   background-repeat: no-repeat;
```

```
    margin:0px 0px 3px 0px;
    }
```

上面代码的作用是让整个区块应用一幅背景图，并在其下边界设定了一定的间隙。

（5）设置导航栏 nav 区块的效果，代码如下。

```
#nav{
    height:25px;
    width:760px;
    font-size:14px;
    list-style-type:none;
    }
#nav li{
    float:left;
    }

#nav li a{
    color:#000000;
    text-decoration:none;
    padding-top:4px;
    display:block;
    width:97px;
    height:22px;
    text-align:center;
    background-color:#009966;
    margin-left:2px;
}
#nav li a:hover{
    background-color:#006633;
    color:#ffffff;}
```

上面代码的作用是将导航栏制作成一个个按钮，鼠标移上去会改变按钮背景的颜色。

（6）设置内容 content 区块的效果，代码如下。

```
#content p{
    text-indent:2em;
    }
#content h3{
    font-size:18px;
    margin:10px;
}
```

上面代码的作用是设置段落首行缩进 2 个字，同时设置标题的效果。

（7）设置页脚 footer 区块的效果，代码如下。

```
#footer{
    height:50px;
    width:740px;
    line-height:2em;
    text-align:center;
    background-color:#009966;
    padding:10px;
```

```
clear:right;
}
```

上面代码的作用是给版权添加一个背景，并设置文字的效果。

4.4　布局与排版

【例 4.2】使用 CSS 样式布局和排版来设计不同风格的“安庆美食网”页面。

4.4.1　流动布局

一、知识解析

浏览器用流来布置页面上的 XHTML 元素。浏览器从 XHTML 文件的开头开始，从头到尾跟着元素的流显示它遇到的每个元素。对于块元素，每两个之间都有换行。所以先显示文件中的第一个元素，接着显示换行，再显示第二个元素，再换行等，直到文件末尾。对于内联元素，浏览器在水平方向上一个接一个地显示，从左上方到右下方，这就是流。流动布局是指利用浏览器显示文件流的特性实现的页面布局。流动布局设置的页面，无论把窗口调整到多大，它们都会扩展到填满浏览器为止，充分利用了屏幕空间。

二、案例实现

利用 CSS 布局和排版“安庆美食网”网页，实现了【例 4.2】的一种风格，效果如图 4-13 所示。这一风格是采用了流动布局并结合盒子浮动的设置来实现两栏布局的，具体步骤如下所示。

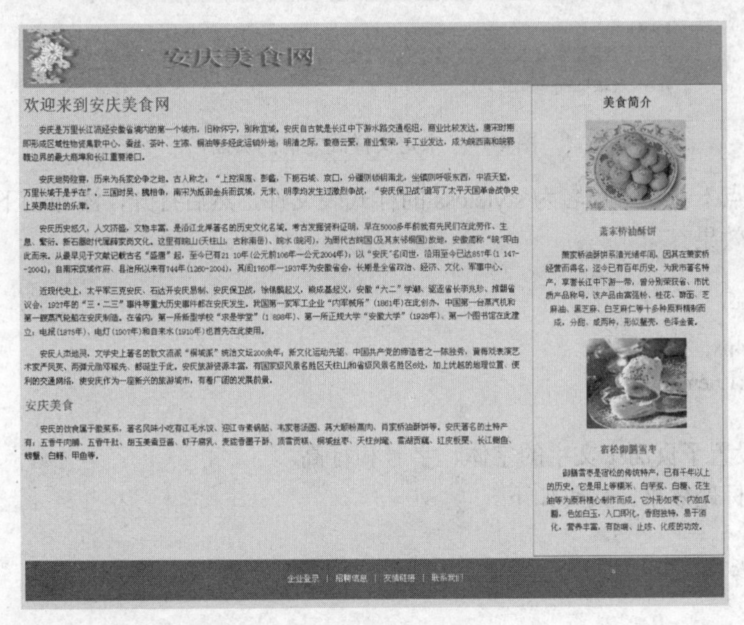

图 4-13　流动布局

（1）打开 Dreamweaver CS3，创建一个新的站点。

（2）在站点下创建 index.html 文件。打开该文件，切换到代码视图。在页面的 body 部分添加如下所示代码，定义 4 个盒子。

```
<div id="header"></div>
<div id="sidebar"></div>
```

```
<div id="main"></div>
<div id="footer"></div>
```

在 header 区块中插入图片 logo.gif，在 main 区块和 footer 区块中输入如图 4-13 所示的文字。在 sidebar 区块中插入图片 ysb.jpg 和 xz.jpg，并输入如图 4-13 所示的文字后，预览页面，效果如图 4-14 所示。

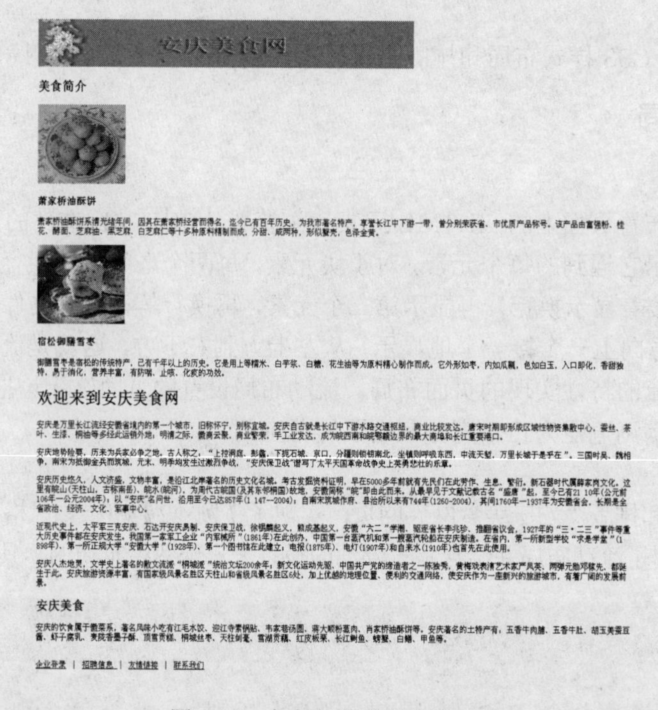

图 4-14　未定义样式之前的页面

（3）在站点下新建一个名为 style.css 的样式表文件，然后打开，添加如下所示的 CSS 代码设置 body 的效果。

```
body {
  font:"宋体";
  font-size:14px;
  line-height:1.6em;
}
```

上面代码设置了页面中文字的字体、字号和行高。

（4）设置标题效果，代码如下。

```
h1, h2 {
  color: #007e7e;
}
```

（5）设置段落缩进效果，代码如下。

```
p{
text-indent:2em;
}
```

（6）设置 header 区块的背景颜色，代码如下。

```
#header{
background:#64AC84;
```

```
}
```

（7）设置 sidebar 区块的效果，代码如下。

```
#sidebar {
  border: thin solid #007e7e;
  width: 300px;
  padding: 0px 20px 20px 20px;
  margin-left: 20px;
  margin-bottom:3px;
  text-align: center;
  float: right;
}
```

上面代码分别设置了边框细线效果、填充、左边界、下边界、文字居中和右浮动效果。

（8）设置 sidebar 区块中标题颜色的效果，代码如下。

```
#sidebar h2 {
  color: black;
}
#sidebar h3 {
  color: #d12c47;
}
```

（9）设置 footer 区块的效果，代码如下。

```
#footer {
  text-align: center;
  margin-top: 30px;
  background: #007e7e;
  color:#ffffff;
clear:right;
}
```

（10）设置超链接效果，代码如下。

```
a{
text-decoration:none;
}
a:link {
  color: #ffffff;
}
a:hover{
  color:#FF0000;
}
```

上面代码取消下划线，并设置了超链接文字颜色和鼠标经过超链接上的颜色样式。

4.4.2　冻结布局

一、知识解析

冻结布局是指把页面布局锁定，使它们根本不能移动，以便当用户调整屏幕时，看到的效果始终都是一样的。

二、案例实现

利用 CSS 布局和排版“安庆美食网”网页，实现了【例 4.2】的第二种风格，效果如图

4-15 所示。这一风格是采用了冻结布局，步骤如下：

（1）在实现【例 4.2】的第一种风格的 index.html 文件中添加<div>元素，包围页面中的所有内容。把开始标签<div>放到<body>标记之后，把结束标签< /div>放到</body>之前。设置该区块的 id 为"allcontent"。

```
<body>
  <div id="allcontent">
    <div id="header"><img src="images/logo.jpg" alt=""   /></div>
  ……
     </div>
  </body>
```

（2）打开样式表文件 style.css，输入如下代码。

```
#allcontent
{
width:780px;
padding:15px;
background-color:#64AC84;
}
```

上面代码设置了 allcontent 的宽度为 780 像素。这样的效果是把所有包含的内容限制在 780 像素内。预览网页，效果如图 4-15 所示。

图 4-15　冻结布局

4.4.3　凝结物布局

一、知识解析

冻结布局的页面无论浏览器窗口如何变化，它都是固定不变的。但是这种页面让所有的空的空间都在右面，当浏览器窗口较大时，效果就会变差，可以采用凝结物布局来解决。这种设计锁定了页面中内容区的宽度，但它把内容区放到浏览器的中间。

二、案例实现

利用 CSS 布局和排版“安庆美食网”网页，实现了【例 4.2】的第三种风格，效果如图 4-16 所示。这一风格使用凝结物布局，实现该布局只需修改风格二的样式表文件即可。

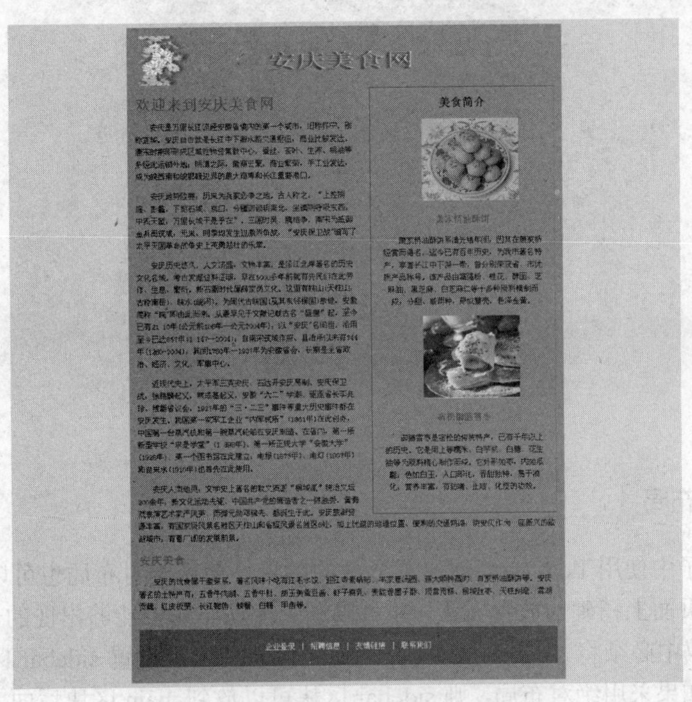

图 4-16　凝结物布局

打开样式表文件 style.css，输入如下代码：

```
#allcontent
{
width:780px;
padding:15px;
background-color:#64AC84;
margin:0 auto;
}
```

4.4.4　相对布局

相对布局是指利用盒子的定位 position 属性的值 relative，将元素偏离它原来的位置。如图 4-17 所示，页面中 ysb.jpg 显示的图像偏离了原位置，步骤如下所示：

（1）打开 index.html 文件，设置显示图像 ysb.jpg 的 id 为 ysb。

（2）打开 style.css 文件，输入如下代码。

```
#ysb{
position:relative;
right:100px;
}
```

图 4-17　相对布局

4.4.5　绝对布局

在上面的例子中使用 float 浮动创建了分栏的效果，使用绝对布局也可以实现分栏布局。绝对布局可以在页面上精确地放置元素，并可以避免流动布局上能够出现的一些问题。在案例 2 所示页面的代码中必须将 sidebar 区块放到 main 区块前面，设置 sidebar 区块的浮动才可以实现分栏效果。如果采用绝对布局，则 sidebar 区块可以放到 main 区块后面，这样放置的位置更适合。具体步骤如下：

（1）打开 index.html 文件，将"sidebar"区块放到"main"区块后面。

（2）打开 style.css 文件，输入如下代码。

```
#allcontent
{
width:780px;
padding:15px;
background-color:#64AC84;
margin:0 auto;
position:relative;
}
```

设置 allcontent 区块的 position 为 relative，这样 allcontent 区块可以作为其内部元素的定位基准。

（3）设置 main 区块的边界，代码如下。

```
#main{
```

```
margin:0 350px 10px 10px;
}
```

（4）设置 sidebar 区块的效果，代码如下。

```
#sidebar {
  border: thin solid #007e7e;
  width: 300px;
  padding:0px 20px 20px 20px;
  margin: 0 10px 10px 10px;
  text-align: center;
  position:absolute;
  top:195px;
  right:0px;
}
```

4.5　综合案例——布局网上购物网站首页

【例 4.3】本节将通过使用 Div+CSS，布局“手机电子商城”网上购物网站首页，效果如图 4-18 所示。

图 4-18　“手机电子商城”网站首页布局

实现步骤如下：

（1）绘制网站首页布局框架草图，如图 4-19 所示。

（2）打开 Dreamweaver CS3 或记事本，在站点下创建网站首页 index_css.html，在站点的 CSS 文件目录下创建样式文件 layout.css。

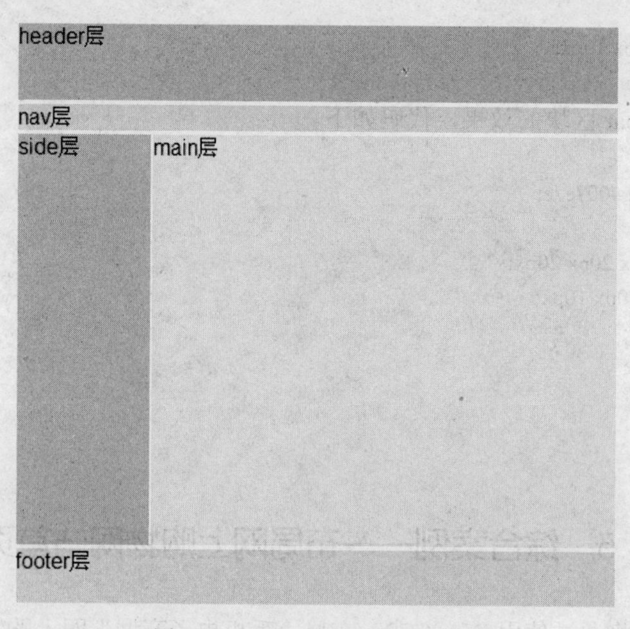

图 4-19　网站首页布局框架草图

（3）根据布局框架草图，在页面 index_css.html 上划分区块，代码如下：

```
<html xmlns="http://www.w3.org/1999/xhtml">
<head>
<meta http-equiv="Content-Type" content="text/html; charset=gb2312" />
<title>CSS 布局首页</title>
<link href="css/layout.css" rel="stylesheet" type="text/css" />
</head>
<body>
<div id="container">
<div id="header"> header 层</div>
<div id="nav">nav 层</div>
<div id="maincontent">
  <div id="side">side 层</div>
  <div id="main">main 层</div>
</div>
<div id="footer">footer 层</div>
</div>
</body>
</html>
```

（4）在样式文件 layout.css 中定义各区块的初步形态，代码如下：

```
/*body*/
#container { width:952px; margin:0 auto;}

/*header*/
#header { height:123px; background:#CCFFCC; margin-bottom:2px;}
#nav { height:33px; background:#CCFFCC; margin-bottom:2px;}

/*main*/
#maincontent { margin-bottom:3px;}
```

```
#side { float:left; width:200px; height:700px; background:#FFCC99;}
#main { float:right; width:750px; height:700px; background:#FFFF99;}

/*footer*/
#footer { height:80px; background:#CCFFCC;}
```

（5）添加 header 层和 nav 层的内容，代码如下：

```
<div id="header">
  <img src="images/top.jpg" width="952" height="123" />
</div>
```

（6）添加 nav 层的内容，代码如下：

```
<div id="nav">
<ul>
<li><a href="#">商城首页</a></li>
<li><a href="#">新闻中心</a></li>
<li><a href="#">商品信息</a></li>
<li><a href="#">购物车</a></li>
<li><a href="#">在线支付</a></li>
<li><a href="#">网站留言</a></li>
</ul>
</div>
```

在样式文件 layout.css 中定义 nav 层（横向导航菜单）的样式，代码如下：

```
#nav { height:33px; background:#CE0000; margin-bottom:2px;}
#nav ul { list-style: none; margin: 0px 100px; padding: 0px; }
#nav ul li { float:left;font-size:14px; font-weight:bold; }
#nav ul li a { display:block; padding: 6px 30px; height: 26px; line-height: 26px; float:left;}
#nav ul li a:hover { background:#ff0000; }
a { color:#FFFFFF; text-decoration: none; }
a:hover{ color:#fff;}
```

（7）在 side 层中添加 login 层和 pro_class 层，并填充相关内容，代码如下：

```
<div id="side">
  <div class="login">
<form id="form1" name="form1" method="post" action="">
      <table width="194" height="180" border="0">
        <tr> <td height="27" colspan="2">
<img src="images/登录.jpg" width="194" height="27" />
</td></tr>
        <tr> <td width="70" height="30">用户名：</td>
              <td><input name="textfield" type="text" size="12" maxlength="20" />
              </td> </tr>
        <tr> <td width="70" height="30">密   码：</td>
              <td> <input name="textfield2" type="text" size="12" maxlength="20" />
              </td> </tr>
        <tr> <td height="33" colspan="2"><input type="submit" name="Submit" value="登录" />
                    <input type="reset" name="Submit2" value="取消" />
              </td></tr>
          <tr><td  height="60"  colspan="2"><img  src="images/94bOOOPICe2.jpg"  width="194"  height=
"60" /></td> </tr>
```

```
            </table>
        </form>
    </div>
        <div class="pro_class">
            <img src="images/未命名_03.gif" width="159" height="40" />
            <ul>
                <li><a href="#">苹果</a></li>
                <li><a href="#">摩托罗拉</a></li>
                <li><a href="#">三星</a></li>
                <li><a href="#">诺基亚</a></li>
                <li><a href="#">索尼爱立信</a></li>
                <li><a href="#">联想</a></li>
                <li><a href="#">华为</a></li>
                <li><a href="#">中兴</a></li>
            </ul>
            <img src="images/9.gif" width="156" height="40" />
            <ul>
                <li ><a href="#">3G 手机</a></li>
                <li ><a href="#">智能手机</a></li>
                <li ><a href="#">音乐手机</a></li>
                <li ><a href="#">导航手机</a></li>
                <li ><a href="#">学生手机</a></li>
                <li ><a href="#">老人手机</a></li>
                </ul>
    </div>
```

在样式文件 layout.css 中定义 side 层的样式，代码如下：

```
#side { float:left; width:200px; height:700px;}
.login{width:200px; height:200px; margin:2px auto; }
.pro_class{ width:200px; height:500px;    margin:20px 20px;}
.pro_class ul { list-style:none;margin:0 auto; padding: 0px; }
.pro_class ul li {font-size:14px; font-family: Arial, Helvetica, sans-serif; }
.pro_class ul li a { color:#666; padding: 0px 30px;line-height: 20px;    }
.pro_class ul li a:hover {    color:#f00;}
```

（8）在 main 层中添加 banner 层和 product 层，并填充相关内容，代码如下：

```
<div id="main">
  <div class="banner">
      <img src="images/spt4.jpg" width="740" height="203" />
  </div>
  <div class="product">
    <table width="750" height="397" border="0">
      <tr><td height="27"><img src="images/spxixith.jpg" width="740" height="27" /></td> </tr>
      <tr>
          <td height="400">
          <table width="740" height="400" border="0">
            <tr> <td width="180" height="200">
              <table width="180" height="190" border="0">
                <tr><td height="120" colspan="2"><img src="images/4.jpg" width="162" height="120" /></td>   </tr>
```

```
        <tr><td width="60"><span class="STYLE13">型号：</span></td>
          <td width="120" height="20">苹果 iPhone 4 </td>    </tr>
        <tr><td>价格：  </td>
          <td height="20">&yen;3600</td>    </tr>
        <tr> <td height="30" colspan="2"><img src="images/mybuy.gif" width="96" height="24" /></td> </tr>
        </table>
</td>
……………………………以下显示产品的代码与上面相似，省略………………………………
    </table>
  </div>
</div>
```

在样式文件 layout.css 中定义 main 层的样式，代码如下：

```
#main { float:right; width:740px; height:700px;}
.banner{width:740px; height:203px;}
.product{width:740px; height:497px;}
```

（9）在 footer 层中添加 banner 层和 product 层，并填充相关内容，代码如下：

```
<div id="footer">
<table width="952" height="70" border="0">
  <tr>
    <td width="200"><img src="images/log.jpg" width="200" height="70" /></td>
    <td><div align="center" >版权所有(C)安徽省合肥市闪耀电子有限公司<br />
         Copyright    2011,www.symobilephone.com,all rights reserved<br/>
         皖 ICP 备 88888888 号 技术支持：闪耀科技</div></td>
  </tr>
</table>
</div>
```

在样式文件 layout.css 中定义 footer 层的样式，代码如下：

```
#footer { height:80px;background:#CE0000;}
```

习题四

一、选择题

1．CSS 是利用 XHTML 的（　　）标记构建网页布局。

A．<dir>　　B．<div>　　C．<dis>　　D．<dif>

2．在 CSS 语言中（　　）是设置“左边框”的语法。

A．border-left-width: <值>　　B．border-top-width: <值>

C．border-left: <值>　　D．border-top: <值>

3．（　　）定义列表的项目符号为实心矩形。

A．list-type: square　　B．type: 2

C．type: square　　D．list-style-type: square

4．下列选项中不属于 CSS 文本属性的是（　　）。

A．font-size　　B．text-transform

C．text-align　　D．line-height

5．在 CSS 语言中（　　）是“列表样式图像”的语法。

A．width: <值>　　B．height: <值>

C、white-space: <值>　　D．list-style-image: <值>

6．（　　）是 CSS 正确的语法构成。

A．body:color=black　　B．{body;color:black}

C．body {color: black;}　　D．{body:color=black(body}

7．在 CSS 中不属于添加在当前页面的形式是（　　）。

A．内联式样式表　　B．嵌入式样式表

C．层叠式样式表　　D．链接式样式表

8．下面 CSS 的（　　）属性是用来更改背景颜色的。

A．background-color:　　B．bgcolor:

C．color:　　D．text:

9．（　　）给所有的<h1>标签添加背景颜色。

A．.h1 {background-color:#FFFFFF}

B．h1 {background-color:#FFFFFF;}

C．h1.all {background-color:#FFFFFF}

D．#h1 {background-color:#FFFFFF}

10．CSS 属性的（　　）可以更改样式表的字体颜色。

A．text-color　　B．fgcolor　　C．text-color　　D．color

11．CSS 属性的（　　）可以更改字体大小。

A．text-size　　B．font-size　　C．text-style　　D．font-style

12．下列代码（　　）能够定义所有 p 标签内文字加粗。

A．<p style="text-size:bold">　　B．<p style="font-size:bold">

C．p {text-size:bold}　D．p {font-weight:bold}

13．（　　）可以去掉超链接文本的下划线。

A．a{text-decoration:no underline}　　B．a {underline:none}

C．a {decoration:no underline}　　D．a {text-decoration:none}

14．CSS 属性的（　　）能够设置文本加粗。

A．font-weight:bold　　B．style:bold

C．font:b　　D．font=

15．CSS 属性的（　　）能够更改文本字体。

A．f:　　B．font=

C．font-family:　　D．text-decoration:none??

二、判断题

1．CSS 的属性 font-style 用于设置字体的粗细。（　　）

2．CSS 的属性 overflow 用于设置元素超过宽度时是否隐藏或显示滚动条。（　　）

3．在不涉及样式情况下，页面元素的优先显示与结构摆放顺序无关。（　　）

4．在不涉及样式情况下，页面元素的优先显示与标签选用无关。（　　）

5．display:inline 兼容所有的浏览器。（　　）

三、简答题

1. CSS 样式表的添加方法有哪几种？
2. 盒子模型的组成是什么？
3. CSS 样式语言中 float 浮动和 position 定位有什么区别？

实验四　布局企业网站首页

一、实验目的与要求

掌握运用 CSS 样式表进行页面布局的技术。

二、实验内容

运用 CSS 样式表布局为企业网站设计一个首页。

第 5 章　使用 JavaScript 设计网页特效

JavaScript 是 Netscape 公司推出的一种嵌入在 HTML 文档中、基于对象的脚本描述语言。利用 JavaScript 可进一步增强网页的交互性，在客户端就可以编程来实现对网页的操作与控制。

本章通过具体案例，详细地介绍了 JavaScript 脚本语言的基本语法，内容主要包括 JavaScript 内置对象、函数、浏览器对象的使用和事件处理的方法等。

- 熟悉 JavaScript 的基本语法。
- 使用 JavaScript 进行网页脚本编程。

5.1　使用 JavaScript 进行客户端编程

【例 5.1】使用 JavaScript 编写用户注册页面 Register.html 的脚本，使页面能够实现用户注册信息检验、显示系统日期、随机产生验证码等功能。页面效果如图 5-1 所示。

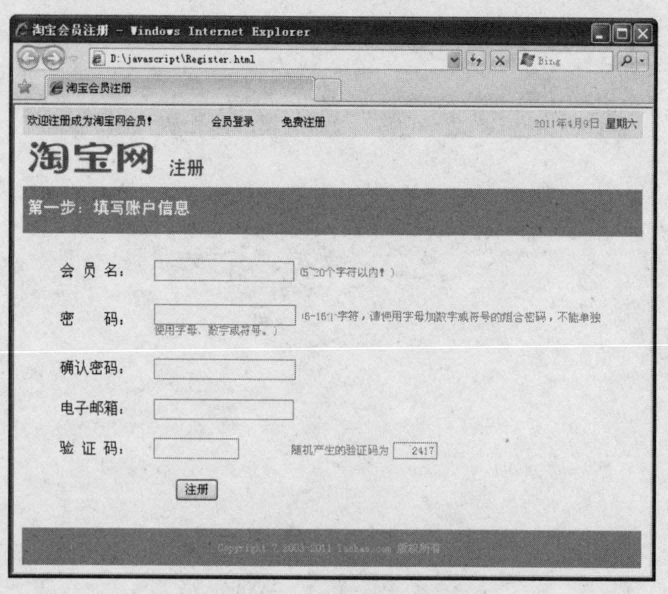

图 5-1　用户注册页面

要实现上述页面，至少需要解决以下几个问题：

（1）如何在网页中嵌入 JavaScript 脚本？

（2）如何利用 JavaScript 在网页中显示系统当前的日期和时间？

（3）如何利用 JavaScript 在客户端进行表单验证？

5.1.1　在网页中嵌入使用 JavaScript

【例 5.2】利用 JavaScript 在 HTML 网页中输出“欢迎注册成为淘宝网会员！”。页面效果如图 5-2 所示。

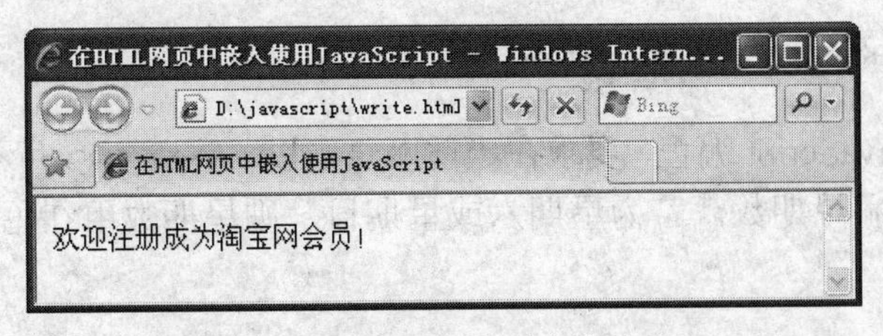

图 5-2　在 HTML 网页中使用 JavaScript

一、知识解析

JavaScript 是一种解释性的脚本语言，它不能用来开发独立的应用程序，只能嵌入到 HTML 网页中使用。

在网页中嵌入使用 JavaScript 时，必须将脚本代码放在<Script>与</Script>标记符之间，以便将脚本代码与 HTML 标记区分开来。Script 块可放在<head>与</head>之间，也可以放在<body>与</body>之间，其嵌入的方法为：

```
<Script language="JavaScript">
   <!--
       '此处放置 JavaScript 代码
   //-->
</Script>
```

<!-- ...//-->是一组标识符号，对于支持 JavaScript 代码的浏览器，浏览器将解释执行其中的代码；对于不支持 JavaScript 代码的浏览器，浏览器在解释执行时将忽略其中的代码。

如果一段 JavaScript 代码需要用于多个网页，通常可将该 JavaScript 代码单独存到一个扩展名为.js 的文本文件中，当网页中需要用该 JavaScript 时，只需要利用<Script>标记的 src 属性将其包含到网页中即可。在网页中插入 JavaScript 文件的方法为：

```
<Script language="JavaScript" src="js_URL"></Script>
```

src 属性用于指定要插入 JavaScript 文件的位置。例如，若要在网页中插入 inc 目录下的 date.js 脚本文件，插入方法为：

```
<Script language="JavaScript" src="inc/date.js"></Script>
```

二、案例实现

（1）打开 Dreamweaver CS3 或记事本。

（2）输入以下代码：

```
<html>
<head>
    <title>在 HTML 网页中嵌入使用 JavaScript</title>
  </head>
  <body>
    <Script language="JavaScript">
        <!--
```

```
            document.write("欢迎注册成为淘宝网会员！")
        //-->
    </Script>
  </body>
</html>
```

（3）将该文件保存为一个扩展名为.htm 或.html 的 HTML 文件。

（4）使用 IE 浏览器打开该 HTML 文件，查看页面的运行效果。

5.1.2 利用 JavaScript 在网页中显示日期

【例 5.3】使用 JavaScript 编程，要求在当前网页中以“××××年××月××日 星期×”的格式，显示系统的当前日期和星期数，若为星期六或星期日，则星期数用红色显示。页面效果如图 5-3 所示。

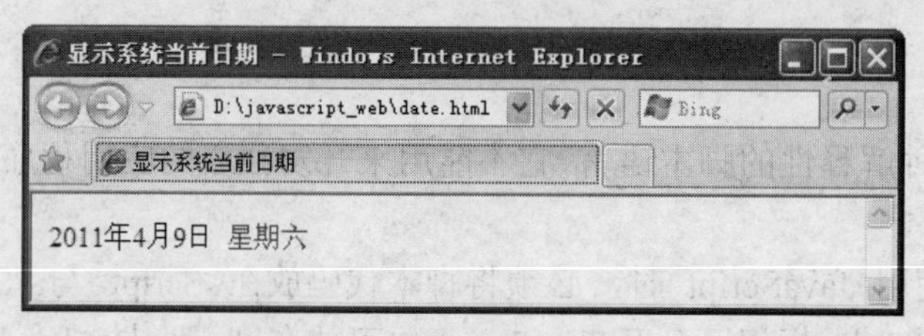

图 5-3 显示系统当前日期

一、知识解析

1．JavaScript 的常量、变量与表达式

（1）常量。

JavaScript 的常量是指当程序运行时，值始终不发生改变的量。根据数据类型的不同，常量可分为数值型常量、字符型常量和逻辑型常量。字符型常量用双引号或单引号括起来，逻辑型常量只有 true 和 false 两种。

另外，在 JavaScript 中还有一种特殊的常量，即转义字符，利用转义字符可以表达一些特殊的字符或控制符，JavaScript 最常用的转义字符就是换行符“\n”，其作用是换一行显示后面的内容。例如：

```
document.write("星期一"+"\n"+"星期二");
```

（2）变量。

JavaScript 对变量的定义未作强制性规定，变量在使用之前，可以事先定义，也可以不定义而直接使用。变量定义时也不需要指定具体的数据类型，变量的数据类型完全由所赋值的类型决定。

①变量的定义。在 JavaScript 中，只要给变量赋一个值，就相当于定义了一个变量。另外也可以用 var 语句来声明和定义一个变量，其定义语句的用法为：

```
var 变量名 1[=初值],[变量名 2[=初值]…]
```

例如：

```
var msg
msg="Hello World!";
var count=1;
var curDate=new Date();
dd=curDate.getDate();
```

②变量的类型转换。JavaScript 是一种对数据类型要求不太严格的脚本语言。在程序执行过程中，它会自动进行一些必要的类型转换，当字符型与数值型进行“+”运算时，系统会将数值型数据转换成字符型，然后再进行字符串的连接运算。也可以显式地进行类型转换，将数字构成的字符串转换成数值型，可通过 Number()函数来实现，将数值型数据转换成字符串可用 String()函数来实现。例如：

```
<Script Language="JavaScript">
  var num=24,str="36";
  x=num+str;
  y=num+Number(str);
  z=String(num)+str;
  window.alert("x 的值为："+x+"y 的值为："+y+"z 的值为："+z);
</Script>
```

程序代码的执行结果为：x 的值为 2436，y 的值为 60 ，z 的值为：2436。

（3）表达式。

表达式就是由常量、变量、函数和相应的运算符构成的式子。JavaScript 的表达式可分为条件表达式、数学表达式、关系表达式、字符表达式和逻辑表达式。

①条件表达式。

用法：(条件)?A:B

功能：若条件成立，则表达式的值为 A，若条件不成立，则表达式的值为 B。A 和 B 可代表任何类型的值。例如：

```
(age>=18)? "成年"："未成年"
```

若变量 age 的值大于或等于 18，则表达式的值为“成年”，若变量 age 的值不大于或等于 18，则表达式的值为“未成年”。

②数学表达式。由数值型常量、变量或函数和数学运算符所构成的式子就是数学运算表达式。JavaScript 支持的运算符如表 5-1 所示。

表 5-1　数学运算符

运算符	意义	示例
+	数字相加	2+3　结果为 5
+	字符串合并	“欢迎”+“光临”结果为“欢迎光临”
-	相减	7-3　结果为 4
-	负数	i=30；j=-i　结果 j 为-30
*	相乘	10*2　结果为 20
/	相除	8/2　结果为 4
%	取模（余数）	6%3　结果为 0
++	递增 1	i=5；i++;　结果 i 为 6
--	递减 1	i=5；i--;　结果 i 为 4

③关系运算表达式。关系运算表达式主要用于比较两个表达式之间的关系，其返回值为 true 或 false，若比较关系成立，则表达式返回的值为 true，否则返回 false。常用的关系运算符如表 5-2 所示。

表 5-2　关系运算符

运算符	意义	示例
==	等于	5==3　结果为 false
!=	不等于	5!=3　结果为 true
<	小十	5<3　结果为 false
<=	小于等于	5<=3　结果为 false
>	大于	5>3　结果为 true
>=	大于等于	5>=3　结果为 true
&&	与	true&&false　结果为 false
||	或	true||false　结果为 true
!	非	!true　结果为 false

④字符表达式。由字符常量、变量、函数和相应的字符运算符构成的表达式就为字符表达式。字符串的运算主要是字符串的连接运算，其运算符为“+”。在字符串连接运算中，若有数值型数据，系统会自动将数值型转换为字符型，然后再进行连接运算。

⑤逻辑表达式。由关系表达式、逻辑型值与逻辑运算符构成的式子就为逻辑表达式，运算后的最终结果仍为逻辑型值。JavaScript 中的逻辑运算符有&&（逻辑与）、||（逻辑或）、!（逻辑非）三种。

逻辑表达式通常与分支语句、循环语句等配合使用，以提供循环或分支语句的条件。

2. 结构控制语句

通常情况下，程序代码的执行是按照书写代码的先后顺序来执行的，在实际应用中，常需要根据条件的成立与否来选择执行不同的代码，以实现智能化的处理，这种能控制程序执行流向的语句，通常称为控制语句。

JavaScript 的流程控制语句主要包括条件判断语句和循环控制语句两种。

（1）条件分支语句。

① if 语句。

语句格式：

```
if(条件表达式)
{语句体;}
```

程序执行时，先判断条件表达式，如果条件成立，则执行语句体。

例如：

```
if (n>0)
alert("购物件数: "+n);
```

② if…else 语句。

语句格式：

```
if(条件表达式)
{　语句体 1;}
else
{　语句体 2;}
```

程序执行时，先判断条件表达式，如果条件成立，则执行语句体 1；如果条件不成立，则执行语句体 2。

例如，判断当前系统日期是否为星期六或星期天，若是则星期数就用红色显示。

```
if(weekday==0||weekday==6)
{document.write("<font color='#FF0000'>"+ week[weekday]+ "</font>");}
  else
{document.write("<font color='#999999'>"+week[weekday]+ "</font>");}
```

③ switch 语句。

switch 语句可以根据给定表达式的不同取值，选择不同的语句，常用于实现具有多种情况的判断处理。语句用法为：

```
switch(表达式)
{
case 值 1:    语句块 1;
case 值 2:    语句块 2;
…
case 值 n:    语句块 n;
[default:    语句块;]
}
```

语句功能：首先计算表达式的值，然后与 case 后面给定的值进行比较，与哪一个相等，就执行该 case 后面的语句块，遇到 break 语句，就结束 switch 语句的执行。若表达式的值与各个 case 后面给定的值均不相等，则执行 default 后面的语句块。

例如，同样可以使用 switch 语句来实现在网页中输出当前的星期数，若为星期六或星期日，则用红色输出。

```
<script language="javaScript">
var curday=new Date();
  switch(curday.getDay())
  {
  case 1:     document.write("星期一");break;
  case 2:     document.write("星期二");break;
  case 3:     document.write("星期三");break;
  case 4:     document.write("星期四");break;
  case 5:     document.write("星期五");break;
  case 6:     document.write("<font color=red>星期六</font>");break;
  case 0:     document.write("<font color=red>星期日</font>");break;
  }
</script>
```

（2）循环控制语句。

JavaScript 中的循环控制语句主要包括 for 循环、while 循环和 do while 循环。

① for 循环。

语句用法：

```
for(初始值表达式;循环条件表达式;增量表达式)
{循环执行体语句;}
```

语句说明：

- 初始值表达式：通常用于给循环控制变量赋初值，为可选项。
- 循环条件表达式：用于指定循环的条件，为可选项。若表达式值为 true，则将继续执行循环体；若为 false，则结束循环体的执行。

- 增量表达式：用于更新循环控制变量的值，使循环趋于结束，为可选项。

例如，分别用<H1>至<H6>的字体输出字符串“第一步：填写账户信息”。

```
<script language="javaScript">
for(var n=1;n<=6;n++)
{   document.write("<H"+n+">第一步：填写账户信息</H"+n+"><br>");  }
</script>
```

② while 循环。

语句用法：

```
while(条件表达式)
{循环体；}
```

语句功能：首先判断条件表达式的值，若为 true，则执行循环体语句，然后再次返回判断条件表达式，若为 true，则继续执行循环体语句；若为 false，则结束循环的执行。例如：

```
<script language="javaScript">
var n=1;
while(n<=6)
{
   document.write("<H"+n+">第一步：填写账户信息</H"+n+"><br>");
   n++;
  }
</script>
```

③ do…while 循环。

语句用法：

```
do{
循环体；
}while(条件表达式)
```

语句功能：首先执行循环体语句，然后判断条件表达式的值，若为 true，则继续执行循环体语句；若为 false，则结束循环的执行。从中可见，do…while 循环体至少将被执行一次。例如：

```
<script language="javaScript">
var n=1;
do
{
   document.write("<H"+n+">第一步：填写账户信息</H"+n+"><br>");
   n++;
  }
while(n<=6)
</script>
```

3. 内置对象 Date 和 Array

JavaScript 是一种基于对象的脚本语言，每个对象均有属于自己的属性和方法。在 JavaScript 中，常用的内置对象有 String、Math、Array 和 Date，分别用于实现对字符串、数学运算、数组、日期与时间的处理。

（1）Date 对象。

Date 对象也是一个动态对象，使用时应创建实例，其创建方法为：

```
var 实例名=new Date()
```

在所创建的实例中自动存储了当前的日期和时间。例如：

```
var curDate=new Date();
```

Date 对象创建后，利用该对象的相关方法，便可实现对日期和时间的相关操作。Date 对象常用的方法如表 5-3 所示。

表 5-3　Date 对象的常用方法

方法	描述
Date()	返回当前的日期和时间
getDate()	从 Date 对象返回一个月中的某一天（1 ~ 31）
getDay()	从 Date 对象返回一周中的某一天（0 ~ 6）
getMonth()	从 Date 对象返回月份（0 ~ 11）
getFullYear()	从 Date 对象以四位数字返回年份
getYear()	从 Date 对象以两位或四位数字返回年份
getHours()	返回 Date 对象的小时（0 ~ 23）
getMinutes()	返回 Date 对象的分钟（0 ~ 59）
getSeconds()	返回 Date 对象的秒数(0 ~ 59))

例如，定义了变量 dd、mm、yy 和 weekday，分别用于存放返回的日、月、年和星期。

```
dd=curDate.getDate();
mm=curDate.getMonth()+1;
yy=curDate.getYear();
weekday=curDate.getDay();
```

（2）Array 对象。

Array 对象是一个动态对象，使用时必须创建其实例。在 JavaScript 中，数组被当作一个对象来看待，创建数组也就是创建 Array 对象的实例，其创建方法为：

```
var  数组名=new Array();
```

例如，若要创建一个名为 score 的数组，则创建方法为：

```
var  score=new Array();
```

该方法创建的数组，由于创建时没有指定数组的大小，因此使用时比较灵活，可以根据需要自动调整数组的大小。

在创建数组时，若预先知道数组的大小，则可使用如下格式来创建固定大小的数组：

```
var 数组名=new Array(数组大小);
```

例如，若要创建拥有 40 个数组成员的数组 score，则创建方法为：

```
var score=new Array(40);
```

在 JavaScript 中，数组成员的编号从 0 开始，即数组的下标从 0 开始。要访问数组成员，可通过“数组名[成员下标值]”的格式进行访问。比如，若要给 score 数组中的第二个成员赋初值 90，则实现的语句为：

```
score[1]=90;
```

在创建数组时，若要知道数组成员的初值，还可以用以下方式来定义数组，并实现给数组成员赋值。

```
var 数组名=new Array(元素 1,元素 2,元素 3,…);
```

例如，定义一个名为 week 的数组，数组成员的初值分别为：星期日，星期一，星期二，星期三，星期四，星期五，星期六，则定义方法为：

var week=new Array("星期日","星期一","星期二","星期三","星期四","星期五","星期六");

二、案例实现

（1）打开 Dreamweaver CS3 或记事本。

（2）输入以下代码：

```
<html>
<head>
<title>显示系统当前日期</title>
</head>
<body>
<Script Language=JavaScript>
  var curDate=new Date();                //定义变量
  dd=curDate.getDate();
  mm=curDate.getMonth()+1;               //0 代表 1 月份
  yy=curDate.getYear();
  weekday=curDate.getDay();              //获得星期数
  document.write(yy);document.write("年");
  document.write(mm);document.write("月");
  document.write(dd);document.write("日");
  var week=new Array("星期日","星期一","星期二","星期三","星期四","星期五","星期六");
  if(weekday==0||weekday==6){
    document.write("<font color='#FF0000'>"+ week[weekday]+ "</font>");}
  else{ document.write("<font color='#000000'>"+week[weekday]+ "</font>");}
</Script>
</body>
</html>
```

（3）将该文件保存为一个扩展名为.htm 或.html 的 HTML 文件。

（4）使用 IE 浏览器打开该 HTML 文件，查看页面的运行效果。

5.1.3 利用 JavaScript 进行表单验证

【例 5.4】使用 JavaScript 编程，要求对表单中输入的信息进行校验。页面效果如图 5-4 所示。

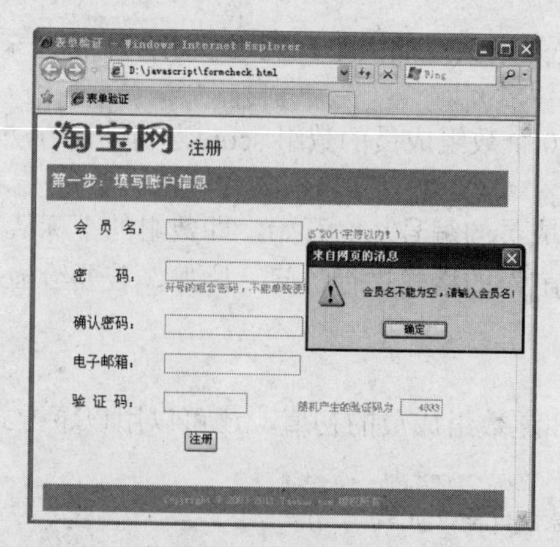

图 5-4 表单验证

一、知识解析

1. 函数的定义与调用

函数是能够实现某种运算或特定功能的程序段。JavaScript 是一个函数式的脚本语言，可调用系统内置的函数或自定义的函数来实现所需要的功能。

（1）函数的定义。

JavaScript 的函数采用 function 语句定义，用 return 语句返回函数值，其定义格式为：

```
function  函数名(参数列表)
{
    函数的执行部分;
    return   表达式;
}
```

说明：

① function 是关键字。

② 函数名必须是唯一的，并且大小写是有区别的。

③ 函数的参数可以是常量、变量或表达式。

④ 当使用多个参数时，参数之间用逗号隔开。

⑤ 如果函数值需要返回，则使用关键字 return 将值返回。

通常在<head>与</head>部分定义 JavaScript 函数，以便在页面装载时首先装载函数，使浏览器知道有这样一个函数。

（2）函数的调用。

定义一个函数，仅是告知浏览器有这样一个函数，函数体中的语句并不会被执行，只有在调用该函数时，函数体中的语句才真正地被执行。其调用方法为：

调用格式 1：varname=函数名(参数值)

调用格式 2：函数名(参数值)

说明：若函数调用有返回值，而且需要保存该返回值，则采用格式 1 的调用方法；若不需要保存函数返回的值，或者需要直接使用函数的返回值，或者函数仅是实现某项特殊的功能，没有明确的返回值时，通常采用格式 2 来调用。

例如，在表单按钮的 onclick 事件中调用了上面定义的 CheckForm 函数。

```
<input type="submit" name="button" id="button" value="注册" onclick="CheckForm()" />
```

2. 内置对象 String 和 Math

（1）String 对象。

String 对象是 JavaScript 内置的一个对象，用于实现对字符串的处理。字符串是由若干字符构成的序列，字符串常量要用单引号或双引号括起来。

String 是一个动态对象，不能直接使用，必须创建该对象的一个实例，然后利用实例对象来间接使用该对象。String 实例的创建方法为：

```
var  实例名=new String("字符串")
```

例如：

```
var msg=new String("欢迎光临本站！");
```

该语句就创建了一个名为 msg 的对象，该对象存储的字符串为“欢迎光临本站!”。创建 String 对象的实例，也可以缺省 new 和 String 关键字，而采用以下格式来创建。

```
var msg="欢迎光临本站！";
```

该用法与给变量赋值的用法相似，从中可见，JavaScript 的 String 对象相当于其他语言中的字符串变量，或者说 JavaScript 是将字符型变量当作一个对象来看待的。既然是一个对象，就有相应的属性和方法，JavaScript 也正是通过 String 对象的属性和方法来实现对字符串的处理的。

String 对象提供了一个 length 属性，利用该属性可返回实例对象所保存的字符串的长度，其用法为：实例对象名.length。

例如，若要显示实例对象 msg 所保存的字符串的长度，则实现语句为：

```
<Script Language="JavaScript">
    var msg=" 欢迎光临本站！";
    document.write(msg.length);
</Script>
```

运行后输出的值为 7。在 JavaScript 中，字符采用 UniCode 编码，一个汉字和一个西文字符均算为一个字符。

String 对象提供了一组方法，利用这些方法可实现对字符的处理。使用时注意方法名的大小写。

① charAt()方法。

用法：实例对象名. charAt(idx)

功能：返回指定位置处的一个字符。字符位置号从左向右编号，最左边的为 0。

例如，若要输出字符串“欢迎光临本站！”中第 3 个字符，则实现语句为：

```
var msg="欢迎光临本站！";
document.write(msg.charAt(2));
```

② indexOf()方法。

用法：实例对象名.indexOf(chr)

功能：返回指定字符或字符串的位置，从左到右找，若找不到，则返回-1。

例如，若要在字符串“欢迎光临本站！”中查找子串“光临”的位置，则实现语句为：

```
var msg="欢迎光临本站！";
 document.write(msg.indexOf("光临"));
```

运行后返回的值为 2。

③ lastIndexOf()方法。

该方法的功能与 indexOf()方法相同，只是查找的方向不同，该方法是从右向左查找。

④ subString()方法。

用法：实例对象名.subString(fromidx,toidx)

功能：根据指定的开始位置 fromidx 和结束位置 toidx，从实例对象所保存的字符串中截取一个子串。截取时从 fromidx 位置开始一直到 toidx，但不包含 toidx 位置上的字符。

例如，若要从字符串“欢迎光临本站！”中截取子串“光临”，则实现语句为：

```
var msg="欢迎光临本站！";
document.write(msg.substring(3,5));
```

⑤ toLowerCase()方法。

用法：实例对象名. toLowerCase()

功能：将字符串中的字符全部转换为小写。

例如，若要将字符串“Welcome To My Home！”全部转换成小写输出，则实现语句为：

```
var msg="Welcome To My Home！";
document.write(msg.toLowerCase());
```

⑥ toUpperCase()方法。

用法：实例对象名. toUpperCase()

功能：将字符串中的字符全部转换为大写。

（2）Math 对象。

Math 对象是一个静态对象，可以直接引用，不需要创建实例。常用的数学函数被定义成该对象的方法，数学常数定义成该对象的属性。因此，利用该对象的方法和属性，可实现相关的数学运算。

在 JavaScript 中，Math 对象最常用的方法是 random()，用于返回一个 0 到 1 之间的随机小数。

例如，要在文本域 txtinput 中产生一个 0~10000（不包含 10000）的随机整数作为注册验证码。若在文本域 txtcheck 输入的值与产生的随机数不同，则以提示框显示“验证码错误”。效果如图 5-5 与图 5-6 所示。

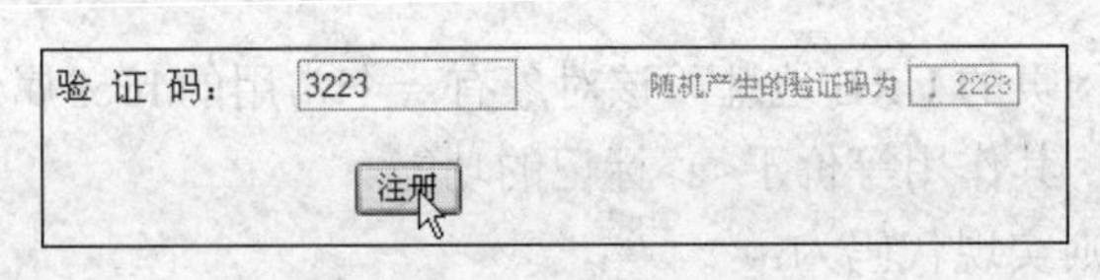

图 5-5　输入随机产生的验证码

图 5-6　验证码错误提示

在文本域 txtinput 中产生验证码的 JavaScript 脚本代码如下：

```
<Script Language="JavaScript">
    var num=0;
    num=Math.floor(Math.random()*10000);
    document.form1.txtinput.value=num;
</Script>
```

检验验证码的 JavaScript 脚本代码如下：

```
<Script Language="JavaScript">
if(document.form1.txtcheck.value!=document.form1.txtinput.value)
{alert("验证码错误！");
    document.form1.txtcheck.focus();
  return false;
  }
</Script>
```

3．JavaScript 浏览器对象

JavaScript 除了可以访问本身内置的各种对象外，还可以访问浏览器提供的对象。浏览器根据当前的配置和所装载的网页，可向 JavaScript 提供一些对象，JavaScript 通过访问这些对象，便可得到当前网页以及浏览器本身的一些信息。本节介绍两个常用的浏览器对象 window 和 document。

（1）浏览器对象简介。

在面向对象的程序设计中，各对象间存在着继承关系，最初的对象称为父对象，由父对象继承得到的各种对象就称为子对象，子对象继承了父对象的各种属性和方法，并且可以增加自己独有的属性和方法，从而可以形成一个更强的子对象。

JavaScript 是一种基于对象的脚本语言，各对象之间不存在继承关系，而是一种从属关系，从属关系涉及到的两个对象在属性和方法上一般不存在共同点。大家知道，网页是由 HTML 标记符、表单、引用 Java 小程序以及各种插件构成的，而网页又从属于某个浏览器窗口，窗口与网页之间，网页与各网页元素之间并没有任何的相似之处，只能是一种从属关系，在这种从属结构中，浏览器窗口位于整个结构的最顶层，窗口对象用 window 表示，代表一个完整的浏览器窗口，其子对象包括 location 对象、history 对象、document 对象以及 frame 对象等。

在 JavaScript 中，常用的浏览器对象有：

① window 对象：该对象位于最顶层，是其他对象的父对象，每一个 window 对象代表着一个浏览器窗口。各从属对象可以采用如下方法进行访问：

```
window.子对象 1.子对象 2.属性名或方法名
```

例如，若要访问当前网页中名为 login 的表单中名为 username 的文本框对象，并设置该文本框的值为“user1”，则访问方法为：

```
window.document.login.username.value="user1";
```

由于 window 是最顶层对象，在使用时允许省略该对象。上面的语句可以写成：

```
document.login.username.value="user1";
```

② location 对象：该对象包含有当前网页的 URL 地址。该对象有一个常用的 href 属性，通过设置该属性，可以导航到指定的网页，其作用等价于<a>标记的功能。

例如，若要将页面切换到 main.htm，则实现代码为：

```
window.location.href="main.htm";
```

该对象常用的方法还有 reload()方法，利用该方法，可以实现当前网页的重新装载。

例如，若要重新装载当前页面，则实现代码为：

```
window.location.reload();
```

③ document 对象：该对象代表当前网页，其子对象的各种属性均来源于当前的网页，对于不同的网页，该对象所包含的子对象有所不同，各子对象之间的层次关系也由网页中的相应关系决定。

document 对象有一个很常用的 write 方法，用于向当前网页输出内容，其内容可以是纯文本，也可以是文本与 HTML 标记的组合。

例如，若要在当前页面中以红色输出“欢迎光临”，则实现代码为：

```
window.document.write("<font color='#ff0000'>欢迎光临</font>");
```

document 对象常用的属性是 lastModified，用于返回网页文档的最近更新日期和时间。

④ history 对象：该对象包含有最近访问过的 10 个网页的 URL 地址。该对象有一个 length 属性，可以返回当前有多少个 URL 存储在 history 对象中，利用该对象所提供的方法可以实现网页的导航。该对象常用的方法主要是 go()方法、back()方法和 forward()方法。其中，back()方法和 forward()方法对应浏览器工具栏中的后退和前进按钮，go()方法可以让浏览器前进或后退到已访问过的任何一个页面。

例如，若要后退到曾经访问过的倒数第一个页面，则实现代码为：

```
window.history.go(-1);或 window.history.back();
```

若要后退到曾经访问过的倒数第二个页面，则实现代码为：

```
window.history.go(-2);
```

若要前进到曾经访问过的页面，则实现代码为：

```
window.history.go(1); 或 window.history.forward();
```

window.history.go(0)的功能是重新装载当前页面。

⑤ external 对象：该对象有一个很常用的方法是 addFavorite 方法，利用该方法，可实现将指定的网页添加到浏览器的收藏夹中，其用法为：

```
window.external.addFavorite("URL","收藏夹中显示的标题");
```

例如，若要在当前页面中添加一个“收藏本站”的链接，当用户单击该链接时，将淘宝网（http://www.taobao.com）添加到收藏夹中，则实现代码为：

```
<a href ="#" onclick="JavvaScript:window.external.addFavorite
 ('http://www.taobao.com', '淘宝网') ">收藏本站</a>
```

（2）window 对象。

window 对象是 JavaScript 中使用较为广泛的一个浏览器对象，该对象的方法较多，功能强大，本节主要介绍 window 对象常用的方法和属性。

window 对象常用的主要属性是 status，该属性用于设置浏览器状态行中显示的信息。例如，若要将当前窗口的状态行显示信息设置为“欢迎光临本站！”，则实现代码为：

```
window.status=" 欢迎光临本站！";
```

在 JavaScript 中，window 对象主要有以下五种常用的方法。

① alert()方法。此方法用于创建一个警告对话框，在对话框中只有一个 OK 按钮，其基本用法如下：

```
window.alert("警告信息");
```

例如：

```
window.alert('this is a alert test');
```

② confirm()方法。此方法用于创建一个确认对话框，在对话框中有一个“确定”按钮和一个“取消”按钮，其基本用法如下：

```
window.confirm("确认信息");
```

例如：

```
var ret=window.confirm("真的要关闭窗口吗？");
```

③ prompt()方法。此方法用于创建一个输入对话框，在对话框中，除了有一个“确定”按钮和一个“取消”按钮以外，还有一个文本框，用于输入信息。其基本用法如下：

```
window.prompt("提示信息","默认值");
```

其中，默认值可以省略。

例如：

```
var name=window.prompt("请输入要查询的学号：","1001");
```

④ open()方法。此方法用于创建一个新窗口对象。在 open()方法中有三个可调用的参数：

- URL 参数：用于指定新建窗口的 URL 属性（即 location 属性）。
- 窗口对象名称参数：用于指定新建窗口对象的名字属性。
- 其他参数：包括 width、height、directories、location、menubar、scrollbars、status、toolbar、resizable 等属性，这些属性的值都是通过 Yes(1)或 No(0)进行设置的。

其基本用法如下：

```
window.open(URL,name,orthers);
```

例如：

```
window.open("www.yahoo.com","mywin","directories=yes menubar=no
 scrollbars=no status=no toolbar=no width=200 height=100");
```

其他参数可选值及功能如表 5-4 所示。

表 5-4　窗口特性及其值

特性名	描述
width	窗口宽度，单位像素
height	窗口高度，单位像素
directories	窗口是否显示目录按钮，默认值为 yes
location	窗口是否显示地址栏，默认值为 yes
menubar	窗口是否显示菜单栏，默认值为 yes
scrollbars	窗口是否显示滚动条，默认值为 yes
status	窗口是否显示状态栏，默认值为 yes
toolbar	窗口是否显示工具栏，默认值为 yes
resizable	窗口是否可以改变大小，默认值为 yes

⑤ close()方法。此方法用来关闭一个 window 对象，它里面不用任何参数，其基本用法如下：

```
窗口对象.close();
```

例如：

```
mywin=window.open("","window1","width=200 heiht=100")
mywin.close();
```

在用 open()方法弹出的窗口中，在网页浏览完后，为方便关闭当前窗口，可在网页的末尾处设置一个“关闭窗口”的链接，当用户单击时，即关闭当前窗口，实现代码如下：

```
<a href="#" onclick="JavaScript:self.close()">关闭窗口</a>
```

语句中的 self 为 JavaScript 的一个关键字，代表网页所在的窗口对象。

⑥ setTimeout()方法。此方法用于打开一个计时器，其基本用法如下：

```
window.setTimeout(执行语句,时间值);
```

其中有两个参数：

- 执行语句参数：计时器到达指定的时间时执行的操作。
- 时间值参数：用于指定时间值，当计时器到达这个时间时，才开始执行其中的操作，单位为毫秒。

例如：

```
window.setTimeout("add();",200);
```

例如，要实现在弹出新窗口 5 秒后自动关闭弹出窗口，可以在网页的<head>与</head>间加入如下代码：

```
<Script language="JavaScript">
function closeit()
{settimeout("self.close()",5000)}
</Script>
```

然后在<body>标记中为 onload 指定事件处理函数，具体代码为：

```
<body onload="closeit()">
```

⑦ clearTimeout()方法。此方法用于关闭一个计时器，其基本用法如下：

```
window.clearTimeout(timerID);
```

例如：

```
timer1=window.setTimeout("add();",200);
window.clearTimeout(timer1);
```

注意：在 JavaScript 中可以同时打开多个计时器，不同的计时器可用不同的 timerID 来控制。

4. JavaScript 的事件处理

（1）事件及响应方法。事件是浏览器响应用户操作的机制，JavaScript 的事件处理功能可改变浏览器相应的操作的标准方式。这样就可以开发更具交互性、更具响应性和更易使用的 Web 页面。

事件说明用户与 Web 页面交互处理时产生的操作。例如，用户单击超链接或按钮时，或者输入窗体数据时，就会产生一个事件，告诉浏览器发生了操作，需要进行处理。浏览器等待事件发生，并在事件发生时，进行相应的事件处理工作。

①事件的类别。根据事件的触发者的不同，事件可分为鼠标事件、键盘事件和浏览器事件三类。

鼠标事件：该类事件是由鼠标操作触发产生的，大部分的对象均能识别和响应鼠标事件，常用的有 MouseOver、MouseOut、MouseDown、MouseUp、Click、DblClick 等。

键盘事件：由键盘操作触发产生。常用的主要有 KeyDown、KeyUp、KeyPress。

浏览器事件：该类事件是由浏览器自身的某种操作触发产生的。比如网页在装载时，将触发 Load 事件，当装载另一个网页时，在当前网页上便会触发 UnLoad 事件。

表单中的每个界面对象一般均能响应鼠标和键盘事件，各对象能响应的常用事件如表 5-5 所示。

表 5-5　各对象的常用事件

事件名称	描述
OnBlur	发生在窗口失去焦点的时候
OnChange	发生在文本输入区的内容被更改，然后焦点从文本输入区移走之后
OnClick	发生在对象被单击的时候
OnError	发生在错误发生的时候
OnFocus	发生在窗口得到焦点的时候
OnLoad	发生在文档全部下载完毕的时候
OnMouseDown	发生在用户把鼠标放在对象上按下鼠标键的时候。参考 OnMouseUp 事件
OnMouseOut	发生在鼠标离开对象的时候。参考 OnMouseOver 事件
OnMouseOver	发生在鼠标进入对象范围的时候
OnMouseUp	发生在用户把鼠标放在对象上鼠标键被按下的情况下，放开鼠标键的时候
OnReset	发生在表单的“重置”按钮被单击（按下并放开）的时候
OnResize	发生在窗口被调整大小的时候
OnSubmit	发生在表单的“提交”按钮被单击（按下并放开）的时候
OnUnload	发生在用户退出文档（或者关闭窗口，或者到另一个页面去）的时候
OnSelect	当 Text 或 TextArea 对象中的文字被加亮后，引发该事件
OnFocus	当用户单击 Text 或 TextArea 以及 Select 对象时，产生该事件

续表

事件名称	描述
OnBlur	当 Text 对象或 TextArea 对象以及 Select 对象不再拥有焦点而退到后台时，引发该文件
OnDblClick	鼠标双击事件
OnKeyPress	当键盘上的某个键被按下并且释放时触发的事件【注意：页面内必须有被聚焦的对象】
OnKeyDown	当键盘上某个按键被按下时触发的事件【注意：页面内必须有被聚焦的对象】
OnKeyUp	当键盘上某个按键被放开时触发的事件【注意：页面内必须有被聚焦的对象】
OnAbort	图片在下载时被用户中断时触发的事件
OnBeforeUnload	当前页面的内容将要被改变时触发的事件
OnMove	浏览器的窗口被移动时触发的事件

②事件的响应。当事件发生时，系统会自动查询该事件是否指定了该事件的处理函数，若指定了，则调用执行对应的事件处理函数，从而完成对事件的响应；若未指定，则什么也不执行。

事件的处理函数通过对象的事件句柄来指定，事件句柄可视为对象的一个属性，事件句柄的名称由“On+事件名”构成，比如 Click 事件，其对应的事件句柄名就是 OnClick，其余依次类推。

事件处理函数的指定格式为：事件句柄=事件处理函数()或语句。

事件句柄后面可以指定一个函数，也可以直接放置所要执行的语句。若要执行的语句较多，通常先将所要执行的语句定义成一个函数，然后在事件句柄后面指定该函数。

例如，当单击“注册”按钮时，触发了 OnClick 事件，将执行处理函数 CheckForm()函数，指定的方法为：

```
<input type="submit" name="button" id="button" value="注册"
 onclick="CheckForm()" />
```

（2）document 的常用事件。

document 对象代表当前网页，其常用事件有 Load、Unload、ContexMenu、SelectStart 和 MouseDown，下面分别给予介绍。

① Load 事件。Load 事件发生在网页被装载时，利用该事件可完成对网页所使用数据的初始化，或弹出提示窗口。Load 事件处理函数的执行，先于网页中的其他脚本程序。为 Load 事件指定事件处理函数有两种方法，分别是：

- 利用<body>标记来指定，指定方法为：

```
<body OnLoad=事件处理函数()或语句>
```

这种方法对于事件句柄 OnLoad 不区分大小写。

例如，若要在网页加载时显示“欢迎光临本站！”的消息框，则实现语句为：

```
<body onload="alert('欢迎光临本站！')">
```

- 利用 document 对象来指定。

在 HTML 标记中设置事件句柄，实质是设置与标记相对应的浏览器对象的事件属性，事件属性名与事件句柄相同，但必须小写。<body>标记对应的是 document.body 对象，因此，也可在 JavaScript 中通过以下方法来指定事件处理函数：

```
<Script Language="JavaScript">
document.body.onload=事件处理函数名;
</Script>
```

注意：由于该方法是给属性赋值，因此只能指定为一个函数，不能指定为语句，此时的事件函数名不要加括号。

例如，若要在网页加载时执行自定义函数 begin()，则实现语句为：

```
document.body.onload=begin;
```

若网页加载时，需要执行多个函数，可先将要执行的多个函数收集定义成一个函数，然后再将该函数指定给 onload 属性。

由于网页是在浏览器窗口中加载显示的，因此，也可通过 window 对象来指定，其指定方法为：

```
window.onload=事件处理函数名;
```

例如：

```
window.onload=begin;
```

② Unload 事件。当关闭窗口或者转到另一个页面的时候触发该事件。

事件处理函数的指定方法为：

- <body OnUnload=事件处理函数()或语句>

例如，若要在网页退出时显示“谢谢光临本站！”的消息框，则实现语句为：

```
<body onUnload="alert('谢谢光临本站！')">
```

- document.onunload=事件处理函数名;

例如：

```
<Script Language="JavaScript">
function bye()
{alert("谢谢光临本站！");}
    document.onunload=bye;
</Script>
```

③ ContextMenu 事件。当在网页上单击鼠标右键时触发该事件。若为该事件指定了事件处理函数，则当事件处理函数返回 true 时，才允许弹出快捷菜单，若返回为 false，则禁止打开快捷菜单。

事件处理函数的指定方法为：

- <body OnContextMenu=事件处理函数()或语句>

例如，若要禁止鼠标右键打开快捷菜单，实现语句为：

```
<body onContextMenu="return false">;
```

- document.OnContextMenu=事件处理函数名;

例如，禁止打开快捷键的代码为：

```
<Script Language="JavaScript">
function nomenu(){
      window.alert("禁止打开快捷键!");
    return false;
      }
    document.onContextMenu=nomenu;
</Script>
```

④ SelectStart 事件。当鼠标在网页中拖动时触发该事件。其事件处理函数的指定方法为：

- <body OnSelectStart=事件处理函数()或语句>

例如，若要禁止当前网页的文本内容被别人复制，就可以利用该事件，并使该事件处理函数返回 false 值。实现的语句为：

```
<body OnSelectStart ="return false">;
```

- document.OnSelectStart =事件处理函数名;

若用该方法，则实现代码为：

```
<Script Language="JavaScript">
function nocopy(){
        alert("版权所有(C)，严禁复制!");
        return false;
        }
    document.onselectstart=nocopy;
</Script>
```

⑤ MouseDown 事件。当鼠标被按下时触发该事件。大多数的对象均能响应该事件。相关的事件还有 MouseUp、MouseMove、MouseOver、MouseOut、Click、DblClick。

为网页指定 MouseDown 事件处理函数的方法为：

- <body OnMouseDown=事件处理函数()或语句>
- document.OnMouseDown=事件处理函数名;

当事件发生时，JavaScript 解释器会自动将事件信息填充到 event 对象中，通过该对象的 button 属性，可获知用户按下了哪一个鼠标键，1 代表左键，2 代表右键，3 代表左右键同时被按下。在键盘事件中，通过 event 对象的 keycode 属性，可获知用户所按键的 ASCII 值。

例如，禁用鼠标右键快捷菜单，也可通过下面的代码实现。

```
<Script Language="JavaScript">
function nomenu(){
if(event.button==2||event.button==3){alert("禁止使用快捷菜单！")}
}
   document.onmousedown=nomenu;
</Script>
```

（3）表单对象的常用事件。

表单对象的常用事件有 submit 和 reset。

① submit 事件。该事件在用户提交表单时触发。单击提交命令按钮或调用表单对象的提交方法 submit()，可实现表单的提交，在提交表单时会触发 submit 事件。

可为表单的 submit 事件指定事件处理函数，并在该函数中实现对表单数据的有效性验证，若数据正确，则让函数返回 true 值，以允许表单递交数据；若数据有误，则输出相应的提示信息，并让函数返回 false，以禁止表单提交数据。

例如：

```
<input type="submit" name="button" id="button" value="注册"
 onclick="CheckForm()" />
```

② reset 事件。单击复位按钮或调用表单对象的 reset()方法时触发该事件。在实际应用中，该事件应用较少。

表单对象除了事件以外，还内置了一些常用的方法。主要有 submit()方法、reset()方法、

blur()方法、focus()方法、select()方法和 click()方法。这些方法对于大部分的界面对象均适用。

例如，若要使 login 表单中名为 username 的文本框失去焦点，则实现语句为：

```
document.login.username.blur();
```

select()方法通常结合 focus()方法使用，用于选中输入框中的全部文本内容。例如，若要使 login 表单中名为 username 的文本框被选中，则实现语句为：

```
document.login.username.focus();
document.login.username.select();
```

click()方法适用于普通按钮、提交命令按钮、复位命令按钮和单选按钮对象，对于命令按钮，调用该方法等价于用鼠标单击了该对象；对于单选按钮，则选中相应的项。

二、案例实现

（1）打开 Dreamweaver CS3 或记事本。

（2）输入以下代码：

```
<html><head>
<title>表单验证</title>
<script  language="JavaScript">
<!--
function  CheckForm()
{
//检查会员名是否为空
if (document.form1.txtname.value.length==0)
{
  alert("会员名不能为空，请输入会员名!");
  document.form1.txtname.focus();
  return false;
  }
//检查会员名长度
if (document.form1.txtname.value.length<5||
    document.form1.txtname.value.length>20)
  {alert("会员名必须是 5~20 个字符以内!");
  document.form1.txtname.value="";
  document.form1.txtname.focus();
  return false;
  }
//检查密码长度和是否是字母、数字的组合
var repPass=/[0-9a-zA-Z]{6,16}/; //数字和字母组合
var repPass1=/[0-9]{1,}/;           //仅为数字
var repPass2=/[a-zA-Z]{1,}/;        //仅为字母
if(document.form1.txtpassword.value.length<6||
  document.form1.txtpassword.value.length>20)
  { //检查密码长度
  alert("密码长度不符合要求!");
  document.form1.txtpassword.value="";
  document.form1.txtpassword.focus();
  return false;
  }
 if(!repPass.test(document.form1.txtpassword.value)||
```

```
    (document.form1.txtpassword.value == null))
    {//检查密码是否为数字与字母的组合，以及是否为空
     alert("请输入符合规则的密码!");
     document.form1.txtpassword.value="";
     document.form1.txtpassword.focus();
     return false;
    }
   if(!repPass1.test(document.form1.txtpassword.value)||
    !repPass2.test(document.form1.txtpassword.value))
    { //检查密码是否只为字母或数字
     alert("请输入符合规则的密码!");
     document.form1.txtpassword.value="";
     document.form1.txtpassword.focus();
     return false;
    }
   //检查两次输入密码是否相同
   if (document.form1.txtpassword.value!=document.form1.
     txtpwd.value)
     {
     alert("两个密码不同！请输入密码！");
     document.form1.txtpassword.value="";
         document.form1.txtpwd.focus();
         return false;
    }
   //检查电子邮件格式是否正确
    var email_str=document.form1.txtmail.value
    if (email_str.indexOf("@")==-1)
     {alert("电子邮件的格式不对！");
      document.form1.txtmail.focus();
      return false;
     }
   //检查验证码输入是否正确
    if (document.form1.txtcheck.value!=document.form1.txtinput.value)
     {alert("验证码错误！");
      document.form1.txtcheck.focus();
      return false;
     }
   }
   -->
   </script>
   </head>
   <body topmargin="0">
   <form id="form1" name="form1" method="post" action="">
   <table    width="90%" height="280" border="0" align="center">
   <tr><td width="100">会员名：</td>
   <td><input name="txtname" type="text" id="txtname" size="20" />
   (5~20 个字符以内！) </td></tr>
   <tr><td>密码：</td>
```

```
<td><input name="txtpassword" type="password" id="txtpassword" size="22" />(6-16 个字符，请使用字母加数字的组合密码，不能单独使用字母或数字。) </td></tr>
<tr><td>确认密码：</td>
<td><input name="txtpwd" type="password" id="txtpwd" size="22" /></td></tr>
<tr><td >电子邮箱：</td>
<td ><input name="txtmail" type="text" id="txtmail" size="20" /></td></tr>
<tr><td>验证码：</td>
<td><input name="txtcheck" type="text" id="txtcheck" size="10" /> 随机产生的验证码为<input name="txtinput" type="text" id="txtinput" size="6" />
<Script Language="JavaScript">
  var num=0;
  num=Math.floor(Math.random()*10000);  //随机产生四位的整数
  document.form1.txtinput.value=num;
</Script>
</td></tr>
<tr><td colspan="2" > <input type="submit" name="button" id="button" value=" 注 册 " onclick="CheckForm()" /> </td></tr>
</table>
</form>
</body>
</html>
```

（3）将该文件保存为一个扩展名为.htm 或.html 的 HTML 文件。

（4）使用 IE 浏览器打开该 HTML 文件，查看页面的运行效果。

5.2 网页中常用的 JavaScript 效果

1. 改变页面背景色或背景图片

【例 5.5】编写程序，实现单击某颜色前的单选按钮，页面的背景颜色就变为该颜色。页面效果如图 5-7 所示。

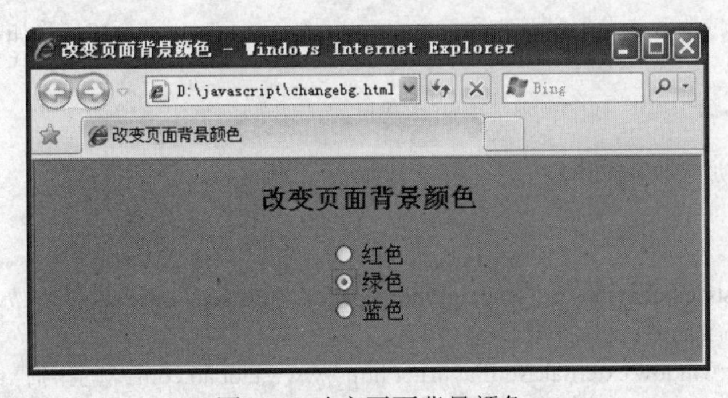

图 5-7 改变页面背景颜色

页面代码如下：

```
<html><head>
<title>改变页面背景颜色</title>
</head>
<body>
<h3>改变页面背景颜色</h3>
```

```
<form id="form1" name="form1" method="post" action="">
<input type="radio" name="radio" id="radio1"  onclick="document.body.style.backgroundColor='#ff0000'"/>
红色<br />
<input type="radio" name="radio" id="radio1"  onclick="document.body.style.backgroundColor='#00ff00'"/>
绿色<br />
<input type="radio" name="radio" id="radio1"  onclick="document.body.style.backgroundColor='#0000ff'"/>
蓝色<br />
</form>
</body></html>
```

若将上例中的 document.body.style.backgroundColor='颜色值'改为 document.body.style.backgroundImage='图片路径'，就可以自由地改变页面的背景图片了。

2. 设为首页和加入收藏

【例 5.6】编写程序，将淘宝网设置为用户浏览器首页，并加入收藏。效果如图 5-8、图 5-9 和图 5-10 所示。

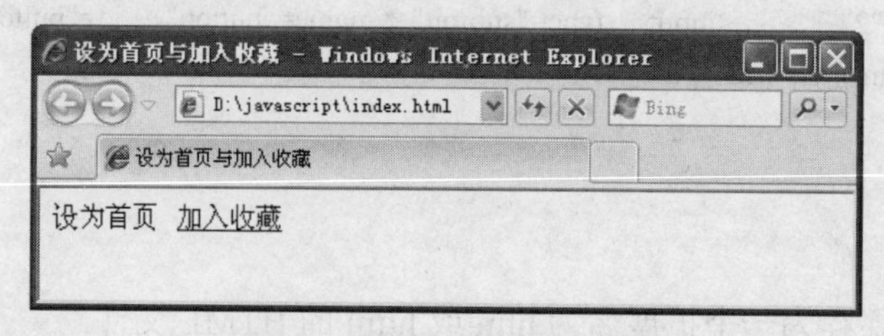

图 5-8 设为首页与加入收藏

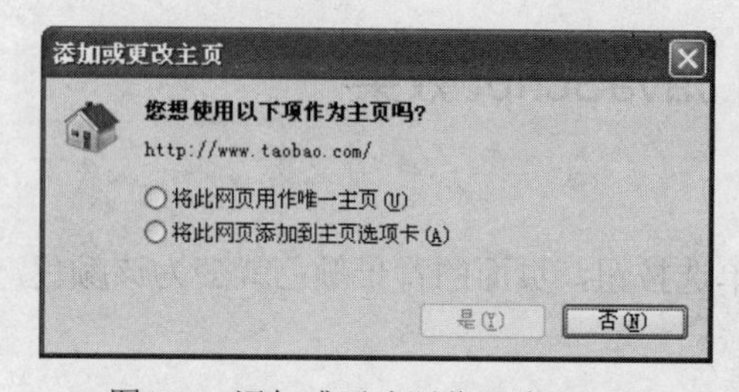

图 5-9 添加或更改浏览器默认主页

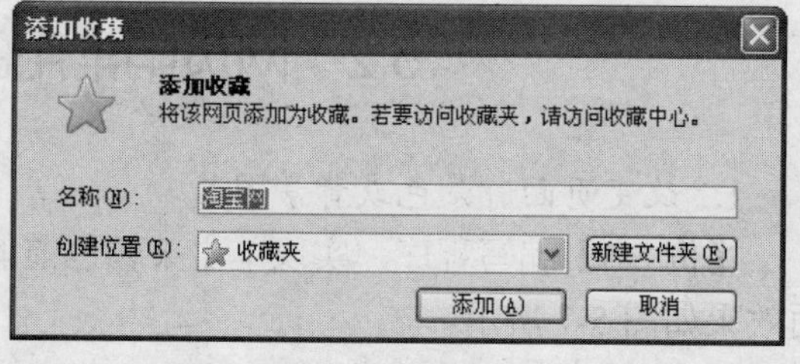

图 5-10 添加收藏

页面代码如下：

```
<html><head>
<title>设为首页与加入收藏</title>
</head>
<body>
<a  onClick="this.style.behavior='url(#default#homepage)';  this.setHomePage('http://www.taobao.com');return false;" style="cursor:hand">设为首页</a>
<a href="javascript:window.external.AddFavorite('http://www.taobao.com','淘宝网')" target="_self">加入收藏</a>
</body>
</html>
```

3. 弹出窗口与关闭窗口

【例 5.7】编写程序，实现弹出一个宽 280 像素、高 120 像素、有状态栏的新窗口和关闭本窗口的功能。页面效果如图 5-11 所示。

图 5-11　弹出窗口

页面代码如下：

```
<html><head>
<title>弹出窗口</title>
</head>
<body>
<p onmouseover=window.open("http://www.taobao.com","new",
"width=280,height=120,status=yes")>弹出新窗口</p>
<a href="javascript:window.close()">关闭本窗口</a>
</body>
</html>
```

4. 文本框中显示提示语，当鼠标单击时文本消失

【例 5.8】编写程序，实现表单文本框中显示提示语，当鼠标单击时消失。

页面代码如下：

```
<html><head>
<title>文本框提示语消失</title>
</head>
<body>
<form id="form1" name="form1" method="post" action="">
<input type="text" value="请输入您的用户名！" onFocus="if(this.value=='请输入您的用户名！') this.value='
';">
</form>
</body>
</html>
```

5. 图片轮流显示

【例 5.9】编写程序，在页面中实现三张图片轮流显示，并以揭示滤镜方式转换。

页面代码如下：

```
<html><head>
<title>图片轮显</title>
</head>
<body>
<script language="JavaScript">
var i=0;
var arr=new Array(3);
arr[0]="<img border=0 width=400 height=240 src=images/pic1.jpg>";
arr[1]="<img border=0 width=400 height=240 src=images/pic2.jpg>";
arr[2]="<img border=0 width=400 height=240 src=images/pic3.jpg>";
```

```
function playTp(){
  if (i == 2)     {i = 0;}
  else      {i++;}
  div1.filters[0].apply();
  div1.innerHTML=arr[i];
  div1.filters[0].play();
  setTimeout('playTp()',6000);}
</script>
<p><div id="div1" style="filter:revealtrans(duration=2,transition=23);
 WIDTH:400px; POSITION:absolute; HEIGHT:240px">
<img src="images/pic1.jpg" onload="setTimeout('playTp()',3000);"
border="0" width="400" height="240">
</div>
</body>
</html>
```

6. 可关闭的随页面滚动的广告

【例 5.10】编写程序，在页面中设置一个可关闭的随页面一起滚动的广告层。

页面代码如下：

```
<html><head>
<title>随页面滚动的广告层</title>
<style type="text/css">
 <!--
    #apDiv1 {position:absolute;width:100px;height:200px;z-index:1;
    background-color: #993333;left: 250px;top: 50px;color: #FFF;
    font-family: "黑体";}
    -->
    </style>
 <script language="javascript">
    var initTop=0;
    function init()          //定义 init 函数来计算广告层距窗体最顶端的距离
    {initTop=document.getElementById("apDiv1").style.pixelTop;}
  function move()           //定义 move 函数计算滚动条滚动后广告层距窗体顶端的距离
    {document.getElementById("apDiv1").style.pixelTop=initTop
      +document.body.scrollTop;}
  function closediv()        //定义 closediv 函数来隐藏广告层
    {document.getElementById("apDiv1").style.display="none";}
  window.onscroll=move;
</script>
</head>
<body onload="init()">
<div id="apDiv1">
<table width="80" border="0" align="center">
<tr><td height="160">这是一个随页面滚动的浮动广告！ </td></tr>
<tr><td height="30"><a href="javascript:closediv()">关闭</a></td></tr>
</table>
</div>
<table width="100%" border="0">
```

```
<tr><td height="300" bgcolor="#CCCCCC">第一个单元格</td></tr>
<tr><td height="300" bgcolor="#CCFFFF">第二个单元格</td></tr>
<tr><td height="300" bgcolor="#FFFFCC">第三个单元格</td></tr>
</table>
</body>
</html>
```

注意：如果是使用 Dreamweaver 编写的网页，需要将最上边的一行代码：<!DOCTYPE html PUBLIC "-//W3C//DTD XHTML 1.0 Transitional//EN" "http://www.w3.org/TR/xhtml1/DTD/xhtml1-transitional.dtd">删除，否则网页中的广告层将无法滚动。

习题五

选择题

1．在 JavaScript 脚本中，以下语句用法中不正确的是（　　）。

A．varx=y=0;　　B．sum+=3;

C．var ==13;y+=x;　　D．var result=(ts>=10)?1:0;

2． 在 JavaScript 中，逻辑与运算操作符是（　　）。

A．and　　B．||　　C．&&　　D．!

3．在以下表达式中，不符合 JavaScript 语法的是（　　）。

A．y/=x+2　　B．y=++x

C．(x>10)?1:++x　　D.1<x<7

4．在 JavaScript 中，若要退出循环，则实现语句为（　　）。

A．exit　　B．exit For　　C．continue　　D．break

5．现有 JavaScript 脚本块：

```
<Script Language="JavaScript">
function test()
{
    var x=2;
    x+=x-=x*x+1;
    document.write(x);
}
</script>
```

执行 test1 函数后，其输出结果为（　　）。

A．-1　　B．-2　　C．-6　　D．-3

6．在 JavaScript 中，现在字符串变量 keyword.，若要获得变量中存储的字符串的长度，以下实现方法中正确的是（　　）。

A．len(keyword)　　B．math.len(keyword)

C．keyword.length　　D．keyword.len

7．在 JavaScript 中，若要判断 Email 变量存储的值是否含有“@”字符，以下各方法中正确的是（　　）。

A．String.substring("@")　　B．String.indexOf("@")

C．Email.indexOf("@")　　D．Email.indexOf("@")

8．在 JavaScript 中，以下方法不属于 window 对象的方法是（　　）。

A．alert()　　B．open()　　C．clearTimeout()　　D．val()

9．在 JavaScript 中，若要弹出一个输入窗口，应使用 window 对象的（　　）方法来实现。

A．alert()　　B．inputbox()　　C．prompt()　　D．confim()

10．在 JavaScript 中，若要获得网页文档最近被修改的日期和时间，以下实现方法中正确的是（　　）。

A．document.LastModify　　B．document.lastModified

C．document.LastModified　　D．Document.LastModify

实验五　使用 JavaScript 编程

一、实验目的与要求

熟悉 JavaScript 的编程方法，掌握 JavaScript 的语法和在网页中的编程应用。

二、实验内容

试用 JavaScript 编写图 5-1 所示“用户注册”页面，要求能够实现用户注册信息检验、显示系统日期、随机产生验证码、状态栏跑马灯等功能。

第6章　使用VBScript脚本编程

VBScript是Microsoft Visual Basic Scripting Edition的简称，是Visual Basic语言的一个子集，是由Microsoft公司提供的一种脚本语言，是ASP动态网页默认的编程语言，配合ASP内建对象和ADO对象，用户很快就能掌握访问数据库的ASP动态网页开发技术。VBScript是学习ASP程序运行的基础。本章通过一个具体案例，介绍VBScript基础的语法知识，并使用VBScript脚本进行动态网页编程。

- 掌握VBScript的基本语法。
- 掌握VBScript在服务器端编程的方法。

6.1　VBScript基础

本节以一个简单的【ASP脚本学习网站】为引例，将VBScript脚本编程的知识要点有机连接起来，主要介绍VBScript变量、函数、控制语句与过程的应用。

本案例由站点主页index.html（如图6-1所示）、欢迎页面welcome.html、系统知识点导航页面study.html（如图6-2所示）组成，在各页面中使用VBScript实现各种功能。

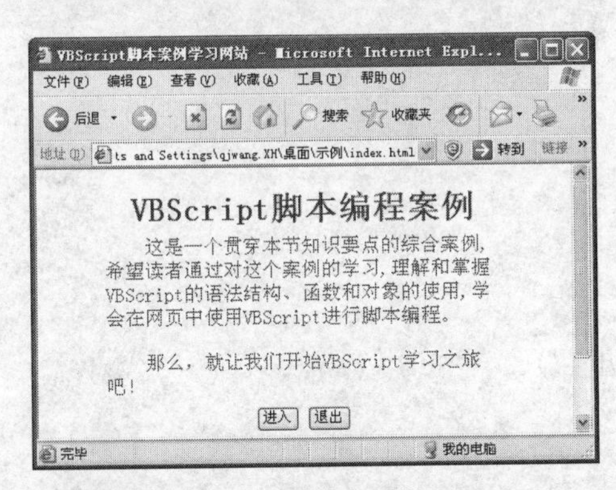

图6-1　系统案例首页

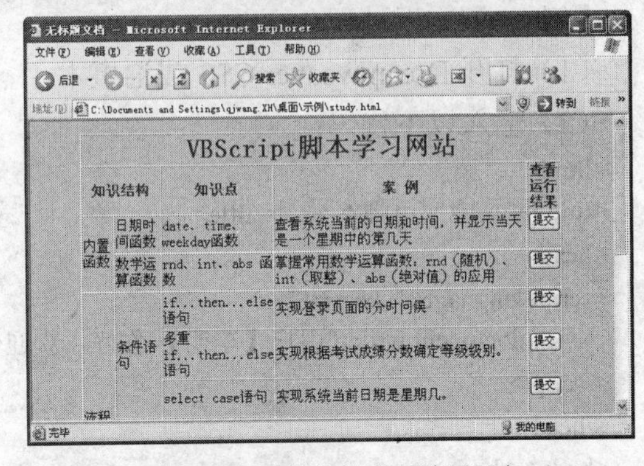

图6-2　系统知识点导航主页

要实现上述页面，必须掌握以下知识应用：

（1）在网页中嵌入VBScript脚本；

（2）使用VBScript变量；

（3）使用VBScript动态输入输出数据；

（4）使用 VBScript 内置函数；

（5）使用 VBScript 流程控制；

（6）使用 VBScript 过程。

6.1.1 在网页中嵌入 VBScript 脚本

VBScript 既可作为客户端编程语言，也可作为服务器端编程语言。客户端脚本由一个配备了解释器的 Web 浏览器处理，当一个浏览器的用户执行了一个操作时，不必通过网络对其做出响应，客户端程序就能完成任务。而服务器端脚本则是在 Web 服务器上执行生成代码，然后发送到浏览器，在浏览器上收到的只是执行后的标准 HTML 文件。

（一）在 HTML 网页中使用 VBScript

【例 6.1】在网页中输出文本“用户【李明】，你好，欢迎使用！”，效果如图 6-3 所示。

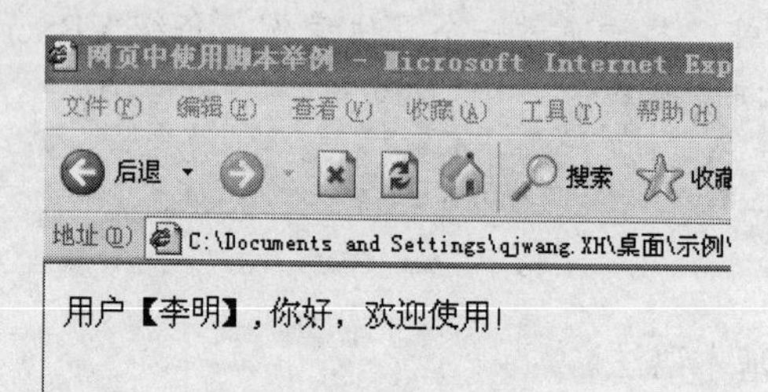

图 6-3 网页中脚本举例

1. 知识解析

HTML 网页是在客户端的浏览器上执行的，若在 HTML 网页中使用 VBScript，其脚本代码必须放入一对<script>…</script>标记中，其语法格式为：

```
<script language="vbscript">
  ' vbscript 代码
</script>
```

2. 案例实现

【例 6.1】实现过程：

（1）打开 Dreamweaver CS3 或记事本。

（2）输入以下代码：

```
<html>
<title>网页中使用脚本举例</title>
<head>
<script language="vbscript">
        document.write("用户【李明】,你好，欢迎使用！")
</script>
</head>
<body></body>
</html>
```

（3）将该文件保存为一个扩展名为.htm 或.html 的 HTML 文件。

（4）使用 IE 浏览器打开该 HTML 文件，查看页面运行效果。

本程序的作用是在 HTML 网页中输出指定的文本内容，其中 document.write()的作用是输出参数值到浏览器窗口中。

（二）在 ASP 网页中使用 VBScript

【例 6.2】在 ASP 页面中输出当前日期，效果如图 6-4 所示。

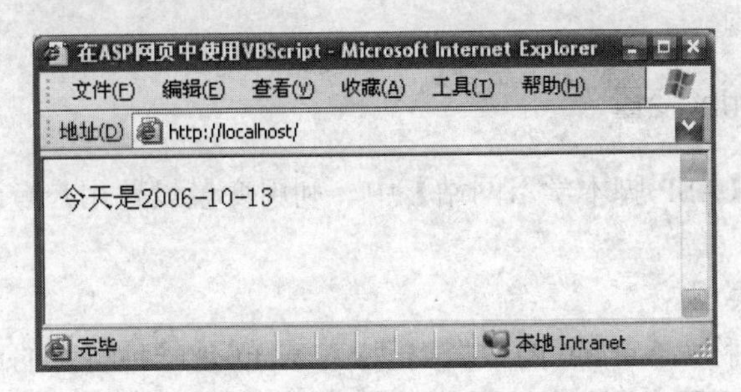

图 6-4　在 ASP 网页中使用 VBScript

1．知识解析

VBScript 脚本构成了 ASP 程序的主体，运行于服务器端。在 ASP 程序中，VBScript 代码要放在<%... %>之间，或者放在<script>... </script>之间，但要在<script language="vbscript">中加入“RunAT”。语法格式为：

```
<%在服务器端运行的代码%>
```

或

```
<script language="vbscript" RunAT=server>
    在服务器端运行的代码
</script>
```

2．案例实现

【例 6.2】实现过程：

（1）打开 Dreamweaver CS3 或记事本。

（2）输入以下代码：

```
<html>
<head>
<title>在 ASP 网页中使用 VBScript</title>
</head>
<body>
<%Response.write"今天是"&Date%>
</body>
</html>
```

或

```
<html>
<head>
<title>在 ASP 网页中使用 VBScript</title>
</head>
<body>
<script language="VBScript" RunAT=server>
    Response.write"今天是"&Date
</script>
</body>
</html>
```

（3）将该文件保存为一个扩展名为.asp 的动态网页文件。

（4）打开 IE 浏览器，在地址栏输入 http://localhost，查看页面运行效果。

服务器端向客户端输出内容，也即在 ASP 页面中输出内容时，应采用 ASP 提供的 Response 对象的 write 方法来实现。

6.1.2 使用 VBScript 变量

【例 6.3】在本节【ASP 脚本学习网站】中，利用变量设置用户登录欢迎语句。

一、知识解析

1. VBScript 数据类型

VBScript 只有一种称为 Variant 的数据类型。Variant 是一种特殊的可变数据类型，根据使用的方式，它可以包含不同类别的信息。因为 Variant 是 VBScript 中唯一的数据类型，所以它也是 VBScript 中所有函数返回值的数据类型。Variant 包含的数值信息类型称为子类型。常见的子类型见表 6-1。

表 6-1 Variant 的子类型

类型	描述
Empty	未初始化 Variant 变量，对于数值变量，值为 0，对于字符串变量，值为（""）
Null	不包含任何有效数据的 Variant
Boolean	包含 True 或 False
Byte	包含 0～255 之间的整数
Integer	包含-32768～32767 之间的整数
Currency	包含-922337203685477.5807～922337203685477.5807 之间的数字
Long	包含-2147483648～2147483647 之间的整数
Single	单精度浮点数，负数范围-3.402823E38～-1.401298E-45，正数范围 1.401298E-45～3.402823E38
Double	双精度浮点数，负数范围-1.79769313486232E308～-4.94065645841247E-324，正数范围 4.94065645841247E-324～1.79769313486232E308
Date	标识日期的数字，日期范围为公元 100 年 1 月 1 日～公元 9999 年 12 月 31 日
String	字符串型，最大字符串长度为 20 亿个字符
Object	对象型
Error	包含错误号

2. VBScript 常量

常量是在程序执行中其值一直恒定或者不可变的数值或数据项。在 VBScript 中，常量分为普通常量和符号常量，普通常量无需定义即可使用，符号常量一定是一个具有一定含义的名称，用于代替数字或字符串。在 VBScript 中，可以使用 Const 关键字定义常量，其语法格式为：

Const 常量名=值

例如，将值赋给常量名：

```
Const Day="星期五"             '字符串常量，必须用双引号" "括起来
Const Date=#15/12/2009#        '日期常量，必须用#括起来
Const PI=3.1415926             '数值常量
Const T=false                  '逻辑型常量，只有 true 或 false 值
```

应注意，建议采用一个命名方案来区分常量和变量，这样可以避免在运行脚本时对常量重新赋值。

3. VBScript 变量

变量在计算机内存中占据一定的存储单元，并且其值可以改变。使用变量并不需要了解变量在计算机内存中的地位，只需通过变量名就可以引用该变量或更改变量的值。因为 VBScript 中只有一个基本数据类型，即 Variant，因此所有变量的数据类型也都是 Variant。

（1）变量的声明。

变量的方式可分为显式和隐式。对程序中所使用的变量，建议事先进行声明，显式声明变量就是在脚本代码中使用 DIM、Public 或者 Private 语句，其语法格式为：

```
Dim 变量名
```

如果需要还可以声明多个变量。声明多个变量时，应该用逗号分隔各个变量。例如：

```
Dim Top,Bottom,Left,Right
```

另一种方式是通过直接在脚本中使用变量名这一简单方式来隐式声明变量，例如在未用 Dim 或其他语句对 Top 和 Bottom 变量显式声明时，就执行以下语句：

```
Top=100
Bottom=180
```

隐式声明变量的方法是通过省略 Dim 关键字，直接在脚本代码中使用变量。这通常不是一个好习惯，因为这样有时会由于变量名被拼错，而导致在运行脚本代码时出现意外的结果。

（2）变量的命名规则。

- 变量命名必须遵循 VBScript 的标准命名规则。
- 变量名只能由英语字母、数字和下划线组成。
- 变量名第一个字符必须是英语字母。
- 变量名中不能包含嵌入的句点。
- 变量名长度不能超过 255 个字符。
- 变量名不能和 VBScript 的保留字同名。
- 变量名在被声明的作用域内必须唯一。

（3）变量的作用域。

变量的作用域由声明它的位置决定。如果在过程中声明变量，则只有该过程中的代码可以访问或更改变量值，此时变量具有局部作用域并被称为过程级变量。如果在过程之外声明变量，则该变量可以被脚本中所有过程识别，这种变量称为脚本级变量，具有脚本级作用域。

对于过程级变量，其有效期为过程运行的时间，该过程结束后，变量也随之消失。对于脚本级变量的有效期是从定义变量的那一刻起，直到脚本运行结束为止。

（4）变量的赋值。

当变量定义好后，就可以将一个具体的值赋给变量，其语法格式为：

```
变量名=值
```

二、案例实现

【例 6.3】实现过程：

（1）打开 Dreamweaver CS3 或记事本。

（2）输入以下代码：

```
<html>
<title>VBScript 变量应用</title>
```

```
<head>
<script language="vbscript">
        dim name
        name=prompt("请输入你的姓名")
        document.write("用户【"&name&"】,你好，欢迎使用！")
</script>
</head>
<body>
</body>
</html>
```

（3）将该文件保存为一个扩展名为.htm 或.html 的 HTML 文件。

（4）使用 IE 浏览器打开该 HTML 文件，查看页面运行效果。

6.1.3 使用 VBScript 输入输出数据

【例 6.4】在本节【ASP 脚本学习网站】中，使用 InputBox()与 MsgBox()函数，效果如图 6-5 和图 6-6 所示。

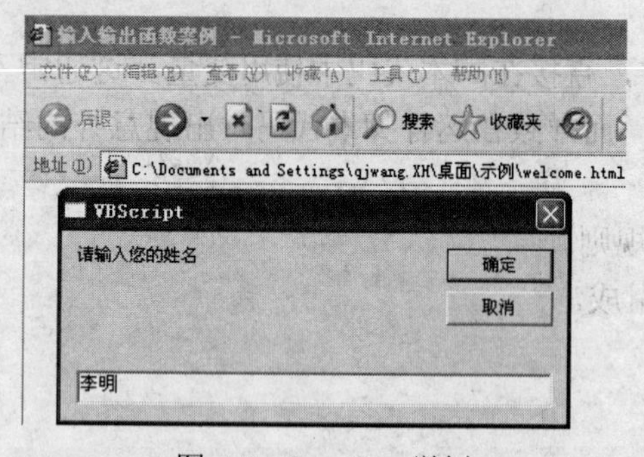

图 6-5 InputBox 举例

图 6-6 MsgBox 举例

一、知识解析

VBScript 语言以对话框的形式提供各种数据的输入与输出功能。其中，InputBox()函数提供一个供用户输入数据的对话框，MsgBox()函数则提供一个输出数据的对话框。需要注意的是：这里介绍的输入、输出函数只能在浏览器端脚本使用，而不能在服务器端脚本使用。

1. 输入函数 InputBox()

输入函数 InputBox()的作用是产生一个等待用户输入数据的对话框，待用户输入数据并确认后，InputBox()函数返回用户输入的内容并将其赋给一个指定的变量。其语法格式为：

变量=InputBox(prompt[,title][,default][,xpos][,ypos])

（1）prompt（提示）：字符串表达式，作为消息显示在对话框中。

（2）title（标题）：为对话框标题栏中的字符串。

（3）default（默认值）：显示在文本框中的字符串表达式，在没有其他输入时作为默认的输入值。如果省略 default，则输入文本框为空。

2. 输出函数 MsgBox()

输出函数 MsgBox()的作用是弹出一个对话框，在其内显示指定的数据和提示信息。此外，还将返回用户在此对话框中所作的选择，并将返回值赋给脚本代码中指定的变量。

其语法格式为：

变量=MsgBox(prompt[,button][,title])

（1）prompt（提示）：作为消息显示在对话框中的字符串表达式。

（2）button（按钮）：指定显示按钮的数目和类型、使用的图标样式，默认按钮的标识以及消息框样式的数值的总和。如果省略，则 button 的默认值为 0，有关 button 的取值，参阅表 6-2。

表 6-2　button 参数的取值

符号常量	值	功能
vbOKOnly	0	仅显示【确定】按钮
vbOKCancel	1	显示【确定】和【取消】按钮
vbAbortRetrylgnore	2	显示【终止】、【重试】和【忽略】按钮
vbYesNoCancel	3	显示【是】、【否】和【取消】按钮
vbYesNo	4	显示【是】和【否】按钮
vbRetryCancel	5	显示【重试】和【取消】按钮
vbCritical	16	显示临界符号图标
vbQuestion	32	显示询问符号图标
vbExCamation	48	显示警告符号图标
vbInformation	64	显示信息符号图标
vbDefaultButton1	0	第一个按钮为默认按钮
vbDefaultButton2	256	第二个按钮为默认按钮
vbDefaultButton3	512	第三个按钮为默认按钮

（3）title（标题）：显示在对话框标题栏中的字符串表达式。

二、案例实现

【例 6.4】实现过程：

（1）打开 Dreamweaver CS3 或记事本。

（2）在<head>…</head>标记中输入以下代码：

```
<script language="vbscript">
username=inputbox("请输入您的姓名：","Inputbox 函数应用示例")
msgbox username&"您好，欢迎进入 VBScript 脚本编程案例网站"
</script>
```

（3）将该文件保存为一个扩展名为.htm 或.html 的 HTML 文件。

（4）使用 IE 浏览器打开该 HTML 文件，查看页面运行效果。

6.1.4　使用 VBScript 内置函数

为了使编写程序更加简单、快速，VBScript 提供了许多内置的函数。由于这些函数是 VBScript 预定义的，因此在编写程序时只需要直接调用即可，其功能已经由 VBScript 系统实现。下面对这些函数作分类介绍。

一、日期时间函数

【例 6.5】在本节【ASP 脚本学习网站】中，使用 date()、time()、weekday()函数，效果如

图 6-7 所示。

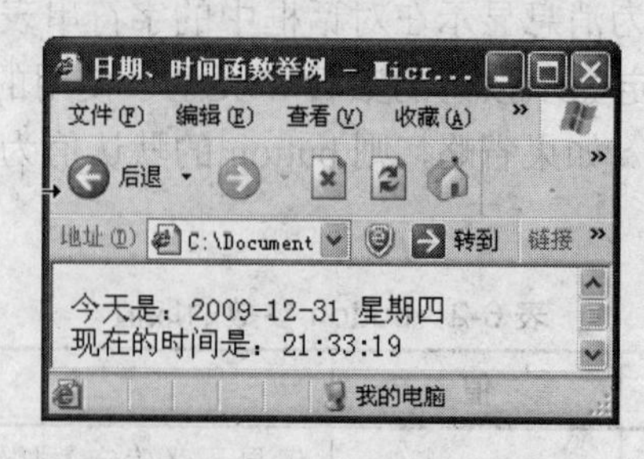

图 6-7 日期时间函数示例

（一）知识解析

VBScript 提供了若干个用于获取系统日期与时间的函数，如表 6-3 所示。

表 6-3 日期与时间函数

函数	功能
Now	返回当前的系统日期与时间
Date	返回当前的系统日期
Time	返回当前的系统时间
Day()	返回指定日期中的几号，其值为 1～31 之间的整数，包括 1 和 31
Month()	返回指定日期的月份，其值为 0～12 之间的一个整数，包括 0 和 12
Year()	返回指定日期的年份，为一个 4 位整数
WeekDay()	返回一个 1～7 之间的整数，代表一周中的第几天
Hour()	返回一个 0～23 之间的整数，包括 0 和 23，代表一天中的小时值
Minute	返回 0～59 之间的一个整数，包括 0 到 59，代表一个小时中的分钟值
Second()	返回一个 0～59 之间的整数，包括 0 和 59，代表一分钟内的多少秒

（二）案例实现

【例 6.5】实现过程：

（1）打开 Dreamweaver CS3 或记事本。

（2）在<head>…</head>标记中输入以下代码：

```
<script language="vbscript">
document.write "今天是："&date() &space(3)
week=weekday(now)
select case week
        case "1"
                document.write "星期天"
        case "2"
                document.write "星期一"
        case "3"
                document.write "星期二"
        case "4"
                document.write "星期三"
        case "5"
```

```
            document.write "星期四"
        case "6"
            document.write "星期五"
        case "7"
            document.write "星期六"
end select
document.write"<br>现在的时间是："&time()
</script>
```

（3）将该文件保存为一个扩展名为.htm 或.html 的 HTML 文件。

（4）使用 IE 浏览器打开该 HTML 文件，查看页面运行效果。

二、数学运算函数

【例 6.6】在本节【ASP 脚本学习网站】中，使用 Rnd()等常用函数，效果如图 6-8 所示。

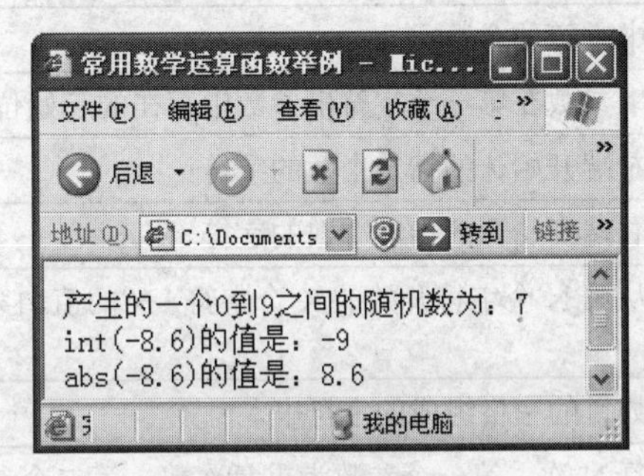

图 6-8　常用数学函数示例

（一）知识解析

VBScript 提供了多个用于数学运算的函数，如表 6-4 所示。

表 6-4　数学运算函数

函数	功能
Abs()	返回指定数值的绝对值
Sqr()	返回指定数值的算术平方根
Int()	返回不大于指定数值的最大整数
Fix()	返回指定数值的整数部分
Sgn()	返回 1、0 或-1，分别表示指定数位正数、零或负数
Rnd()	返回 0～1 之间的一个随机数

（二）案例实现

【例 6.6】实现过程：

（1）打开 Dreamweaver CS3 或记事本。

（2）在<head>…</head>标记中输入以下代码：

```
<script language="vbscript">
document.write"产生的一个 0 到 9 之间的随机数为："&int(rnd()*10)
document.write"<br>int(-8.6)的值是："&int(-8.6)
document.write"<br>abs(-8.6)的值是："&abs(-8.6)
</script>
```

（3）将该文件保存为一个扩展名为.htm 或.html 的 HTML 文件。

（4）使用 IE 浏览器打开该 HTML 文件，查看页面运行效果。

三、字符处理函数

VBScript 提供了多个用于字符处理的函数，如表 6-5 所示。

表 6-5　字符处理函数

函数	功能
Asc()	返回指定字符串中的第一个字符对应的 ASCII 码
Chr()	返回指定 ASCII 码值所对应的字符
UCase()	将指定字符串中各个字母转换为大写字母后返回
LCase()	将指定字符串中各个字母转换为小写字母后返回
Len()	返回指定字符串中字符的个数
InStr()	返回第二个字符串参数在第一个字符串参数中存在的起始位置值，不存在时返回零值
Left()	返回字符串中从左端开始计的指定个数的字符
Right()	返回字符串中从右端开始计的指定个数的字符
Mid()	截取指定字符串从第 N 个字符开始的 K 个字符，N 的值由第二个参数指定，K 值由第三个参数指定
Space()	返回一个由指定数目的空格组成的字符串
String()	将指定字符串重复 N 次。第一个参数为重复次数，第二个参数为要重复的字符串
Trim()	去除指定字符串两端的空格
Ltrim()	去除指定字符串左端的空格
Rtrim()	去除指定字符串右端的空格

四、数据类别判别函数

VBScript 提供了多个用于数据类型判别的函数，如表 6-6 所示。

表 6-6　数据类型判别函数

函数	功能
IsEmpty()	判断指定的变量或表达式是否被设定为 Empty，返回一个逻辑值
IsNumeric()	判断指定的变量或表达式是否是一个数值，返回一个逻辑值
IsDate()	判断指定的变量或表达式是否是一个日期或时间，返回一个逻辑值
IsNull()	判断指定的变量或表达式是否是一个空值（Null），返回一个逻辑值
IsArray()	判断指定的变量或表达式是否是一个数组，返回一个逻辑值
IsObject()	判断指定的变量或表达式是否是一个对象变量，返回一个逻辑值

6.1.5　VBScript 流程控制

控制语句用于控制程序的流程，以实现程序的各种结构方式，它们由特定的语句组成。在 VBScript 中控制语句主要分为两种：条件语句和循环语句。

一、条件语句

条件语句用于根据给定的条件，选择执行不同的操作。在 VBScript 中可以使用两种条件语句：If...Then...Else 语句和 Select Case 语句。

（一）选择分支语句

【例 6.7】在本节【ASP 脚本学习网站】中，实现登录页面的分时问候，效果如图 6-9 所示。

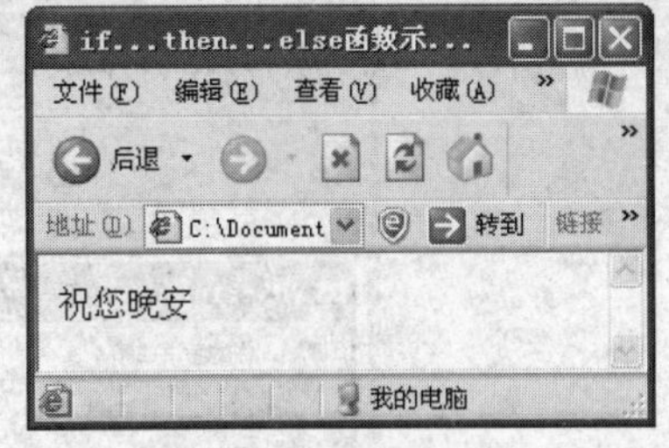

图 6-9　if 分支语句示例

1．知识解析

If...Then...Else 语句用于判断条件是否为 True 或 False，并且根据计算结果指定要执行的操作。通常情况下，判断条件是用比较运算符对数值或变量进行比较运算的表达式。

当 If 条件为 True 时，即当符合 If 条件时，执行 If 至 Else 之间的脚本。其语法格式为：

```
If<条件>Then
    [语句 1]
Else
    [语句 2]
End If
```

2．案例实现

【例 6.7】实现过程：

（1）打开 Dreamweaver CS3 或记事本。

（2）在<head>...</head>标记中输入以下代码：

```
<script language="vbscript">
dim i
i=hour(time())
if i>=8 and i<18 then
  document.write("祝您工作愉快")
else
  document.write("祝您晚安")
end if
</script>
```

（3）将该文件保存为一个扩展名为.htm 或.html 的 HTML 文件。

（4）使用 IE 浏览器打开该 HTML 文件，查看页面运行效果。

（二）多路选择分支语句

【例 6.8】在本节【ASP 脚本学习网站】中，实现根据考试成绩确定等级级别，效果如图 6-10 所示。

1．知识解析

If...Then...Else 语句的另一种变形是允许从多个条件中选择，即添加 ElseIf 子句以扩充 If...Then...Else 语句的功能，使得可以控制基于多种可能的程序流程。其语法格式为：

```
If<条件 1>Then
    [语句 1]
[Elseif<条件 2>Then]
    [语句 2]
……
```

```
[Else]
    [语句 n]
End If
```

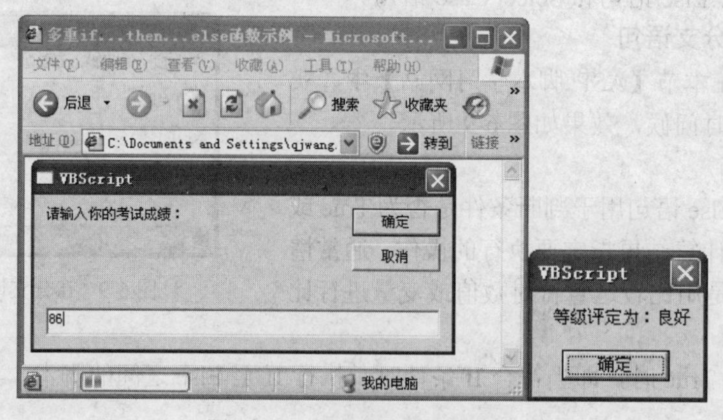

图 6-10 if 多路分支语句示例

2. 案例实现

【例 6.8】实现过程：

（1）打开 Dreamweaver CS3 或记事本。

（2）在<head>…</head>标记中输入以下代码：

```
<script language="vbscript">
dim score
    score=inputbox("请输入你的考试成绩：")
    if score<60 then
    msgbox"等级评定为：不及格"
    elseif score>=60 and score<80 then
    msgbox"等级评定为：中等"
    elseif score>=80 and score<90 then
    msgbox"等级评定为：良好"
    elseif score>=90 and score<100 then
    msgbox"等级评定为：优秀"
    else
    msgbox"您的输入有问题！"
    end if
</script>
```

（3）将该文件保存为一个扩展名为.htm 或.html 的 HTML 文件。

（4）使用 IE 浏览器打开该 HTML 文件，查看页面运行效果。

（三）Select…Case 语句

在本节 If 多路分支语句示例中，使用的 ElseIf 过多，尽管还可再添加，但多个 ElseIf 子句会使程序可读性差，在多个条件中进行选择的更好方法是使用 Select…Case 语句。其语法格式为：

```
Select Case<表达式>
[Case<表达式 1>
    [语句 1]]
```

```
[Case<表达式 2>
    [语句 2]]
…
[Case Else
    [语句 n]]
End Select
```

例如，在本节时间日期函数示例中就用到了 Select…Case 语句。

二、循环语句

循环语句结构用于重复执行一组指定的语句。在 VBScript 中常用的循环语句有以下几种：

- Do…Loop　当（或直到）条件为 True 时循环。
- While…Wend　当条件为 True 时循环。
- For…Next　指定循环次数，使用计算器重复运行语句。

（一）Do…Loop 循环

1. 当型循环结构

【例 6.9】在本节【ASP 脚本学习网站】中，利用 Do…Loop 语句实现从 1 到 100 的累加和。效果如图 6-11 所示。

图 6-11　Do…Loop 循环示例

（1）知识解析。

```
格式 1：Do while<条件>
            [语句 1]
            [exit do] '在特定条件下退出循环
            [语句 2]
        Loop
```

```
格式 2：Do
            [语句 1]
            [exit do]
            [语句 2]
        Loop while<条件>
```

两者区别：当第一次执行循环语句条件不成立时，“格式 1”不执行循环体，而“格式 2”要执行一次循环体。

注：当型循环语句，当条件为真（True）时执行循环体，条件为假（False）时终止循环。

（2）案例实现。

【例 6.9】实现过程：

①打开 Dreamweaver CS3 或记事本。

②在<head>…</head>标记中输入以下代码：

```
<script language = "vbscript">
dim i, sum
i=0
sum=0
do while i<100
i=i+1
sum=sum+i
loop
msgbox"从 1 到 100 得累加和为" & sum & "。", vbonlyok + vbinformation
</script>
```

③将该文件保存为一个扩展名为.htm 或.html 的 HTML 文件。

④使用 IE 浏览器打开该 HTML 文件，查看页面运行效果。

2. 直到型循环结构

格式 1：Do until<条件>
```
Do until<条件>
        [语句 1]
    [exit do]
        [语句 2]
    Loop
```

格式 2：Do
```
Do
        [语句 1]
    [exit do]
        [语句 2]
Loop until<条件>
```

注：在直到型循环结构中，条件为假时执行循环体，条件为真时终止循环。

（二）While…Wend 循环

【例 6.10】在本节【ASP 脚本学习网站】中，利用 While…Wend 语句判别鸡兔同笼问题，效果如图 6-12 所示。

图 6-12　While…Wend 应用示例

1. 知识解析

While…Wend 语句结构与 Do…Loop 语句结构类似，是为那些熟悉其语法的用户提供的。在程序运行过程中，每当遇到 While 语句时，首先判断条件是否成立，如果成立就执行循环，不成立则退出循环。其语法格式为：

```
While <条件>
    [语句]
Wend
```

2. 案例实现

【例 6.10】实现过程：

（1）打开 Dreamweaver CS3 或记事本。

（2）在<head>…</head>标记中输入以下代码：

```
<script language = "vbscript">
   dim cock,rabbit,foot
   cook=0
   foot=0
   while foot<>134
   cock=cock+1
   rabbit=37-cock
   foot=cock*2+rabbit*4
   wend
   msgbox("鸡有"&cock&"只；兔子有"&rabbit&"只")
</script>
```

（3）将该文件保存为一个扩展名为.htm 或.html 的 HTML 文件。

（4）使用 IE 浏览器打开该 HTML 文件，查看页面运行效果。

（三）For…Next 循环

【例 6.11】在本节【ASP 脚本学习网站】中，利用 For…Next 语句实现从 1 到 100 的偶数累加和，效果如图 6-13 所示。

图 6-13　For…Next 语句应用

1. 知识解析

For…Next 循环用于将指定的语句运行给定的次数。在该循环中使用计数器变量，该变量的值随每一次循环增加或减少。其语法格式为：

For<循环变量=初值>To<终值> [step 步长值]
[语句]
Next

2. 案例实现

【例 6.11】实现过程：

（1）打开 Dreamweaver CS3 或记事本。

（2）在<head>…</head>标记中输入以下代码：

```
<script language="vbscript">
   Dim counter,sum
   sum=0
   For counter=2 To 100 Step 2
   sum=sum+counter
   Next
   MsgBox "从 1 到 100 的偶数累加和为："&sum&"。"
</script >
```

（3）将该文件保存为一个扩展名为.htm 或.html 的 HTML 文件。

（4）使用 IE 浏览器打开该 HTML 文件，查看页面运行效果。

6.1.6　使用 VBScript 过程

在程序设计中，所谓过程是指具有特定功能并赋予特定名称的一段相对独立的程序代码。VBScript 的过程分为 Sub 过程和 Function 过程。一般情况下，将 Sub 称为过程，而把 Function 称为函数。无论是 Sub 过程还是 Function 过程，在编写脚本代码时都应先进行定义，而后才可以调用。

一、Sub 过程

【例 6.12】在本节【ASP 脚本学习网站】中，利用 Sub 过程比较输入两个数中的较大者，效果如图 6-14 所示。

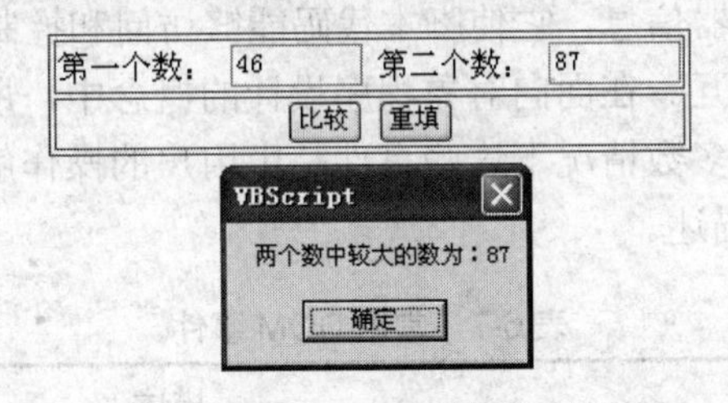

图 6-14　Sub 过程示例

1. 知识解析

Sub 过程是包含在 Sub 和 End Sub 语句之间的一组 VBScript 语句，执行所规定的操作但不返回值。Sub 过程的定义格式为：

```
Sub<过程名> ([<形式参数>])
    [语句]
End Sub
```

调用过程：

```
Call<过程名>([实际参数])
```

2. 案例实现

【例 6.12】实现过程：

（1）打开 Dreamweaver CS3 或记事本。

（2）在<head>…</head>标记中输入以下代码：

```
<script language="vbscript">
    sub check()
    dim a,b
    a=cint(form1.num1.value)
    b=cint(form1.num2.value)
    if a>b then
    msgbox"两个数中较大的数为："&a
    else
    msgbox"两个数中较大的数为："&b
    end if
    end sub
</script>
```

（3）将该文件保存为一个扩展名为.htm 或.html 的 HTML 文件。

（4）使用 IE 浏览器打开该 HTML 文件，查看页面运行效果。

二、Function 过程

Function 过程又称为函数过程，是包含在 Function 和 End Function 语句之间的一组 VBScript 语句。Function 过程与 Sub 过程类似，不同的是 Function 过程通常会返回一个值，而 Sub 过程不返回值。这里不再进行详解。

6.2 VBScript 对象与事件

一、DOM 事件

DOM（Document Object Model，文档对象模型）技术是以对象的形式来表示 HTML 文档的各种元素以及有关的浏览器信息，它使脚本代码能够访问和控制 Web 页面中的各种内容，并实现与用户操作事件的交互。在面向对象程序设计的概念中，所谓事件（Event）是指能够被对象识别和响应的动作，多数情况下这些事件是由用户的操作触发的。表 6-7 列出了常用 DOM 事件的名称及其建档描述。

表 6-7 常用 DOM 事件

事件	描述
onBlur	当对象失去焦点是触发
onClick	当单击鼠标按键时触发，同时指定的时间处理程序被执行
onChange	当对象失去焦点并且内容被改变时触发
onDblClick	当双击鼠标按键时触发
onError	当页面运行发生错误时触发
onFocus	当对象获得焦点时（被激活时）触发
onKeyPress	当按下某个键盘按键时触发

续表

事件	描述
onLoad	当网页加载时触发
onMouseDown	当鼠标在某个页面元素的范围内按下时触发
onMouseMove	当鼠标在某个页面元素的范围内移动时触发
onMouseOver	当鼠标移到某个页面元素上方时触发
onMouseOut	当鼠标离开某个页面元素的范围时触发
onReset	当页面表单中的数据被重置时触发
onScroll	当使用滚动条时触发
onSelect	当表单域中的数据被选中时触发
onSubmit	当页面表单数据提交时触发
onUnload	当网页卸载时触发

二、window 对象

【例 6.13】在本节【ASP 脚本学习网站】中，使用 Alert、Prompt 方法，效果如图 6-15 所示。

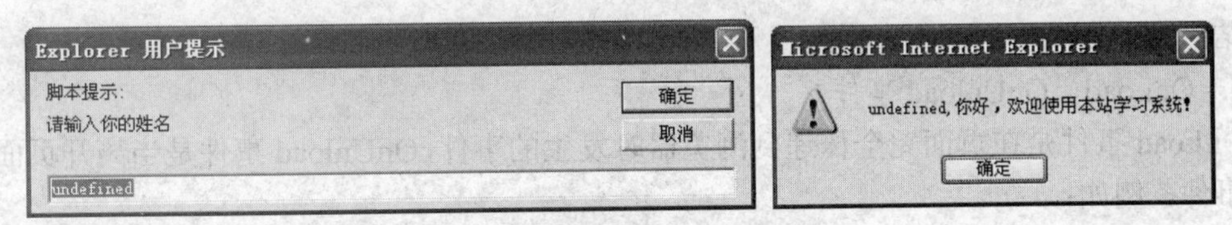

图 6-15　Alert、Prompt 方法示例

（一）知识解析

window 对象表示浏览器中一个打开的窗口。通过引用该对象的属性可以控制脚本中其他对象的属性，进而控制整个网页的外观以及对事件的响应。使用 window 对象可以获得当前窗口的状态信息、文档信息、浏览器的信息，还可以响应发生在 IE 中的事件。通常，浏览器在打开 HTML 文档时创建 window 对象。window 对象包括的属性、方法和事件见表 6-8。

表 6-8　window 对象的属性、方法和事件

属性	方法	事件
Name	Alert	OnLoad
Parent	Confirm	OnUnload
Self	Prompt	
Top	Open	
Location	Close	
DefaultStatus	SetTimeout	
Status	ClearTimeout	
Document		
Frames		

续表

属性	方法	事件
Navigator		
History		

1. Alert 方法

格式：Alert("消息内容")

功能：用来产生一个弹出式的消息框，其图标为一个警告标识。

2. Prompt 方法

格式：Prompt("提示信息")

功能：用来产生提示框，提示框的默认信息为 undefined。

3. Open、Close 方法

Open 用来打开一个页面，Close 用来关闭一个页面。

例如，在本节【ASP 脚本学习网站】中，Open、Close 方法示例可参见 index.html 页面代码。

4. Status 属性

该属性用于更改浏览器状态栏的文字。例如：

```
window.Status="欢迎访问本站！"
```

结果为：在浏览器的状态栏上显示“欢迎光临本站！”

5. OnLoad、OnUnload 事件

OnLoad 事件是在页面完全传递到浏览器时发生的事件，OnUnload 事件是当离开页面时发生的事件。例如：

```
<body onunload="alert('欢迎下次再访问本站！')">
```

在访问完网站，关闭页面时产生 OnUnload 事件。

（二）案例实现

【例 6.13】实现过程：

（1）打开 Dreamweaver CS3 或记事本。

（2）在<head>…</head>标记中输入以下代码：

```
<script language="vbscript">
dim name
  name=prompt("请输入你的姓名")
  alert name&",你好，欢迎使用本站学习系统！"
</script>
```

（3）将该文件保存为一个扩展名为.htm 或.html 的 HTML 文件。

（4）使用 IE 浏览器打开该 HTML 文件，查看页面运行效果。

三、document 对象

【例 6.14】在本节【ASP 脚本学习网站】中，使用 document.write 方法，效果如图 6-16 所示。

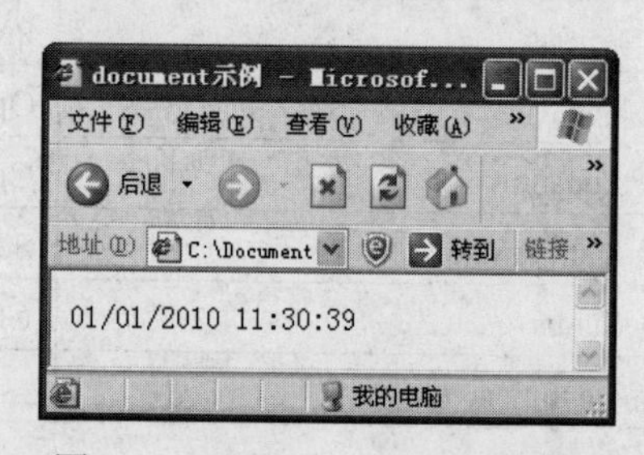

图 6-16 document.write 方法示例

（一）知识解析

document 对象表示在浏览器窗口中显示的 HTML 文档，通过 document 对象可以访问页面的所有对象。此外，

利用 document 对象的属性和方法还可以控制页面的外观和内容。document 对象的属性和方法如表 6-9 所示。

表 6-9　document 对象的常用属性和方法

属性	描述	方法	描述
alinkcolor	激活的链接的颜色	write	向浏览器中写入 HTML 标记或直接输出给指定的数据
vlinkcolor	访问过的链接颜色	open	打开一个 HTML 文档
linkcolor	链接的颜色	close	关闭一个 HTML 文档
title	文档标题	clear	清除一个 HTML 文档的内容
cookie	在客户机存放的反映客户信息的数据	settimeout	创建一个定时器
lastModified	文档的最后修改日期	cleartimeout	关闭定时器
location	文档的 url		

其中最常用的是 write 方法，该方法用一个字符串作为其参数，并在浏览器窗口中显示此字符串。这个字符串可以是普通文本，也可以是 HTML 标记 。

（二）案例实现

【例 6.14】实现过程：

（1）打开 Dreamweaver CS3 或记事本。

（2）在<head>…</head>标记中输入以下代码：

```
<script language="vbscript">
document. write(document.lastmodified)
</script>
```

（3）将该文件保存为一个扩展名为.htm 或.html 的 HTML 文件。

（4）使用 IE 浏览器打开该 HTML 文件，查看页面运行效果。

习题六

选择题

1．以下对 VBScript 描述错误的是（　　）。

A．它是基于对象的脚本语言　　B．不区分大小写

C．通常用于 ASP 服务器端编程　　D．IE 浏览器不支持 VBScript

2．在 VBScript 中，声明变量使用（　　）语句。

A．Option Explicit　　B．int　　C．Dim　　D．ReDim

3．在 VBScript 中，可用于计算一个表达式的值的函数是（　　）。

A．Fix()　　B．Eval()　　C．Cint()　　D．Round()

4．在 VBScript 中，若要获得一周后的日期，可使用（　　）函数实现。

A．Time()　　B．Day()　　C．Date()　　D．Now

5．在 VBScript 中，若要退出 DO 循环，应使用语句（　　）。

A．Exit　　B．Exit Sub　　C．Exit For　　D．Exit Do

6．在 VBScript 中，若要定义一个有 4 个成员的数组 answer，以下定义方法中，正确的是（　）。

A．Dim answer(5)　　B．ReDim answer(5)

C．Dim answer(4)　　D．ReDim answer(4)

7．在 VBScript 中，可以用来产生一个接收用户输入信息的输入框的函数有（　）。

A．prompt()　　B．Inputbox ()　　C．alert()　　D．prompt()和 Inputbox ()

8．在 VBScript 中，使用（　）方法可以动态地在 HTML 文档中写入代码。

A．alert()　　B．write()　　C．open()　　D．close()

实验六　使用 VBScript 编程

一、实验目的与要求

熟悉 VBScript 的编程方法，掌握 VBScript 的语法和在网页中的编程应用。

二、实验内容

实现本章的【ASP 脚本学习网站】，使用 VBScript 制作站点主页 index.html（如图 6-1 所示）、欢迎页面 welcome.html、系统知识点导航页面 study.html（如图 6-2 所示）。

第 7 章　使用 ASP 内置对象

ASP 支持面向对象的程序设计方式，在其内部提供了几个常用的内置对象供网站开发者使用。在 VBScript 脚本中嵌入这些对象，可以很容易地收集用户通过浏览器上传的信息，及时响应用户通过浏览器发送的 HTTP 请求并将客户所需要的信息传递给客户，还可以利用这些对象来灵活控制服务器、浏览器之间的状态信息，从而实现某些特殊场合的需求，如实现对用户状态的维持、控制浏览器对网页的显示方式等。

教学目标

- 掌握使用 Request 对象获取表单提交的数据。
- 掌握使用 Response 对象从 Web 服务器端将数据输出到客户端浏览器。
- 掌握使用 Server 对象实现对服务器端的控制和管理。
- 掌握使用 Session 和 Application 对象存储变量、记录用户会话状态和网站全局信息。
- 掌握 global.asa 文件的使用。

7.1　ASP 内置对象概述

ASP 支持面向对象的程序设计方式，并提供了多个特定的对象供网站开发者调用。这些对象在使用时并不需要经过任何声明或建立的过程即可直接引用，因而称为 ASP 的内置对象。常用的内置对象及其功能如表 7-1 所示。

表 7-1　ASP 的内置对象及其功能说明

对象名	描述
Request	用来读取客户端浏览器的数据
Response	用来传输数据到客户端浏览器
Server	用来提供某些 Web 服务器端的属性与方法
Application	用来存储当前应用程序所有使用者共用的数据
Session	用来存储当前应用程序单个使用者专用的数据

7.2　使用 Request 对象获取表单提交的数据

用户登录功能一般是在客户端通过表单将用户名和密码信息提交给服务器，由服务器端相关处理程序在判断获取的信息是否正确后进行下一步处理。

【例 7.1】编写一个如图 7-1 所示的用户登录页面 login.asp，要求将表单数据提交给页面 show.asp，在页面 show.asp 中显示用户名和密码信息，如图 7-2 所示。

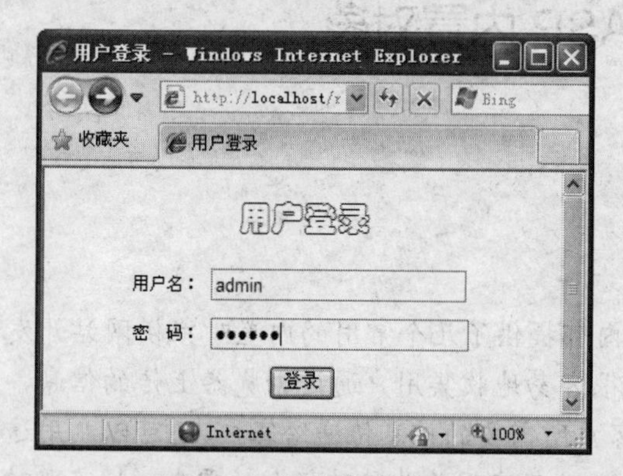

图 7-1 用户登录页面

图 7-2 获取用户信息页面

一、知识解析

Request 对象是 ASP 程序中最常用的对象，主要用于获取用户端提供的全部信息，包括从 HTML 表单用 POST 方法或者 GET 方法传递的参数、Cookie 和用户认证等。

Request 对象提供了 5 个集合，可以用来访问用户端对 Web 服务器请求的各类信息，这些集合如表 7-2 所示。

表 7-2 Request 对象的属性、方法和集合

名称	描述
Form 集合	包含客户端浏览器以 POST 方式递交的各项数据
QueryString 集合	包含客户端浏览器以 GET 方式递交的各项数据
ClientCertificate 集合	包含客户端浏览器返回的各项认证值
Cookies 集合	包含客户端浏览器返回的 Cookies 中的各项数据
ServerVariables 集合	包含服务器端的各个环境变量值

1. Form 集合

利用 Request 对象的 Form 集合可以获得客户端浏览器以 POST 方式递交的表单中的各项数据，因而 Form 集合是 Request 对象最常用的数据集合，其语法格式为:

Request.Form(element)[(index)|.Count]

其中，参数 element 用于指定要获取的表单元素的名称；参数 index 是可选的，为 Form 集合中某个表单元素的索引值；参数 Count 为 Form 集合中元素的个数。

例如，用于输入用户名的输入框的对象名为 myname，表单提交后，要获得用户在该输入框中所输入的登录账号，并将其保存到变量 myname 中，则实现语句为:

myname= Request.Form("myname")

2. QueryString 集合

客户端数据的提交方式有两种：POST 和 GET。QueryString 集合用于获得以 GET 方式提交的数据，而 POST 方式提交的表单数据则由 Form 集合来获得。QueryString 集合与 Form 集合最大的区别在于前者包含 URL 请求字符串中各个变量的值，且每个变量和它的值都是可见的。这就意味着用此种方式传递的客户信息是非保密的。因此该方法仅适用于提交数据量少，

安全性要求不高的场合。而后者是通过单独的数据包来传递数据的。

使用 QueryString 集合的语法格式为：

```
Request.QueryString(variable)[(index)|.Count]
```

说明：其中的 variable 参数用于指定要获取的集合中的变量名称；index 参数是可选的，为多个 variable 参数中某个 variable 参数的索引值；参数 Count 为集合中元素的个数。

例如，若表单采用的是 GET 方法提交数据，要获得表单中用户名文本框中的内容，则实现语句为：

```
myname= Request.QueryString ("myname")
```

3. ServerVariables 集合

Request 的 ServerVariables 集合中记录了与 HTTP 请求一起传递的 HTTP 头信息。浏览器的请求和服务器端的响应都包含在 HTTP 头中，HTTP 头提供了有关请求和响应的附加信息等。通过访问 ServerVariables 集合，可以获取有关发出请求的浏览器信息、客户端 IP 地址等重要信息。

访问 ServerVariables 集合的语法格式为：

```
Request.ServerVariables("服务器环境变量")
```

服务器中常用的环境变量及其说明如表 7-3 所示。

表 7-3　常用环境变量及其说明

环境变量名称	说明
ALL_HTTP	浏览器返回的所有 Headers
ALL_RAW	浏览器返回的所有 Headers，但不予以格式化
AUTH_PASSWORD	浏览器返回的用户密码
AUTH_TYPE	浏览器返回的用户类型
AUTH_USER	浏览器返回的用户名称
CONTENT_LENGTH	浏览器端所返回内容的长度
CONTENT_TYPE	浏览器端所返回内容的类型
GATEWAY_INTERFACE	服务器端所使用的 CGI 版本
HTTP_ACCEPT	浏览器端返回的 Accept 头的值
HTTP_CONNECTION	浏览器与服务器所建立的联机类型
HTTP_HOST	浏览器端的主机名称
HTTP_USER_AGENT	返回浏览器的相关信息，如浏览器类型、版本和操作系统等
HTTP_COOKIE	浏览器端所返回的 Cookie
LOCAL_ADDR	服务器端的 IP 地址
LOGIN_USER	登录 Windows 的用户账号
PATH_INFO	当前页面的虚拟路径
PATH_TRANSLATED	当前页面转换后的实际路径
QUERY_STRING	浏览器端传送过来的查询字符串
REMOTE_ADDR	远程主机的 IP 地址
REMOTE_HOST	远程主机的名称

续表

环境变量名称	说明
REMOTE_USER	远程主机的用户账号
REQUEST_METHOD	浏览器端请求的方式，如 GET、POST 或 HEAD
SCRIPT_NAME	当前所执行的脚本文件的路径
SERVER_NAME	服务器主机的名称或 IP 地址
SERVER_PORT	服务器所使用的端口号
SERVER_PROTOCOL	服务器端所使用的协议版本
SERVER_SOFTWARE	服务器端所运行的软件名称及版本
URL	返回当前网页的 URL 字串

ServerVariables 集合中的环境变量对应创建 Web 应用的动态网页是相当重要的。例如，当开发者需要知道当前网页的虚拟路径、浏览器的请求方式、所使用的操作系统版本、客户端 IP 地址和服务器的连接端口等信息时，即可通过访问相应的环境变量来实现。

例如，获取并显示有关环境变量信息。

```
<%
Path_Info = Request.ServerVariables("Path_Info")
Request_Method = Request.ServerVariables("Request_Method")
Remote_Addr= Request.ServerVariables("Remote_Addr ")
Server_Port = Request.ServerVariables("Server_Port")
Server_Software = Request.ServerVariables("Server_Software")
Response.Write "网页虚拟路径："&Path_Info&"<br>"
Response.Write "浏览器请求方式："&Request_Method&"<br>"
Response.Write "客户端 IP："& Remote_Addr &"<br>"
Response.Write "服务器连接端口："&Server_Port&"<br>"
Response.Write "服务器软件版本："&Server_Software&"<br>"
%>
```

4. Cookies 集合

Cookies 是在 HTTP 下通过 Web 服务器存储在客户端磁盘上的一个小型的文本文件，是服务器或脚本程序用来保留客户端信息的一种方法。在 Cookies 中包含客户的有关信息，如用户名、密码、客户在 Web 站点上的操作以及访问该站点的次数和时间等。Cookies 的生命周期默认从它被写入客户端的那一刻开始，到客户端结束浏览时为止。

由于客户端每次通过 HTTP 协议请求服务器的连接都被认为是全新的，因此，可以利用 Request 对象的 Cookies 集合来读取事先由 Response 对象的 Cookies 集合写入在客户端磁盘上的 Cookies 文件信息。Request 对象的 Cookies 集合通常与 Response 对象的 Cookies 集合一起使用。

从 Cookies 集合中获取信息的语法格式为：

```
CookieValue=Request.Cookies（cookie）[(key)｜.attribute]
```

其中，参数 cookie 为指定要检索的值。参数 key 可选，用于从 Cookie 中检索子关键字的值。参数 attribute 指定与 Cookie 自身有关的属性。

二、案例实现

用户登录页面 login.asp 的代码如下：

```
<html>
<head></head>
<body>
<form action="show.asp" method="Post" name="login" id="login">
<table width="249" border="0" align="center" bordercolor="#FF0000" >
<tr><td height="50" colspan="2">用户登录</td></tr>
<tr><td width="87">用户名：</td>
<td width="203" height="30"><input name="username" type="text" id="username" size="25" /></td>
</tr>
<tr><td>密  码：</td>
<td height="30"><input name="userpwd" type="password" id="userpwd" size="27"></td>
</tr>
<tr><td height="30" colspan="2"><div align="center">
<input type="submit" name="Submit" value="登录"></div></td>
</tr>
</table>
</form>
</body>
</html>
```

使用 Request 对象的 Form 集合获取表单提交的数据并显示的页面 show.asp 的代码如下：

```
<html>
<head></head>
<body>
'获取表单提交的数据
用户名：<%=Request.Form("username")%><br>
密码：<%=Request.Form("userpwd")%><br>
</body>
</html>
```

7.3　使用 Response 对象向客户端动态输出信息

【例 7.2】编写一个如图 7-3 所示的动态输出表格页面 response_table.asp，要求在如图 7-4 所示页面 table.asp 的表单中输入的行和列的值，动态输出相应行数和列数的表格。

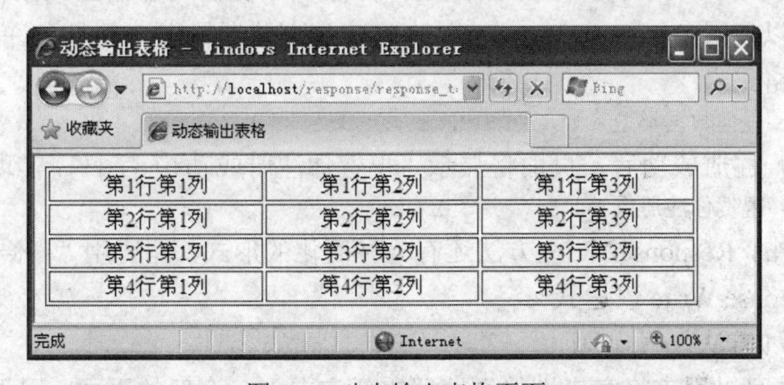

图 7-3　动态输出表格页面

图 7-4　定义表格页面

一、知识解析

Response 对象的功能与 Request 对象相反。Request 对象解决了 Web 服务器从客户端浏览器获得数据的方法，若要从 Web 服务器将数据输出到客户端浏览器，则应使用 Response 对象。

Response 对象具有多个属性和方法，并有一个 Cookies 集合。作用是向浏览器输出文本、数据和 Cookies，并可重新定向到（转到）要执行的网页，或者用来控制向浏览器传送网页的动作。其常用的方法有：write()、redirect()和 end()方法等。

1. Response 对象的方法

Response 对象提供了一系列的方法，用于直接处理返回给客户端创建的页面内容，常用的方法如表 7-4 所示。

表 7-4　Response 对象的常用方法

方法	描述
Write	输出数据到客户端浏览器
Redirect	重新定向浏览器的 URL 地址
End	结束向浏览器的数据输出
Clear	清除输出缓冲区的数据
Flush	将缓冲区中已有的数据输出

（1）Write 方法。

Write 方法是 Response 对象最常用的方法，用来向浏览器动态输出数据。ASP 中各种类型的合法数据都可以使用 Response.Write 方法向客户端浏览器输出，并且允许与 HTML 语言混合使用，其语法格式为：

```
Response.Write 任何数据类型
```

例如，当用户注册成功后，页面将显示“祝贺你注册成功！”字样，实现语句为：

```
Response.write "祝贺你注册成功！"
```

在实际应用中，Response.Write 方法还有一种简化的形式，即可用“<%=表达式%>”形式来代替“<%Response.Write 表达式%>”。

（2）Redirect 方法。

Redirect 方法可以用来将客户端的浏览器重新定向到一个新的页面，用于实现服务器的链接跳转，其语法格式为：

```
Response. Redirect URL
```

应该注意的是，由于 Response.Redirect 的作用是打开新网页，并且该语句是立即生效的，所以该语句必须放在没有任何数据输出到浏览器之前。换言之，Response. Redirect 可放在脚本程序的<HTML>标记之前，或者在页面的首行加上“<%Response.Buffer=True%>”语句，将输出存放至缓冲区。

例如，当用户登录验证成功后，页面将自动跳转到 welcome.asp 页面，实现语句为：

```
Response.redirect "welcome.asp"
```

（3）End 方法。

End 方法指结束服务器对脚本的处理并将已处理的结果传送给浏览器。如果此时 Response.Buffer 属性已设置为 True，则调用此方法将缓冲区中已有的内容输出。

（4）Clear 方法。

Clear 方法用来清除缓冲区内所有的 HTML 输出。需要注意的是，只有将 Response.Buffer 属性设置为 True 时才能调用，否则使用该方法将导致运行时出错。

（5）Flush 方法。

Flush 方法可用来立即发送缓冲区内的数据。需要注意的是，只有将 Response.Buffer 属性设置为 True 时，才能调用，否则使用该方法将导致运行时出错。

2. Response 对象的属性

Response 对象提供了一系列的属性，可以读取和修改，使服务器端的响应能够适应客户端的请求，这些属性通常由服务器设置。

（1）Buffer 属性。

Buffer 属性用于指定网页内容输出时是否使用缓冲区。该属性的语法格式为：

```
Response.Buffer=Flag
```

Flag 为布尔值。当 Flag 设置为 False 时，从 ASP 文档输出的内容将直接送往客户端的浏览器；当 Flag 设置为 True 时，从 ASP 文档输出的内容将首先送到缓冲区内保存，待 Web 服务器解读完 ASP 文档后再将缓冲区的内容送往客户端的浏览器。Buffer 属性的默认值为 False。

（2）CacheControl 属性。

CacheControl 属性用来设置是否将服务器的处理结果暂时存放在代理服务器的缓冲区内。该属性的语法格式为：

```
Response.CacheControl=Public|Private
```

本属性的默认值是 Response.CacheControl=Private，也就是不放进代理服务器的缓冲区；若要放进缓冲区，则可设置 Response.CacheControl=Public，而且这行语句必须放在程序的所有 HTML 标记之前。此外，如果客户端的浏览器没有对应的设置，这个属性值将不起作用。

（3）ContentType 属性。

ContentType 属性用来指定响应的 HTTP 内容类型。若未指定，则默认为“text/html”。该属性的语法格式为：

```
Response. ContentType=内容类型
```

（4）Expires 属性。

Expires 属性指定了浏览器上缓冲存储的页面从保存到过期的时间间隔（以分钟为单位）。该属性的语法格式为：

```
Response.Expires=Nminutes
```

说明：如果用户在某个页面过期之前再次访问此页面，就会显示缓冲区中的这个页面，否则就要重新到服务器上去读取该页面。

（5）ExpiresAbsolute 属性。

ExpiresAbsolute 属性指定缓存于浏览器中的页面到期的日期和时间。该属性的语法格式为：

```
Response.ExpiresAbsolute=[date][time]
```

说明：在设定的日期和时间未到期之前，若用户返回到该页面，就显示该缓存中的页面。如果未指定时间，该页面即在当天午夜到期；如果未指定日期，则该页面在脚本运行当天的指定时间到期。

3．Response 对象的集合

Response 对象中有一个集合——Cookies 集合，该集合用来设置希望放置在客户系统上的 Cookie 的值，这个集合为只读属性。

如前面所介绍的，可以从 Request 对象的 Cookies 集合中获得随同请求发送的 Cookie 的值。并且可以根据需要创建和修改 Cookie 的值，然后再通过 Response 对象的 Cookies 集合送回给客户端浏览器。如果指定的 Cookies 不存在，则系统会自动在客户端的浏览器中建立新的 Cookies。该集合的语法格式如下：

```
Request.Cookies(cookie)[(key) | .attribute] =CookieValue
```

其中，参数 cookie 表示 Cookie 的名称。参数 key 可选，表示该 Cookie 以会议目录形式存放数据。参数 attribute 定义了 Cookie 自身有关的属性。

二、案例实现

定义表格行数和列数的页面 table.asp 的代码如下：

```
<html>
<head></head>
<body>
<form action="response_table.asp" method="Get" name="login" id="login">
<table width="249" border="0" align="center" bordercolor="#FF0000" >
<tr><td height="50" colspan="2">动态输出表格</td></tr>
<tr><td width="87">行数：</td>
<td width="203" height="30"><input name="row" type="text" id="row" size="20" /></td>
</tr>
<tr>
<td>列数：</td>
<td height="30"><input name="col" type="text" id="col" size="20"></td>
</tr>
<tr>
<td height="30" colspan="2"><div align="center">
<input type="submit" name="Submit" value="提交"></div></td>
</tr>
</table>
</form>
</body>
</html>
```

使用 Response 对象的 Write 方法动态输出表格的页面 response_table.asp 的代码如下：

```
<%
'获取要产生的表格的行数和列数
rownum=Request.QueryString("row")
```

```
colnum=Request.QueryString("col")
'输出表格
Response.Write("<table width=500 border=1 bordercolor='#FF0000'>")
'循环输出表格的行
for i=1 to rownum
   Response.Write("<tr align=center>")
    '循环输出这一行的单元格
   for j=1 to colnum
       Response.Write("<td>第"&i&"行第"&j&"列</td>")
   Next
   Response.Write("</tr>")
Next
%>
```

7.4 使用 Server 对象

【例 7.3】编写一段代码，其功能是利用 Server 对象创建数据库连接对象，并确定站点根目录下的 data 目录中名为 users.mdb 的数据库文件的物理位置。

一、知识解析

Server 对象是专为处理服务器上的特定任务而设计的，特别是与服务器的环境和处理活动有关的任务。Server 对象只提供一个属性，但提供了一系列的方法。表 7-5 列出了 Server 对象所具有的方法与属性。

表 7-5　Server 对象的方法与属性

方法与属性	功能说明
CreateObject 方法	创建一个 ActiveX 对象（服务器组件的对象实例）
MapPath 方法	把相对路径或虚拟路径转换为服务器的物理路径
Execute 方法	执行指定的 ASP 程序
Transfer 方法	将控制权转移至指定的 ASP 程序
HTMLEncode 方法	将特殊的字符串进行 HTML 编码
URLEncode 方法	对指定的 URL 字符串编码，附加在 QueryString 中返回服务器
ScriptTimeout 属性	表明一个脚本程序可以运行的时间期限，默认为 90 秒

Server 对象的方法用于格式化数据、管理网页执行和创建其他对象实例。

1. Server.CreateObject 方法

CreateObject 方法是 Server 对象最为重要的方法之一，可用来创建已经注册到服务器上的某个 ActiveX 组件的实例，从而实现一些仅靠脚本语句难以实现的功能。例如，对数据库的连接和访问、对文件的存取、电子邮件的发送和活动广告的显示等。正是因为有了这些 ActiveX 组件功能的扩展，才使得 ASP 具有强大的生命力。该方法的语法格式为：

```
Set 对象变量名=Server.CreateObject("ActiveX 组件名")
```

例如，创建数据库连接对象的实例并命名为 conn，则创建方法为：

```
Set conn=server.createobject("adodb.connection")
```

默认情况下，利用 Server.CreateObject 方法创建的组件实例是有作用域的，也就是说，当脚本程序创建的组件实例在当前脚本结束运行后，服务器会自动清除该实例。当然也可以使用如下形式的语句显式地清除指定的对象实例并释放系统资源。

```
Set 对象变量名=Nothing
```

2．MapPath 方法

MapPath 方法的作用是把所指定的相对路径或者虚拟路径转换为物理路径。该方法的语法格式为：

```
Server.MapPath(path)
```

其中参数 path 为一个有效的虚拟路径。若 path 以一个正斜杠（/）或反斜杠（\）开始，则 MapPath 方法返回路径时将 Path 视为完整的虚拟路径；若 Path 不以斜杠开始，则 MapPath 方法将返回同当前.asp 文件已有路径的相对路径。

例如，在站点根目录下的 data 目录中有一个名为 users.mdb 的数据库文件，现要获得该数据库的真实物理路径，则实现语句为：

```
dbpath=server.mappath("/data/users.mdb")
```

3．Execute 方法

该方法停止当前页面的执行，把控制转到 URL 中指定的网页，用户的当前环境也传递到新的网页。在该网页执行完成后，控制传递回原来的页面，并继续执行 Execute 方法后面的语句，该方法的语法格式为：

```
Server.Execute("url")
```

Server.Execute 方法的功能有点类似于程序设计语言中的过程调用。只不过此处调用的不是过程，而是一个完整的 ASP 页面。

二、案例实现

实现【例 7.3】功能的代码如下：

```
Set conn=server.createobject("adodb.connection")
dbpath=server.mappath("/data/users.mdb")
```

7.5 使用 Application 对象实现共享信息

HTTP 是一种无状态协议，当所请求的页面服务响应结束后，这次的连接就断开了。但有时为了能够完成预定义的任务，需要在网页之间预定义一种资源，以记录用户在浏览网页时所做出的选择和提供的信息。为此，ASP 提供了一个 Application 对象。它能够使得访问同一个 ASP 应用程序的多个客户端浏览器之间实现信息共享，并在服务期间持久保持数据。

Application 对象默认的生命周期开始于该应用程序网页被访问时，结束于 Web 服务器终止运行该应用程序，或者超过 20 分钟没有浏览器访问该应用程序时。如果不加以限制，所有的客户端都可以访问 Application 对象所保存的数据。

注意：一旦在页面中创建了 Application 变量，则此变量将会一直保存在服务器的内存中，直到服务器关闭或整个应用程序被卸载为止。这些变量不会因为某个客户或者所有客户离开而自动消失。

Application 对象没有属性，该对象具有的集合、方法和事件如表 7-6 所示。

表 7-6　Application 对象的集合、方法和事件

名称	描述
Contents 集合	包含所有通过脚本命令添加到应用程序中的数据项
StaticObjects 集合	包含所有通过<OBJECT>标记添加到应用程序中的对象
Lock 方法	禁止其他用户修改 Application 对象记录的变量值
Unlock 方法	允许其他用户修改 Application 对象记录的变量值
Contents.Remove 方法	从 Contents 集合中删除指定的变量值
Contents.RemoveAll 方法	删除 Contents 集合中所有的变量值
Application_OnStart 事件	建立 Application 对象时所触发的事件
Application_OnEnd 事件	结束 Application 对象时所触发的事件

一、Application 对象的集合

Application 对象具有 Contents 和 StaticObjects 两个集合。Application.StaticObjects 集合包含了所有通过<OBJECT>标记添加到应用程序的对象，而常用的 Application.Contents 集合则包含了用脚本命令创建的各种简单变量、数组变量或对象变量。大部分 Application 变量都存放在 Contents 集合中，当创建一个新的 Application 变量时，其实就是在 Contents 集合中添加了一项。存储在 Application 集合中的变量在整个应用程序中有效且具有应用程序的作用域。该集合的语法格式为：

```
Application.Contents("变量名")=变量内容
```

或者

```
Application ("变量名")=变量内容
```

例如，创建和使用 Application 变量。

```
<%
Application.Contents("MyVar1")="Hello"
Application("MyVar2")="Welcome To China! "
Strl=Application("Myvar1")&Application("Myvar2")
Response.Write Strl
%>
```

二、Application 对象的方法

由于 Application 对象适用于网站的所有用户，同时访问网站的用户比较多，因此，在对 Application 对象存储变量的值进行修改时，必须先对该变量进行加锁，再修改变量的值，修改结束后，再对其进行解锁，以防止多用户环境下的共享冲突。

Application 对象提供了加锁方法 Lock 和解锁方法 Unlock。

例如，用来记录和统计已访问过本网站的人数，实现代码如下：

```
<%
Application.lock
Application("counter")= Application("counter")+1
Application.unlock
%>
```

然后在网页的相应位置插入输入语句，代码如下：

```
欢迎您光临，您是本站的第<%=application("counter")%>位访客！
```

三、Application 对象的事件

Application 对象有两个事件，分别是 Application_OnStart 事件和 Application_OnEnd 事件。其触发条件为：

1．Application_OnStart 事件

该事件只触发一次，即在第一个客户对应用程序页面的第一次请求时被触发。通常在记录网站人数的应用中，常利用该事件过程初始化计数变量，并创建用于保存计数值的文本文件。访问 Application_OnStart 事件被触发时所需运行的脚本程序必须写在 Global.asa 文件之中，该事件脚本的语法格式为：

```
<SCRIPT LANGUAGE=ScriptLanguage RUNAT=Server>
Sub Application-OnStart
    程序块……
End Sub
</SCRIPT>
```

2．Application_OnEnd 事件

该事件在应用程序退出时或者服务被终止时被触发，并且总在 Session_OnEnd 事件之后发生。Application_OnEnd 事件脚本也必须写在 Global.asa 文件之中，Application_OnEnd 事件脚本的语法格式为：

```
<SCRIPT LANGUAGE=ScriptLanguage RUNAT=Server>
Sub Application_OnEnd
    程序块……
End Sub
</SCRIPT>
```

7.6　使用 Session 对象存储特定信息

Session 对象与 Application 类似，其最大差别是 Session 对象用来为每个来访者或客户存储独立的数据或特定的客户信息，而 Application 对象则用来为所有客户存储共享的数据。如果当前有若干个客户连线到某一个站点，这些客户除了共享一个 Application 对象之外，每一个客户还各自拥有一个独立的 Session 对象。

Session 对象可以存储特定的用户会话所需要的信息。当用户在应用程序的页面之间跳转时，存储在 Session 对象中的变量不会被清除。当用户请求来自 Web 应用程序的页面时，如果该用户尚未与 Web 应用程序建立会话，则 Web 服务器会自动建立一个 Session 对象。当会话过期或者被结束后，服务器将终止会话。

Session 对象的属性、集合、方法和事件如表 7-7 所示。

表 7-7　Session 对象的属性、集合、方法和事件

名称	描述
Contents 集合	包含所有通过脚本命令添加到应用程序中的数据项
StaticObjects 集合	包含所有通过<OBJECT>标记添加到应用程序中的对象
SessionID 属性	用来标识每一个 Session 对象
TimeOut 属性	用来设置 Session 会话的超时时间（以分钟表示）

续表

名称	描述
Abandon 方法	强行删除当前会话的 Session 对象，释放系统资源
Contents.Remove 方法	从 Connects 集合中删除指定的变量值
Contents.RemoveAll 方法	删除 Contents 集合中所有的变量值
Session_OnStart 事件	建立 Session 对象时所激发的事件
Session_OnEnd 事件	结束 Session 对象时所激发的事件

一、Session 对象的集合

和 Application 对象一样，Session 对象也具有 Contents 和 StaticObjects 两个集合。Session.StaticObjects 集合包含了所有通过<OBJECT> 标记添加到当前会话中的对象，而常用的 Session.Contents 集合则包含了用脚本命令在当前会话中创建的各种变量，当创建一个新的 Session 对象时，其实就是 Contents 集合中添加了一项。

例如，创建和使用 Session 简单变量。

```
<%
Session.Contents("MyVar1")="Hello"
Session("MyVar2")="Welcome To China!"
'所创建的 Application 变量可以与普通变量一样地使用：
Strl=Application("Myvar1")&Session("Myvar2")
Response.Write Strl
%>
```

二、Session 对象的事件

Session 对象有 Session_OnStart 和 Session_OnEnd 两个事件，可分别用于在 Session 对象启动和释放时执行事先设定好的事件代码。这两个事件的程序代码应该位于网站根目录下特定的 Global.asa 文件中，其语法格式如下：

```
<SCRIPT LANGUAGE=ScriptLanguage RUNAT=Server>
Sub Session _OnStart
        程序块……
End Sub
Sub Session _OnEnd
        程序块……
End Sub
</SCRIPT>
```

三、Session 对象的属性

1. TimeOut 属性

Session 对象的 TimeOut 属性用来设置 Session 的最长时间间隔，这里所谓的时间间隔是指服务器端从最近一次向 Web 服务器提出请求到下一次向 Web 服务器提出请求的时间，以分钟为单位，该属性的语法格式为：

```
Session. TimeOut=分钟数
```

2. SessionID 属性

SessionID 属性可为每个用户返回一个唯一的 ID。此 ID 由服务器生成，是一个不重复的长整型数字。新会话开始时，服务器将产生的 SessionID 作为 Cookie 存储到用户的浏览器中，以后用户请求页面时，浏览器会发送该SessionID给服务器以跟踪会话，该属性的语法格式为：

长整数= Session. SessionID

启动浏览器输入请求的网页，也就开始了一个新的会话，此时的SessionID也确定了，在此期间，只要用户没有关闭浏览器或Web服务器没有重新启动，SessionID就不会变。即使用户主动放弃会话或者会话超时，在继续请求其他 ASP 页面时，ASP 也会以相同的 SessionID来开启新的会话。

7.7 使用Global.asa文件

在前面内容中已经知道Application对象和Session对象的OnStart、OnEnd事件的脚本都必须在Global.asa文件中声明。那么，Global.asa文件是一个什么样的文件，它有何作用，又是如何运行的呢？

首先.asa是文件的后缀名，它是Active Server Application的首字母缩写。Global.asa对于ASP 应用程序是一个可选文件，若选用，则该文件必须位于站点的根目录，该文件主要用于追踪Session和Application对象的OnStart、OnEnd事件，并实现对事件的响应。每当一个应用程序或者会话启动或者结束时，ASP触发一个事件。可以通过在Global.asa文件中编写脚本代码来检测和应答这些事件。该文件内容格式为：

```
<SCRIPT LANGUAGE="VBScript" RUNAT="Server">
Sub Application_OnStart
'处理应用程序启动时的代码
End Sub
Sub Application_OnEnd
'处理应用程序结束时的代码
End Sub
Sub Session_OnStart
'处理会话启动时的代码
End Sub
Sub Session_OnEnd
 '处理会话结束时的代码
End Sub
< / SCRIPT>
```

通常，当服务器启动后，第一个用户链接到该站点，会启动Application_OnStart事件，随后会启动针对该用户的 Session_OnStart 事件。当该用户断开与此站点的连接时，会启动Session_OnEnd事件。Application_OnEnd事件一般会在服务器关闭时触发。

例如，统计和显示网站的访问次数和当前在线人数，Global.asa文件的代码如下：

```
<script language="vbscript" runat="server">
Sub Application_OnStart
   Application("online")=0          '初始化在线人数
   Application("count")=0           '初始化网站计数器
End Sub
Sub Session_OnStart
   Session.Timeout=1                '设置会话时限为1分钟
   Application.Lock
   Application("online")=Application("online")+1        '在线人数增1
```

```
    Application("count")=Application("count")+1          '网站计数器递增 1
    Application.UnLock
  End Sub
  Sub Session_OnEnd
    Application.Lock
    Application("online")=Application("online")-1         '在线人数减 1
    Application.UnLock
  End Sub
  Sub Application_OnEnd()
  End Sub
  </script>
```

1．简述 ASP 内置对象的功能。

2．Session 对象与 Application 对象主要用在哪些方面？

实验七　设计用户登录控制系统

一、实验目的与要求

熟练掌握 ASP 内置对象 Response、Request、Session、Application 对象的使用，实现用户登录页面的授权访问功能。

二、实验内容

设计用户登录页面 login.htm；普通用户页面 guest.asp；后台管理页面 manager.asp；用于判断用户名和密码的页面程序 dispose.asp；当用户名和密码错误时的提示页面 alert.asp。

首先用户进入 login.htm，输入用户名和口令均为 guest，则导航到 guest.asp 页面；若用户名为 administrator，口令为 haweofw，则导航到 manager.asp 页面。若口令错误，则进入 alert.asp 显示“口令错误！单击此处返回”的提示信息，“单击此处返回”为超链接，用户单击后，重新返回到登录页面。当浏览客户未经过登录页面而直接访问 manager.asp 页面时，页面会自动转到 login.htm，要求必须登录。

第 8 章　使用 SQL 操作数据库

数据库是 Web 应用系统中信息的载体，大多数 Web 应用程序都需要后台数据库的支持。SQL 是一种通用的数据库查询语言。

本章主要讲述如何使用 SQL 来操作数据库，包括使用 SQL 的数据操纵语句实现数据的查询、插入、更新或删除。在 ASP 中访问或存取数据库时，通常都要使用 SQL 语言。因此，掌握好 SQL 操作对 ASP 编程是非常重要的。

- 理解 SQL 语句在对数据库的存取访问中的作用。
- 使用 SQL 来操作数据库。

结构化查询语言（Structured Query Language，SQL）是关系型数据库的操纵语言，目前，几乎所有的关系型数据库管理系统都支持 SQL。它具有功能丰富、语言简洁、使用方便灵活等特点。本章主要介绍 SQL 中最为常用的 SELECT 数据查询命令，以及用于添加记录、修改数据和删除记录的 INSERT 命令、UPDATE 命令和 DELETE 命令。

本章通过设计一个基于 Web 的【学生选课系统】数据库，使用 SQL 数据操纵语句对其进行各种查询、插入、修改和删除操作，从而掌握如何使用 SQL 来操作数据库。

【学生选课系统】数据库中包含如下 3 个表：

学生表 Student 由学号（Sno）、姓名（Sname）、性别（Ssex）、年龄（Sage）、系部（Sdept）5 个字段组成，其中主键为 Sno。

课程表 Course 由课程号（Cno）、课程名（Cname）、选修课号（Cpno）、学分（Ccredit）4 个字段组成，其中主键为 Cno。

学生选课表 SC 由学号（Sno）、课程号（Cno）、成绩（Grade）3 个字段组成，其中主键为 Sno 和 Cno。

8.1　使用 Select 语句查询数据

数据查询是数据库中最常用的操作，Select 语句用于从指定的表中查询出符合条件的记录，这些记录形成一个集合，简称为记录集。

该语句具有灵活的使用方法和强大的功能，其用法为：

SELECT　字段列表

FROM 表名
[WHERE 条件表达式]
[GROUP BY 字段列表][Having 条件表达式]
[ORDER BY 字段名][ASC | DESC]

说明：

（1）SELECT 的“字段列表”指要查询的数据字段，若是多个字段可以用逗号隔开，若是*则代表当前数据表中的所有字段。

（2）Having 的“条件表达式”指对分组统计后的数据再按一定条件进行筛选。

（3）“[]”中的部分可以根据需要选择使用。

1．查询表中全部列、若干列和经过函数计算的列的记录

【例 8.1】查询全体学生的详细信息。

SELEC T * FROM STUDENT

【例 8.2】查询全体学生的姓名和年龄。

SELECT Sname, Sage　FROM STUDENT

【例 8.3】若当前是 2011 年，查询全体学生的出生年份。

SELECT 2011-Sage FROM STUDENT

【例 8.4】查询学生的平均年龄。

SELECT AVG(Sage) FROM STUDENT

【例 8.5】查询已经选修了课程的学生人数。

SELECT COUNT(DISTINCT Sno) FROM SC

在表中两条不同的记录可能有某些字段是相同的，查询的结果就有可能重复。可以通过指定 DISTINCT 短语来消除重复的数据。如上例中若一个学生同时选修了多门课程，则其 Sno 只出现一次记录。

2．查询表中满足条件的记录

查询满足指定条件的记录通常通过 WHERE 子句实现。

【例 8.6】比较大小查询。

①查询信息系（IS）全体学生的名单。

SELECT Sname FROM STUDENT WHERE Sdept='IS'

②查询考试成绩不及格的学生的学号和姓名。

SELECT DISTINCT Sno,Sname FROM Course WHERE Grade<60

【例 8.7】确定范围查询：查询年龄在 18~20 岁之间的学生的姓名、年龄和所在系部。

SELECT Sname, Sage,Sdept FROM STUDENT WHERE Sage BETWEEN 18 AND 20

【例 8.8】确定集合查询：查询信息系（IS）、机电系（JD）、管理系（GL）选修了课程的学生的学号和姓名。

SELECT DISTINCT Sno,Sname FROM SC WHERE Sdept IN('IS', 'JD', 'GL')

若要查询的信息是一个模糊的值，可以使用关键字 Like 进行字符匹配。通常对不完整的部分使用通配符%和_。

【例 8.9】模糊查询（字符匹配查询）。

①查询课程名中含有“网页”的课程号、课程名和选修课号。

SELECT Cno,Cname,Cpno FROM Course WHERE Cname Like '%网页%'

②查询姓“张”的学生所有信息。

```
SELECT * FROM STUDENT WHERE Sname Like '张%'
```

③查询姓“张”且全名为两个汉字的学生姓名。

```
SELECT Sname FROM STUDENT WHERE Sname Like '张__'
```

说明：因为一个汉字需要占用两个字符的位置，所以需要使用两个通配符“_”表示一个汉字。通配符“%”可以表示任意长度的字符串。

有时候需要查询的值为空值。如有些学生选修课程后没有参加考试，因此有选课记录，但没有成绩，Grade 为空值。查询这类值的条件用 Is Null 表示。

【例 8.10】空值查询：查询缺少成绩的学生的学号和相应的课程。

```
SELECT Sno,Cno FROM SC WHERE Grade Is Null
```

当条件不止一个的时候，可以用 AND 和 OR 连接不同的条件，实现多重条件查询。

【例 8.11】多重条件查询：查询信息系年龄在 20 岁以下的学生姓名。

```
SELECT Sname FROM STUDENT WHERE Sdept='IS' AND Sage<20
```

3．对查询结果排序

使用 ORDER BY 子句可以对查询的结果按照升序（ASC）或降序（DESC）排序，默认为升序，ASC 可以省略。

【例 8.12】查询选修课程号为 1 的学生的学号与成绩，并按分数降序排列。

```
SELECT Sno,Grade FROM SC WHERE Cno='1' ORDER BY Grade DESC
```

4．对查询结果分组

GROUP BY 子句将查询结果按某一列或多列值分组，值相等的为一组。对查询结果分组的目的是为了细化聚集类函数的作用对象。如果未对查询结果分组，函数将作用于整个查询结果。

【例 8.13】查询各选修课程的课程号及相应的选课人数。

```
SELECT Cno,COUNT(Sno) FROM SC GROUP BY Cno
```

上例中对查询结果按 Cno 的值分组，所有具有相同 Cno 值的记录为一组，然后对每一组使用函数 COUNT 计算出该组学生人数。

分组以后，若要按一定要求对这些组进行筛选，最终只输出满足指定条件的组，则可以使用 Having 短语。

【例 8.14】查询选修了 3 门以上课程的学生的学号。

```
SELECT Sno FROM SC GROUP BY Sno Having COUNT(*)>3
```

Having 短语与 WHERE 子句的区别在于作用对象不同。WHERE 子句作用于基本表和视图，Having 短语作用于组，从中选择满足条件的组。

8.2 使用 Insert 语句插入数据

插入操作通常有两种形式，一种是向指定的表中插入单条记录，另一种是插入子查询的结果，即将一个表中符合条件的记录插入到另一个表中，可以是一次插入多条记录。其用法为：

```
INSERT
INTO 表名(字段名列表)
VALUES(字段值列表)
```

说明：

（1）“表名”指要插入记录的表。

（2）“字段名列表”为可选项，指要插入数据的字段。具体的数据为 VALUES 后面的字段值。若缺省字段名列表，则对新添加记录的每个字段均要填写数据，填入顺序为数据字段的建立顺序。

（3）添加记录时，表中的主键字段必须添加不重复的值。

（4）添加记录时，若某个字段没有明确的值，且该字段的值允许为空，则可为其指定一个空值，在 VALUES 后面的值列表中，用 NULL 来表示。若字段不允许为空，则可指定零长度的空格，对于数据型，要指定为 0。

【例 8.15】向 STUDENT 表中插入一条新学生的记录（学号：201101102，姓名：张林，性别：男，年龄：19，系部：IS）。

```
INSERT INTO STUDENT VALUES('201101102', '张林', '男', '19', 'IS')
```

【例 8.16】向 SC 表中插入一条选课记录（学号：201101103，课程号：3）。

```
INSERT INTO SC(Sno,Cno) VALUES('201101103', '3')
```

【例 8.17】计算每门选修课程学生的平均成绩，并将结果保存到学生选课表中。

```
INSERT INTO SC(AvgGrade)
SELECT AVG(Grade) FROM SC GROUP BY Cno
```

8.3　使用 Update 语句修改数据

UPDATE 语句用于更新或修改指定记录的数据，其用法为：

UPDATE　表名

SET　字段名 1=值 1[,字段名 2=值 2,…]

[WHERE　条件表达式]

其功能是对表中满足 WHERE 子句条件的记录，通过 SET 子句更新或修改指定字段的值。若省略 WHERE 子句，则对所有记录进行更新或修改。

【例 8.18】修改一条记录：将 STUDENT 表中学号为 201101104 的学生的年龄改为 20 岁。

```
UPDATE STUDENT SET Sage=20 WHERE Sno='201101104'
```

【例 8.19】修改多条记录：将 STUDENT 表中所有学生的年龄加 1 岁。

```
UPDATE STUDENT SET Sage= Sage+1
```

8.4　使用 Delete 语句删除数据

DELETE 语句用于删除指定的记录，其用法为：

DELETE　FROM　表名

[WHERE　条件表达式]

其功能是从指定表中删除满足 WHERE 子句条件的记录。如果省略 WHERE 子句，表示删除表中全部记录，但表的结构定义仍存在于数据库中。

【例 8.20】删除全部记录：将表 SC 中所有学生的选课记录删除。

```
DELETE FROM SC
```

【例 8.21】删除符合条件的记录：将表 STUDENT 中学号为 201101105 的学生记录删除。

```
DELETE FROM STUDENT WHERE Sno='201101105'
```

选择题

1. 在 GZ 表中选出职称为“工程师”的记录，并按年龄的降序排列，则实现的 SQL 语句为（ ）。

A. SELECT FROM GZ for 职称=工程师 ORDER BY 年龄/D

B. SELECT FROM GZ 年龄 WHERE 职称=工程师 ORDER BY 年龄 DESC

C. SELECT * FROM GZ 年龄 WHERE 职称='工程师' ORDER BY 年龄 DESC

D. SELECT * FROM GZ 年龄 WHERE 职称='工程师' Order On 年龄 DESC

2. 在 Logdat 表中有 UserID、Name、KeyWord 三个字段，现要求向该表中插入一新记录，该新记录的数据分别为：Sgo003、李明、Jw9317，则实现该操作的 SQL 语句为（ ）。

A. INSERT INTO logdat VALUE Sgo003,李明,Jw931

B. INSERT INTO logdat VALUES('Sgo003'、'李明'、'Jw931')

C. INSERT INTO logdat(UserID、Name、KeyWord)VALUES 'Sgo003','李明','Jw931'

D. INSERT INTO logdat VALUES('Sgo003','李明','Jw931')

3. 若要获得 GZ 表中前 10 条记录的数据，则实现的 SQL 语句为（ ）。

A. SELECT TOP 10 FROM GZ

B. SELECT next 10 FROM GZ

C. SELECT * FROM GZ WHERE rownum<=10

D. SELECT * FROM GZ WHERE Recno()<=10

4. 在 logdat 表中，将当前记录的 KeyWord 字段的值更改为 uk72hJ，则实现的 SQL 语句为（ ）。

A. UPDATE logdat SET KeyWord=uk72hJ

B. UPDATE SET KeyWord='uk72hJ'

C. UPDATE logdat SET KeyWord='uk72hJ'

D. Edit logdat SET KeyWord=uk72h

5. 若要删除 logdat 表中，UserID 号为 Sgo012 的记录，则实现的 SQL 语句为（ ）。

A. Drop FROM logdat WHERE UserID='Sgo012'

B. Drop FROM logdat WHERE UserID=Sgo012

C. Dele FROM logdat WHERE UserID=Sgo012

D. Delete FROM logdat WHERE UserID='Sgo012'

实验八 使用 SQL 语句操作数据库

一、实验目的与要求

熟悉并掌握用 Access 建立数据库、数据表并添加数据记录的方法，并做 SQL 查询操作。

二、实验内容

使用 Access 2003 创建一个数据库，在数据库中创建一个名为 User 的数据表（其字段和类型如表 8-1 所示），向该数据表添加若干数据记录。

表 8-1　User 数据表的字段和类型

字段名	字段类型	字段宽度	说明
TrueName	Text	15	
UserName	Text	20	不允许为空
Password	Text	12	允许为空
Email	Text	50	允许为空
StopFlag	Text	1	允许为空

第 9 章　使用 ADO 对象访问数据库

ADO 是 ASP 内置的一个用于数据库访问的组件，是 ASP 的核心技术之一。ASP 通常与 Access 数据库或者 SQL 数据库相连。ASP 通过使用 ADO 对象提供的组件达到用户与数据库进行存储交互的功能。

本章重点介绍 ADO 对象的结构和配置，以及各种数据访问对象及其在 ASP 编程中的应用。

- 理解 ADO 对象的含义。
- 掌握使用 ADO 对象连接数据库的两种方式。
- 掌握使用 Connection 对象连接数据库的方法。
- 掌握使用 Recordset 对象检索数据的方法。
- 掌握使用 Command 对象控制数据处理的方法。
- 能够综合运用 ASP 内置对象、ADO 对象编程。

9.1　使用 ADO 对象设计访客留言簿

【例 9.1】使用 ADO 对象设计访客留言簿系统，该系统能够显示留言，如图 9-1 所示；也能够填写留言，如图 9-2 所示。

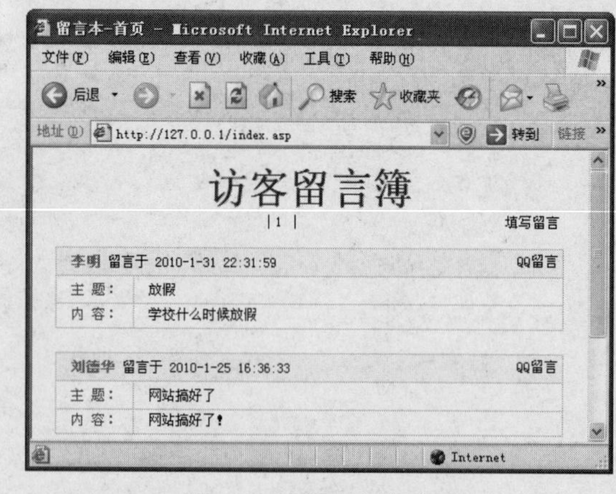

图 9-1　访客留言簿首页

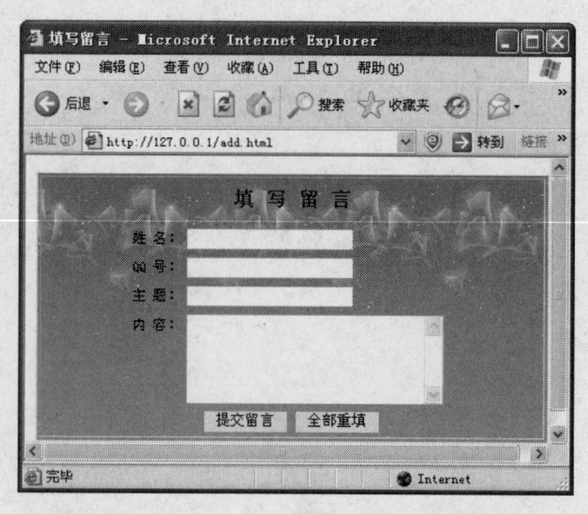

图 9-2　填写留言页面

要实现上述功能，至少需要解决以下几个问题：

（1）如何使用 ADO 对象？

（2）如何利用 Connection 对象实现数据库的连接？
（3）如何利用 Recordset 对象检索数据？
（4）如何利用 Command 对象处理数据？

9.2　知识解析

9.2.1　ADO 对象简介

ADO（ActiveX Data Object，ActiveX 数据对象）是 Microsoft 提供的一种数据库访问技术。它为开发者提供了一种简单、快捷、高效的数据库访问方法，它可以包含在 ASP 脚本程序中，用来完成与数据库的连接，并可使用 SQL 语言对数据库进行各种操作。利用 ADO 对象，通过 ODBC 驱动程序或 OLE DB 连接字符串，可实现对任意数据库的访问和存取。

ADO 组件主要提供了 7 种对象和 4 种集合供 Web 应用程序开发者使用，通过这些对象和集合，可以方便地建立与 Web 数据库的连接、执行 SQL 查询并处理查询得到的结果。表 9-1 是各种 ADO 对象和集合及其功能的简单说明。

表 9-1　ADO 对象与集合

对象与集合	描述
Connection 对象	负责创建一个 ASP 脚本与指定数据库连接。在对一个数据库进行操作之前，首先需要与该数据库建立连接
Command 对象	负责对数据库提出操作请求，通常是传递和执行指定的 SQL 命令。该对象的执行结果将返回一个 Recordset 记录集
Recordset 对象	用来保存和表示从数据库中取得的记录集合，并允许访问者进一步对其中的记录和数字段进行各种操作
Field 对象	标识 Recordset 对象中指定的某个数据字段，并允许 Field 对象对应于 Recordset 对象中的一列
Fields 集合	一个 Recordset 对象包含的所有 Field 对象
Property 对象	提供有关的特性值，供 Connection 对象、Command 对象、Recordset 对象或 Field 对象使用
Properties 集合	一个 Connection 对象、Command 对象、Recordset 对象或 Field 对象包含的所有 Property 对象
Parameter 对象	负责提供 Command 对象在执行时所需的 SQL 命令参数
Parameters 集合	一个 Command 对象所包含的所有 Parameter 对象
Error 对象	提供连接或访问数据库时发生的错误信息
Errors 集合	每当发生错误时产生的所有 Error 对象

在 ADO 组件中，Connection 对象、Command 对象和 Recordset 对象是最基本也是最重要的对象。在使用 ADO 技术访问数据库时，使用 Connection 对象可建立并管理与指定数据库的连接，使用 Command 对象可实现对数据库的灵活查询，而使用 Recordset 对象可存储与处理查询数据库后返回的结果。

9.2.2 数据库的连接

一、连接数据源的两种方式

ASP 对数据库的连接和访问使用 ADO 对象来实现，对数据库的连接访问分为 ODBC 和 OLE DB 连接字符串两种方式。

（一）ODBC 方式连接数据库

ODBC（Open Database Connectivity）是“开放数据库互连”的简称，是 Microsoft 倡导的数据库服务器连接标准，它向各种 Web 数据库的应用程序提供了一种通用的接口。在此标准支持下，一个应用程序可以通过一组通用的代码实现对各种不同数据库系统的访问。除此之外，因为通过 ODBC 访问数据库的方式是基于 SQL 的，所以各种应用程序均可通过各种数据库对应的 ODBC 驱动程序实现利用 SQL 对不同数据库系统的访问。

在对数据库进行访问时，所谓的 ODBC 数据源是指可以通过 ODBC 接口访问的具体数据库信息。ODBC 数据源有三种类型，分别是用户数据源、系统数据源和文件数据源。每个数据源都有一个属于自己的名字，数据源的名字称为数据源名 DSN（Data Source Name）。

用户和系统 DSN 存储在注册表中，系统 DSN 可被所有用户访问和使用，而用户 DSN 只能供特定的用户访问使用。文件 DSN 是存储在一个扩展名为.dsn 的文本文件中的，可在多个登录的用户访问的时候，通过复制 DSN 文件，轻易地实现从一个服务器移植到另一个服务器，通用性更强。

此处以 Access 数据库为例，用 ODBC 数据源的创建方法创建系统 DSN，操作步骤如下：

（1）依次选择“开始”|“设置”|“控制面板”命令，然后双击“管理工具”|“数据源（ODBC）”，打开 ODBC 数据源管理器，如图 9-3 所示。

（2）选择“系统 DSN”选项卡，单击右侧的“添加”按钮，进入“创建新数据源”对话框，如图 9-4 所示，因为要注册的是 Access 数据库的 ODBC 数据源，所以在图 9-4 中应选择“Microsoft Access Driver（*.mdb）”。

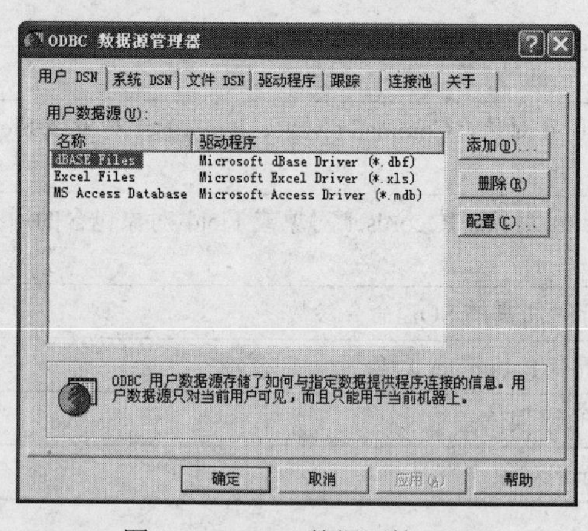

图 9-3 ODBC 数据源管理器

图 9-4 创建新数据源

（3）单击“完成”按钮，进入“ODBC Microsoft Access 安装”对话框，在“数据源名”文本框中填入要创建的数据源的名称（例如设置为 testdb）；并在“说明”框中填入此数据源的说明信息。

（4）单击“选择”按钮，在弹出的“选择数据库”对话框中选择一个 Access 文件（例如为 testdb.mdb），如图 9-5 所示。

（5）如果想设置访问数据库的登录名和密码，可以单击“高级”按钮，弹出“设置高级选项”对话框进行设置，如图 9-6 所示。

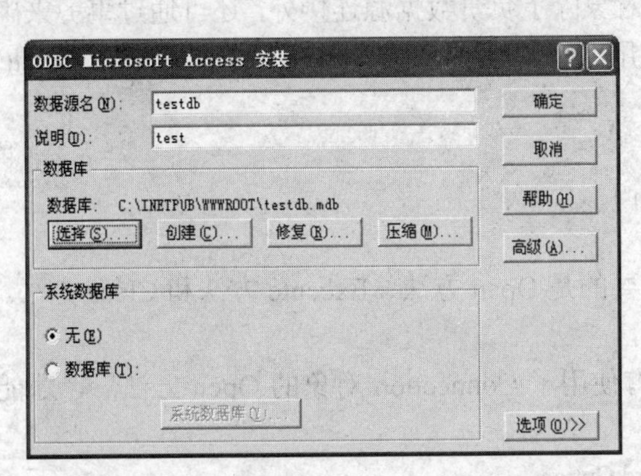

图 9-5　“ODBC Microsoft Access 安装”对话框

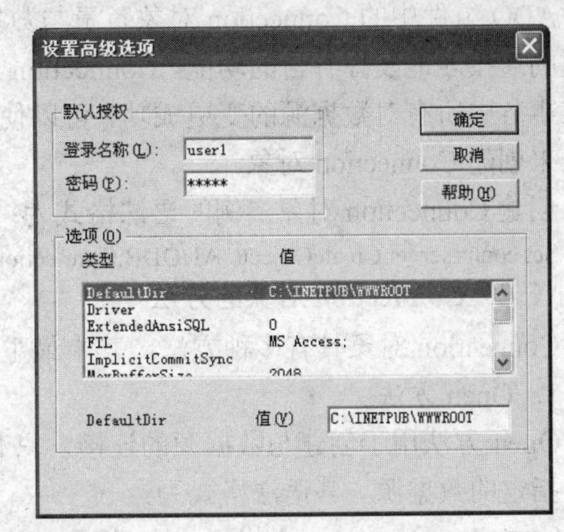

图 9-6　“设置高级选项”对话框

（6）单击“确定”按钮，完成 Access 数据源的设置。

还可以使用 ODBC 驱动程序而不通过 DSN 连接 Access 数据库，例如：

```
Set Conn=server.createobject("ADODB.Connection")
Conn.connectionstring="driver={Microsoft Access Driver (*.mdb)};dbq="&_
server.mappath("testdb.mdb")
Conn.open
```

其中，Driver 部分为 ODBC 驱动程序，对于 Access 数据库，应使用 Microsoft Access Driver (*.mdb)；DBQ 部分为要连接到数据库文件，可以是绝对路径，也可以是相对路径，上面给出的为相对路径。

为某个数据库创建和配置相应的 DSN 后，访问该数据库时就无需指明其实际存储位置，只需编写应用该 DSN 的有关 SQL 语句即可，其他事情将由 ODBC 自动完成，因为在配置 DSN 时已经完成了这项工作。如果数据库的实际存储位置发生了变化，也只需修改 DSN 配置，而不必改变对数据库进行访问的 Web 应用程序。

（二）OLE DB 方式连接数据库

使用 ODBC 数据源的方式访问数据库有一个缺点，就是必须在 Web 服务器上创建和配置 ODBC 数据源。在很多情况下，Web 开发人员是无法直接接触到 Web 服务器的，这就需要有 Web 服务器管理员的参与和配合才行。

使用 OLE DB 连接方式就可以很好地解决 ODBC 数据源方式的缺点，并且运行效率更高，是目前访问数据库最好的一种方式。

使用 OLE DB 连接方式访问数据库，首先应构建用于连接该数据库的连接字符串，连接字符串构建好后，就可通过 ADO 对象的连接对象，利用该连接字符串来打开数据库，实现对数据库的访问。

不同类型的数据库，其连接字符串的构建方法不同。下面以最常使用的 Access 数据库为例，介绍连接字符串的构建方法。

由于连接字符串比较长，在程序中，为便于表达通常将其赋给一个变量（connstr）保存，格式如下：

```
Connstr="Provider=Microsoft.Jet.OLEDB.4.0;Data Source=数据库名;"
```

二、使用 Connection 对象连接数据库

ADO 组件中的 Connection 对象负责与数据库的连接，其他所有的对象都必须依赖该对象实现的连接才能发挥各自的功能。Connection 对象除了负责数据源连接外，还可通过事务来确保在事务中所有对数据源的变更成功。可以使用 ASP 内置对象中 Server 对象的 CreateObject() 方法来创建 Connection 对象。

创建 Connection 对象实例的语法格式为：

```
Set conn=server.CreateObject("ADODB.Connection")
```

（一）Connection 对象的方法

Connection 对象具有多种方法，其中最主要的是 Open 方法、Execute 方法和 Close 方法。

1. *Open 方法*

Open 方法用于创建与数据源的连接，只有使用了 Connection 对象的 Open 方法后，才能访问指定的数据源。其语法格式为：

```
Connection.Open ConnectionString,UserID,Password,Option
```

说明如下：

（1）ConnectionString 为可选参数，它是一个字符串变量，包含连接的信息。

（2）UserID 为可选参数，它是一个字符串变量，包含建立连接时访问数据库使用的用户名称。

（3）Password 为可选参数，它是一个字符串变量 ，包含建立连接时访问数据库使用的密码。

2. *Execute 方法*

当使用 Connection 对象打开与数据库的连接后，就可以直接使用 Execute 方法执行有关的 SQL 语句或数据库的存储过程来对数据库进行操作。其语法格式如下：

```
Connection.Execute CommandText,RecordsAffected,Options
```

说明如下：

（1）CommandType 是一个字符串，它包含一个表名，或某个将被执行的 SQL 语句。

（2）RecordsAffected 为可选参数，返回此次操作所影响的记录数。

（3）Options 为可选参数，用来指定 CommandText 参数的性质，即用来指定 ADO 如何解释 CommandText 参数的参数值，详见表 9-2 所示。

表 9-2 Options 参数的值及含义

参数值	含义
AdCmdUnKnown	默认值，表示 CommandText 类型无法确定
AdCmdText	表示 CommandText 为一般命令字符串
AdCmdTable	表示 CommandText 为一个存在的表名称
AdCmdStoredProc	表示 CommandText 为一个存储过程名
AdCmdFile	表示 CommandText 为一个文件名

3. *Close 方法*

Connection 对象的 Close 方法负责关闭和数据源的连接及相关的对象，并释放与连接有关

的系统资源，其语法格式为：

Connection.close

使用 Close 方法关闭 Connection 对象，并没有从内存删除该对象，而可以在此后再次打开。若要将被关闭的连接对象从内存中完全删除，可用 Set 命令将该对象变量设置为 Nothing，格式为：

Set Connection=Nothing

（二）Connection 对象的属性

Connection 对象具有 11 个属性，可以利用它们设置和获取数据库连接的各种信息，如表 9-3 所示。

表 9-3　Connection 对象的属性

属性名称	说明
Attributes	包含 Connection 对象的事务状况
CommandTimeOut	批示在终止尝试和产生错误之前执行命令期间需等待的时间
ConnectionString	包含用来和数据源建立连接的字符串
ConnectionTimeOut	包含连接到数据库的最长等待时间。如果超过此时间，则认为连接失败
CursorLocation	包含当前所使用的光标位置
DefaultDatabase	当前连接数据源所使用的默认数据库
IslationLevel	包含 Connection 对象的独立级别
Mode	数据的更新许可权
Provider	包含 Connection 对象的数据提供者名称
State	包含 Connection 对象的当前状态
Version	包含 ADO 的版本号

9.2.3　使用 Recordset 对象检索数据

Recordset 对象是 ADO 中一个极为重要并且广泛使用的对象，负责从数据库中取得所需的记录数据并在内存中创建一个记录集合。用户在访问数据库时，一般先通过 Connection 对象建立与指定数据库的连接，再按所需的要求通过相应的 SQL 命令从数据库中提取数据创建一个 Recordset 记录集，此后即可利用 Recordset 对象的各种属性和方法对这个记录集中的数据进行各种操作处理。

Recordset 对象是拥有这些记录的对象，可以更改（更新、增加、删除）记录集中的记录，上下移动记录，过滤记录并只显示部分内容等。

Recordset 对象也需要首先用 Server 对象的 CreateObject 方法创建一个实例之后才可使用。创建 Recordset 对象实例的语法格式为：

Set rs=Server.CreateObject("ADODB.Recordset")

一、Recordset 对象的方法

1．Open 方法

Recordset 对象中最为重要的方法是 Open 方法。使用 Open 方法可以打开表单基本表、查询结果或者以前保存的 Recordset 中记录的游标，也可以与数据库建立连接。其语法格式为：

Recordset.Open　Source,ActiveConnection,CursorType,ockType,Option

上述语法中的所有参数都是可选的，说明如下。

（1）Source：表示数据源，可以是一个 Command 对象的名称、一段 SQL 命令、一个指定的数据表名称，也可以是一个存储过程名。

（2）ActiveConnection：表示使用中的连接，可以是一个已建立的 Connection 对象实例名称，也可以是一个包含数据库连接信息的字符串（ConnectionString）。

（3）CursorType：表示打开 Recordset 时所使用的游标类型，包括只读、仅向前和可读写等。该参数值可以是特定的 VBScript 常量，也可以是相对应的数字 0~3，具体如表 9-4 所示。

表 9-4 Recordset 对象的 CursorType 参数

常量	参数值	说明
AdOpenForwardOnly	0	此为默认值，表示打开一个仅能向前移动记录指针的游标，且不允许修改任何记录。此游标类型所用的系统资源最少，访问效率最佳
AdOpenKeyset	1	打开一个 Keyset 类型的游标，记录指针可以自由地上下移动，可以进行记录的更新和删除，但所做的任何记录修正均无法由他人读取
AdOpenDynamic	2	打开一个动态类型的游标，记录指针可以自由地上下移动，可进行记录的更新和删除，多做的任何记录修正均可由他人读取。此游标类型所用的系统资源最多
AdOpenStatic	3	打开一个静态类型的游标，记录指针可以自由地上下移动，但不允许修改任何记录

（4）LockType：表示打开 Recordset 时所用的锁定状态，用来处理当多个用户存取记录时避免引起冲突。该参数值可以是特定的 VBScript 常量，也可以是相对应的数字 1~4，具体如表 9-5 所示。

表 9-5 Recordset 对象的 LockType 参数

常量	参数	说明
AdLockReadOnly	1	此为默认值，表示以只读方式取得 Recordset
AdLockPessimistic	2	保守式锁定，当修改记录时，数据提供者将尝试锁定记录以确保成功地编辑记录
AdLockOptimistic	3	开放式锁定，仅在调用 UPDATE 方法更新记录时才锁定记录
AdLockBatchOptimistic	4	批量开放锁定，仅在批量更新记录时才锁定这些记录

（5）Options 与 Connection 对象的 Execute 方法的参数相同。

2. Recordset 对象的其他方法

如表 9-6 所示，列出了 Recordset 对象的其他各种常用方法。这些方法大多与记录指针的移动以及记录的添加、删除和更新有关。

表 9-6 Recordset 对象的其他常用方法

方法	说明
AddNew	在 Recordset 记录集的最后添加一条新记录
Close	关闭所指定的 Recordset 对象
Clone	复制某个已存在的 Recordset 对象

续表

方法	说明
MoveFirst	将记录指针移到 Recordset 记录集的第一条记录
MoveLast	将记录指针移到 Recordset 记录集的最后一条记录
MoveNext	将记录指针移到 Recordset 记录集当前记录的下一条记录
MovePrevious	将记录指针移到 Recordset 记录集当前记录的上一条记录
Move	将记录指针移到 Recordset 记录集中的第 n 条记录
Delete	在 Recordset 记录集中删除一条当前记录
Requery	重新执行本对象所基于的查询，对本对象的数据集进行更新
Update	将修改后的记录内容保存回数据库中
CancelUpdate	取消当前对数据的修改（只能在未调用 Update 方法更新之前）
UpdateBatch	将记录集内修改后的多条记录内容保存回数据库中
CancelBatch	取消批量更新

二、Recordset 对象的属性

Recordset 对象用来查询或操作已经连接的数据源内的数据，它把数据源中查询到的结果封装在一起，然后提供了一系列的方法和属性去处理记录集。表 9-7 列出了 Recordset 对象中的各种主要属性名称及含义。

表 9-7　Recordset 对象的属性

属性名称	含义
ActiveConnection	指明 Recordset 对象所使用的与数据源的连接信息
BOF	判断当前的记录指针是否位于 Recordset 记录集的第一条记录之前，是则返回逻辑值 True，否则返回逻辑值 False
EOF	判断当前的记录指针是否位于 Recordset 记录集的最后一条记录之后，是则返回逻辑值 True，否则返回逻辑值 False
RecordCount	返回 Recordset 记录集中的记录集条数。ADO 无法确定记录条数时，返回属性值-1
MaxRecords	设置 Recordset 记录集从数据源中一次最多可取得的记录条数
PageSize	当 Recordset 记录集中的多条记录需要分页显示时，设置每页所显示的记录条数
PageCount	当 Recordset 记录集中的多条记录需要分页显示时，设置需要分页的总数
AbsolutePage	通常和 PageSize 属性一起使用，返回当前记录指针在 Recordset 记录集中所处的绝对页数
Sort	指定对 Recordset 记录集进行排序的一个或多个关键字段名，可指定升序或降序排序
Filter	设置对 Recordset 记录集进行过滤的条件规则
CursorType	设置记录指针在 Recordset 记录集中移动的方向，可以有 AdOpenForwardOnly、AdOpenKeyset、AdOpenDynamic 和 AdOpenStatic 四种设置
LockType	设置是否将记录写入数据库，可以有 AdLockReadOnly、AdLockConnection、AdLockBatch 和 Optimistic 四种设置

需要指出的是，Recordset 对象的 ActiveConnection 属性与 Command 对象的 ActiveConnection

属性相同，可以是一个已有的 Connection 对象名称，也可以是一个包含数据库连接信息的字符串，用来指明 Recordset 对象所使用的与数据库的连接信息。

9.2.4 使用 Command 对象控制数据处理

Command 对象是对数据存储执行命令的对象。它与 Connection 对象有相同的功能，由于 Connection 对象在处理命令的功能上受到一定的限制，所以 Command 是特别为处理命令的各方面问题而创建的。

Command 对象可以查询数据库并返回 Recordset 对象，以便对 Recordest 记录集合中的大量数据进行操作。Command 对象没有可以用来建立连接的 Open 方法，必须经过一个已经建立的连接来发出 SQL 命令，从而对数据库进行操作。这些 SQL 命令包括数据操作命令 INSERT、DELETE 和 UPDATE，以及数据查询命令 SELECT 等。此外，也可以通过 Command 对象传递和执行 CREATE TABLE、ALTER TABLE 或 DROP TABLE 等数据表定义命令。

Command 对象同样需要使用 Server 对象的 CreateObject 方法创建一个实例后方可使用。创建 Command 对象实例的语句格式为:

```
Set comm=Server.CreateObject("ADODB.Command")
```

一、Command 对象的方法

Execute 方法是 Command 对象最常用的方法，使用该方法可以执行指定的 SQL 语句或存储过程。执行该方法可以返回记录集对象，也可以不返回记录集对象，使用该方法的一般形式为:

```
Command.Execute=RecordsAffected,parameters,Options
```

Command 对象的 Execute 方法与 Connection 对象的 Execute 方法相似，不同之处在于需先将要执行的命令存储过程赋给 Command 对象实例的 CommandText 属性，然后才能使用 Execute 方法。

二、Command 对象的属性

1. ActiveConnection 属性

ActiveConnection 属性用来连接一个 Connection 对象，该对象可以是一个已经建立好的 Connection 对象实例名称，也可以是一个包含数据库连接信息（ConnectionString）的字符串。该属性的语法格式为:

```
Command.ActiveConnection=ActiveConnection Value
```

2. CommandText 属性

CommandText 属性代表要对数据执行的操作命令，它可以是一个 SQL 语句或存储过程的名称。该属性的语法格式为:

```
Command.CommandText=SQL_statements
```

3. CommandType 属性

CommandType 属性用来设置 Command 对象的类型，例如可将该设置为 AdCmdText、AdCmdUnknown、AdCmdTable、AdCmdStoredProc 或 AdCmdFile 等。该属性的语法格式为:

```
Command.CommandType=CommandTypeValue
```

4. CommandTimeout 属性

Command 对象的 CommandTimeout 属性与 Connection 对象的 CommandTimeout 属性的作用类似，用来设置 Command 对象的 Execute 方法运行的最长等待时间，该属性的语法格式为:

```
Command. CommandTimeout=seconds
```

9.3　案例实现——设计访客留言簿

一、需求分析

如图 9-1 所示，访客留言簿采取分页显示的方式，每页仅显示 5 条留言内容，在浏览器中请求此网页时，默认显示的是最近张贴的 5 条留言内容，来访者若要查看已存在的其他留言内容，只需用鼠标单击网页上方代表页码的超级链接，就可迅速显示出所指定页的留言内容。

在查看留言时，来访者若要输入新的留言，只需点击网页右上方“填写留言”字样的超级链接即可。此时，就将出现如图 9-2 所示访客留言表单供输入新的留言内容。来访者在该表单中填写姓名等相关内容后，再单击“提交留言”按钮，便可将所输入的这些内容存入相关数据库，并可在留言簿第一页的最上方显示出此条留言内容。

二、系统设计

制作上述留言簿，需要创建一个用于存放留言内容的数据库，并编写几个相关的页面程序。相关文件如下：

- index.asp：留言簿的主界面，用于显示留言。
- add.html：用户填写留言表单。
- addsave.asp：用来将用户填写的留言提交到数据库。
- testdb.mdb：系统数据库，用来存放用户信息和留言。

图 9-7 说明了上述各页面和数据表的功能及其之间的关系。

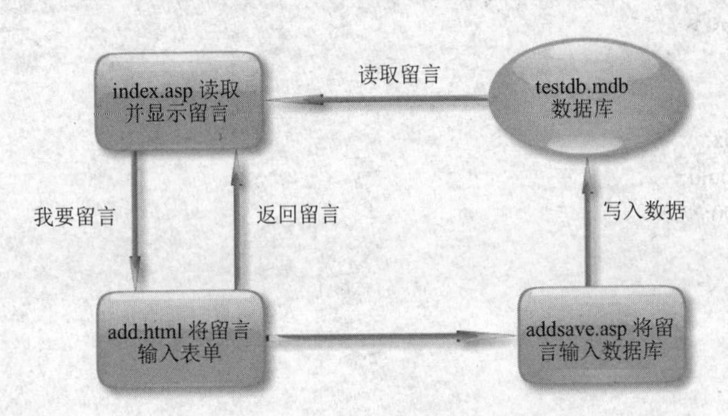

图 9-7　各页面和数据表的功能及其关系

三、数据库设计

创建一个名为 testdb.mdb 的数据库，其中 main 表包含一个自动生成访客编号的 id 字段以及 user、qq、title、content 和 data 字段。该表的结构如表 9-8 所示。

表 9-8　数据库 main 表

字段名	数据类型	说明
id	自动编号	主键，自动递增
user	文本（50）	用户名
qq	数字	用户 QQ 号码，自动增长
title	文本（50）	留言主题

续表

字段名	数据类型	说明
content	文本（备注）	留言内容
data	日期/时间	留言时间

四、页面实现

1. 读取并显示留言页面

读取并显示来访者留言页面 index.asp 是本例最主要的程序，用来从数据库中读取相关访客留言并分页显示在客户浏览器中。

在本页面的代码设计中，需要用到记录集内容的分页显示技术。在 ASP 与 ADO 相结合的程序设计中，要实现数据库中记录内容的分页显示，将设计 Recordset 对象的属性，其中：

- PageSize：每页所包含的记录数。
- AbsolutePage：当前页面的页面。
- PageCount：分页的数量。

index.asp 页面的源代码如下：

```
<%@ LANGUAGE="VBScript" %>
<html>
<head>
<title>留言本-首页</title>
<link href="style.css" rel="stylesheet" type="text/css">
<style type="text/css">
<!--
.STYLE1 {
	font-size: 36px;
	font-weight: bold;
	color: #990000;
}
-->
</style>
</head>
<body>
<div align="center" class="STYLE1">访客留言簿</div>
<%
'建立与 testdb 数据库的连接
set conn=Server.CreateObject("ADODB.Connection")
conn.Provider="Microsoft.Jet.OLEDB.4.0"
conn.Open Server.Mappath("/data/testdb.mdb")
'读取 main 表中的所有记录并按照留言时间顺序排列
set rs=server.createobject("adodb.recordset")
sql="select * from main order by mydata desc"
rs.open sql,conn,1,2
%>
<table width="450" border="0" align="center" cellpadding="0" cellspacing="0">
  <tr>
    <td width="330" align="center">
```

```
<%
'设置分页大小，每页显示 5 条记录
rs.pagesize=5
response.Write "    "
if request.QueryString("pageno")="" then
rs.absolutepage=1
else
rs.absolutepage=request.QueryString("pageno")
end if
response.Write "\"
for i=1 to rs.pagecount
if i=cint(pageno) then
response.Write i&" \ "
else
'超级链接到 index.asp 页面，并将页码作为参数传递
response.Write "<a href='index.asp?pageno="& i &"'>"&i&"</a>"&" \ "
end if
next
response.Write"  "
%>
</td>
    <td align="center"><a href="add.asp">填写留言</a></td>
    <td align="center"><a href="admin.asp">管理留言</a></td>
  </tr>
</table>
<br>
<%
for i=1 to rs.pagesize
%>
<table width="450" border="0" align="center" cellpadding="0" cellspacing="0">
  <tr>
    <td><TABLE id=Table40 cellSpacing=1 cellPadding=3 width=450
                bgColor=#c6d7c6 border=0>
      <TBODY>
        <TR>
          <TD colspan="2" bgColor=#f5faf5><TABLE cellSpacing=0 cellPadding=0 width="100%"
        border=0>
                <TBODY>
                  <TR>
                    <TD width="90%"><P style="MARGIN-TOP: 3px; MARGIN-LEFT: 10px"><span
class="text1" style="font-weight: bold"><%=rs("user")%></span> 留言于 <%=rs ("mydata")%>
</P></TD>
                    <TD width="10%" align=right><a href="http://web.qq.com" target="_blank" class=
"STYLE8">QQ 留言</a></TD>
                  </TR>
                </TBODY>
            </TABLE></TD>
        </TR>
```

```
        <TR>
            <TD width=61 bgColor=white><P class="text2" style="MARGIN-TOP: 3px; MARGIN-LEFT: 10px">主 题：</p></TD>
            <TD width=374 bgColor=white><P style="MARGIN-TOP: 3px; MARGIN-LEFT: 10px"><%=rs("title")%></p></TD>
        </TR>
        <TR>
            <TD bgColor=white><span class="text2" style="MARGIN-TOP: 3px; MARGIN-LEFT: 10px">内 容：</span></TD>
            <TD width=374 bgColor=white><span style="MARGIN-TOP: 3px; MARGIN-LEFT: 10px"><%=rs("content")%></span></TD>
        </TR>
      </TBODY>
    </TABLE></td>
  </tr>
  <tr>
    <td height="20"></td>
  </tr>
</table>
<%
rs.movenext
if rs.eof then exit for
next
rs.close
set conn=nothing
%>
</body>
</html>
```

2. 供访客留言的表单页面

供客户留言的表单页面 add.html 的设计相对简单，来访者在访客留言簿中单击“填写留言”字样的超级链接，即可连接到此表单页面。

add.html 页面的工作过程为：当访客输入留言内容并填写有关表单项后，单击“提交留言”按钮，就将激活 addnew.asp 页面，再由该页面将留言内容自动存入数据库中的 main 数据表。

add.html 页面的源代码如下：

```
<html>
<head>
<title>填写留言</title>
<link href="style.css" rel="stylesheet" type="text/css">
<style type="text/css">
<!--
.STYLE1 {
    color: #420000;
    font-weight: bold;
    font-size: 18px;
}
```

```
-->
</style>
</head>
<body>
<form action="addsave.asp" method="post" name="add">
  <table width="460" border="1" align="center" background="pic/blue.jpg">
    <tr>
      <td width="450"><table width="450" border="0" align="center" cellpadding="2" cellspacing="0">
        <tr>
          <td height="40" colspan="2" align="center" class="text3"><span class="STYLE1">填 写 留 言
</span></td>
        </tr>
        <tr>
          <td width="124"><P style="MARGIN-TOP: 2px; MARGIN-LEFT: 80px">姓　名：</p></td>
          <td width="318"><input name="user" type="text" id="user"></td>
        </tr>
        <tr>
          <td><P style="MARGIN-TOP: 2px; MARGIN-LEFT: 80px">QQ　号：</p></td>
          <td><input type="text" name="qq"></td>
        </tr>
        <tr>
          <td><P style="MARGIN-TOP: 2px; MARGIN-LEFT: 80px">主　题：</p></td>
          <td><input type="text" name="title">
          </td>
        </tr>
        <tr>
          <td valign="top"><P style="MARGIN-TOP: 5px; MARGIN-LEFT: 80px">内　容：</p></td>
          <td><textarea name="content" cols="30" rows="5"></textarea></td>
        </tr>
        <tr align="center">
          <td colspan="2"><input type="submit" name="Submit" value="提交留言">
              <input type="reset" name="Submit" value="全部重填"></td>
        </tr>
      </table></td>
    </tr>
  </table>
</form>
</body>
</html>
```

3. 将留言写入数据库页面

在本节的“访客留言簿”示例中，将留言内容写入数据库是通过 addsave.asp 页面实现的。该页面首先读取客户在留言簿表单中输入的数据并将其放入对应的变量中。然后打开 main 表添加一条记录，再将各变量的内容存入新记录对应的字段中。最后，重定向到 index.asp 页面，显示出更新后的访客留言簿内容。

addsave.asp 页面的源代码如下：

```
<%@ LANGUAGE="VBScript"%>
```

```
<%
set conn=Server.CreateObject("ADODB.Connection")
conn.Provider="Microsoft.Jet.OLEDB.4.0"
conn.Open Server.Mappath("/data/testdb.mdb")
set rs=server.createobject("adodb.recordset")
sql="select * from main"
rs.open sql,conn,1,3
rs.addnew
user=request.form("user")
qq=request.form("qq")
title=request.form("title")
content=request.form("content")
rs("user")=user
rs("qq")=qq
rs("title")=title
rs("content")=content
rs.update
rs.close
set rs=nothing
conn.close
set rs=nothing
response.Redirect("index.asp")
%>
```

一、填空题

1．ODBC 数据源分为________、_________和_______三种。其中________数据源是保存在一个特殊的文件中的，文件的扩展名为______。

2．ADO 除了可用数据源来连接数据库外，还可以通过_______和________链接字符串来实现对数据库的连接。

3．ADO 的三个核心对象是_______、_______、_________。

4．为了建立与数据库的连接，必须调用连接对象的________方法，连接建立后，可利用连接对象的________方法来执行 SQL 语句。

5．关闭连接并彻底释放所占用的系统资源，应调用连接对象的________方法，并使用_________语句来实现。

6．用于设置连接超时时间的属性是__________，用于设置 SQL 语句的最大执行时间的属性是________。

7．利用记录集对象向数据表添加记录时，应先调用______方法，然后再给各字段赋值，最后通过调用______方法来更新记录数据。

8．若要删除记录，可通过记录集对象的________方法来实现，也可通过_______对象执行 SQL 的_______语句来实现。

9．记录分页显示时，用于决定每个逻辑页面的记录数的属性是______，设置该属性后，逻辑页面的个数可通过_______属性来获得，通过设置__________属性的值，可将记录指针定位到指定页面的首记录。

10．若要通过 OLE DB 链接字符串来访问 Store.mdb 数据库，则对应的链接字符串为_____。

二、简答题

1．简述怎样使用 Recordset 对象提供的方法向数据库中添加数据，以及怎样更新数据库中的数据。

2．简述 Connection 对象、Recordset 对象和 Command 对象之间的区别和联系。

实验九　班级 BBS 论坛的设计与实现

一、实验目的与要求

熟悉并掌握在 ASP 中利用 ADO 实现对数据库的存取方法。

二、实验内容

设计一个班级主页的 BBS 论坛。

第 10 章　企业网站后台管理系统设计

前面的章节已经系统地介绍了网站建设的基础知识。本章将以“易安科技公司网站后台管理系统建设”为案例，综合运用 ASP 技术，详细地开发一个完整的网站后台系统。为了便于初学者更好地掌握开发的方法，本章将网站后台管理系统按照功能分解成相对独立的模块（子系统），即用户管理子系统和新闻发布子系统的设计与实现，其内容主要包括用户登录模块，用户管理子系统主控页面模块，用户信息的添加、删除和编辑模块，新闻发布系统主控页面模块，新闻信息的发布、删除和更新模块。

- 掌握网站后台管理系统的规划与设计。
- 掌握对用户管理子系统和新闻发布子系统的规划与设计方法。
- 掌握根据数据存储需求，设计数据表结构的方法。
- 掌握 ASP 对数据库的连接访问方式，并重点掌握 OLE DB 连接方式。
- 掌握常用的 Access 数据库的 OLE DB 连接字符串的构造方法。
- 掌握用户信息的添加、删除、编辑以及用户登录验证页面、用户管理子系统主控制页面的编写方法。
- 掌握新闻信息的添加、删除、编辑以及新闻发布子系统主控制页面的编写方法。
- 通过对本章的学习，掌握数据库管理系统的规划与设计方法，达到能独立规划设计并独立编写完成类似数据库应用系统的开发编程能力。

10.1　网站功能规划

在 Internet 飞速发展的今天，网站建设已经成为企业信息化建设中的重要组成部分，尤其是对一些中小型企业来说，建设一个安全、可靠和实用的企业门户网站是企业发展的内在需求和必然趋势。本章和下一章就以建设一个中小型科技企业网站为案例，综合应用 ASP 开发技术，详细设计和实现网站的后台管理系统和前台页面。

在进行具体的网站开发任务之前，首先要根据企业的实际需求明确网站需要实现的功能。

本章案例网站的原型是“易安科技”网络有限公司的门户网站，该公司是一个提供软件开发、网站建设和网络广告等专业服务的中小型科技企业。网站的主要作用是介绍公司情况，发布动态信息，展示公司业绩，说明业务内容和业务联系方式，其核心功能是信息的发布和用户的管理。其主要功能结构如图 10-1 所示。

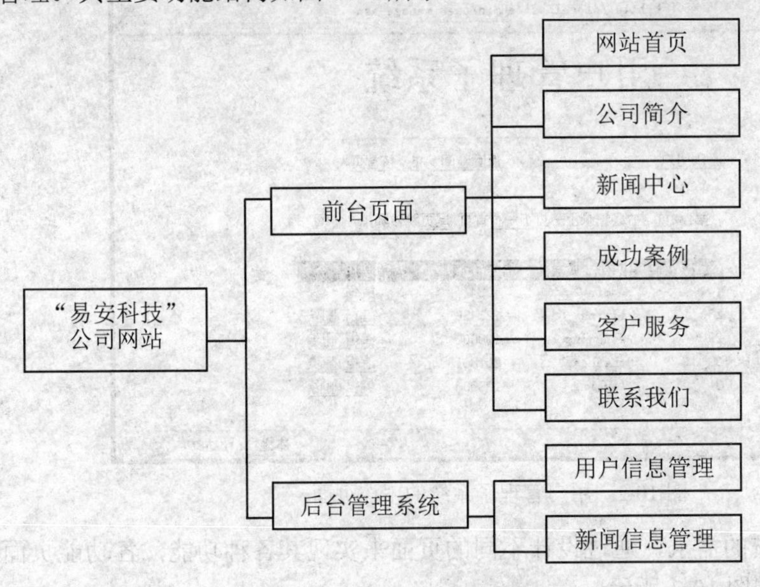

图 10-1　网站功能结构图

根据网站功能需求，网站后台的管理功能主要包括用户信息管理和新闻信息管理。下面就来具体设计和实现用户管理子系统和新闻发布系统。

10.2　用户管理子系统

10.2.1　系统需求分析

本网站后台管理系统中的用户管理子系统主要为新闻发布系统而设计，由于网站中的所有不同种类新闻信息全部存储在同一个数据表中，采用同一个新闻发布系统进行发布与管理，因此要求必须解决多用户管理和用户权限分配等问题。

在用户管理子系统中，需要设置一个具有最高权限的超级管理员账户（admin），负责根据需要添加、删除和编辑其他管理员账户，并为其他管理员账户分配新闻发布权限，且超级管理员账户是不允许删除的。为保证网站后台的安全性，整个用户管理子系统的所有功能页面只能由超级管理员访问使用，其他管理员无权访问。其他管理员只能登录网站后台新闻发布系统进行一定权限的新闻信息发布和管理。

用户管理子系统所需的主要功能包括用户登录、添加用户、编辑用户和删除用户。同时需要设计一个集中统一的主控制页面，以显示所有用户列表和提供“添加”、“编辑”、“删除”等操作功能选项。注意对于超级管理员账户，只能设置“编辑”功能，不能提供“删除”功能，以防止误删超级管理员账户。

用户管理子系统的主控页面如图 10-2 所示。

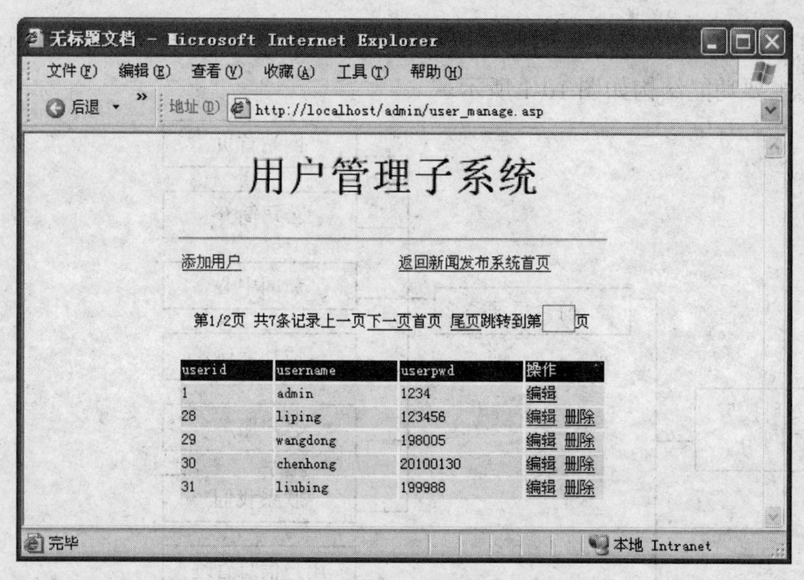

图 10-2 用户管理子系统的主控页面

根据用户管理子系统的需求，通过设计不同的页面来实现其各种功能，各功能页面的相互关系和系统执行流程如图 10-3 所示。

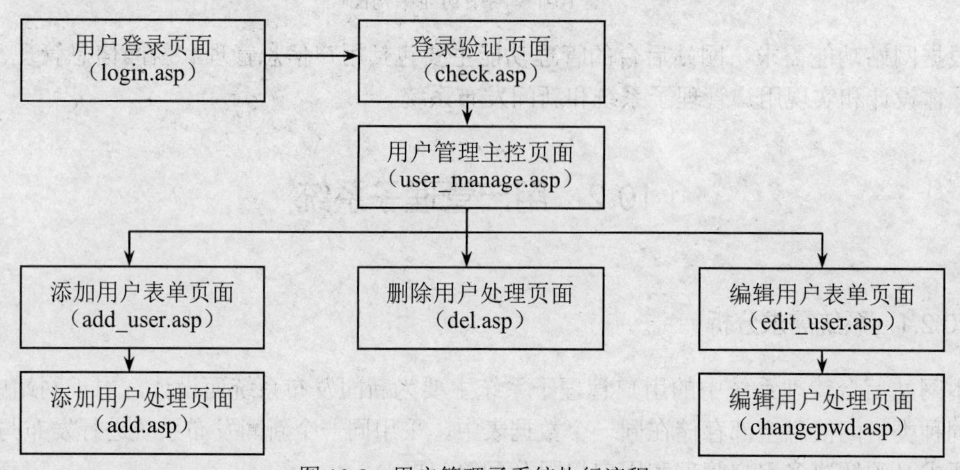

图 10-3 用户管理子系统执行流程

10.2.2 系统数据库设计

数据库是整个网站的基础，因此必须在数据库框架设计完成的情况下，其他模块才有可能实现。对于中小型企业网站后台数据库，可以采用 SQL Server、MySQL 或 Access 数据库。SQL Server 数据库会给系统提供更好更强大的数据库服务性能、安全性和稳定性。使用 Access 数据库的优点是使用方便，不需要安装数据库服务器，只需创建设计好数据库的结构，然后将数据库文件存放在网站的指定位置供 ASP 存取访问。为了便于初学者简单易学，本网站直接使用 Access 数据库作为后台数据库。

创建网站后台数据库，命名为 webdata.mdb，存放在网站根目录下的 data 目录中。为了便于对数据库文件进行权限管理，数据库文件必须放在一个单独的文件夹中，不要与其他文件放在一起。同时为了使网站访问者能够浏览新闻和信息交互，data 目录必须给予 Internet 匿名账户读和写的权限。

通过前面对用户管理子系统的功能分析，需要使用数据库存储各管理员账户信息。在数据库 webdata.mdb 中，先设计一个数据表文件 users，用于存储用户账户信息，结构设计如表 10-1 所示。

表 10-1　用户数据表 users

字段名	字段类型	字段大小	说明
userid	自动编号	长整型	用户标识号
username	文本	50	用户名
userpwd	文本	50	密码

10.2.3　编写用户登录页面

【例 10.1】设计用户登录页面，包括用户登录表单页面（login.asp）和登录验证页面（check.asp）。页面效果如图 10-4 和图 10-5 所示。

图 10-4　用户登录表单

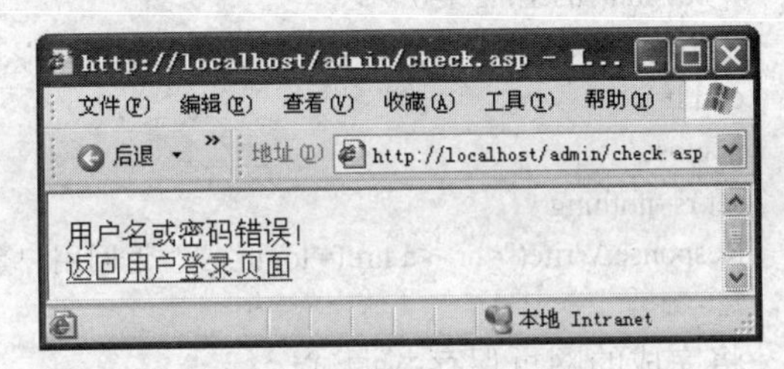

图 10-5　登录验证页面

一、知识解析（页面功能分析）

在表单中输入用户名和密码，登录表单将信息提交给验证页面 check.asp 进行登录判断处理，验证正确后跳转到新闻发布系统主页 news_manage.asp，否则提示出错信息。

用户账户信息保存在数据库 webdata.mdb 的 users 表中，要对用户名和密码进行验证，必须对数据表进行读取操作。要实现从数据表中读取用户账户信息，需要掌握 ASP 对数据库的存取访问方法。首先创建与数据库 webdata.mdb 的连接，再使用 open 方法打开连接对象，然后进一步调用连接对象的其他方法如 Execute 执行 SQL 语句，实现对数据表的相关操作。

二、案例实现

启动 Dreamweaver CS3，在站点下新建一个名为 admin 的文件夹，在该文件夹中创建两个网页文件，分别是用户登录表单页面 login.asp 和登录验证页面 check.asp。在设计视图模式下制作 login.asp 页面表单。表单采用 Post 方式提交给处理页面 add.asp，表单中输入框对象名称分别为 username 和 userpwd。

页面 check.asp 的代码如下：

```
<%
'获取用户名和密码
dim loginname,loginpwd
loginname=Request.Form("username")
loginpwd=Request.Form("userpwd")
'连接数据库并比较用户名和密码
```

```
dbpath=Server.MapPath("/data/webdata.mdb")
connstr="Provider=Microsoft.JET.OLEDB.4.0;Data Source="&dbpath
sqlstr="Select * From users where username='"&loginname&"' and userpwd='"&loginpwd&"'"
set rs=server.createobject("adodb.RecordSet")
rs.open sqlstr,connstr,1,1
'判断该用户名和密码在数据库中是否存在
if rs.RecordCount=1 then
   session("userflag")=1
'若为超级用户，则跳转到用户管理子系统主页 user_manage.asp;否则跳转到新闻发布子系统主页
news_manage.asp
if loginname="admin" and loginpwd="1234" then
     Response.Redirect("user_manage.asp")
   else
     Response.Redirect("/news/news_manage.asp")
   end if
'用户名和密码在数据库中不存在，输出登录失败的提示信息
else
   session("userflag")=0
   Response.Write("用户名或密码错误！")
end if
rs.close
set rs=nothing
Response.Write("<br><a href='login.asp'>返回用户登录页面</a>")
%>
```

将完成的网页保存并调试运行。

10.2.4 编写用户管理子系统主控页面

【例 10.2】用户管理子系统主控页面（user_manage.asp）用于显示用户列表和集中管理各功能模块。页面效果如图 10-2 所示。

一、知识解析（页面功能分析）

用户列表采用分页的方式显示，每页显示 5 条记录，奇数行和偶数行采用不同的背景颜色以示区别。

在每条记录内容后面添加“编辑”和“删除”链接，通过传递指定的 userid 参数值，以实现对当前记录进行编辑和删除操作。

设置“添加用户”和“返回新闻发布系统首页”超链接。

因此，不仅要熟练掌握 ASP 对数据库的存取访问方法，还要灵活应用记录集分页显示。

二、案例实现

在站点下 admin 文件夹中创建网页文件 user_manage.asp，输入标题“用户管理子系统”，插入水平线，设置超链接“添加用户”和“返回新闻发布系统首页”分别到 add_user.asp 和 news_manage.asp。

页面 user_manage.asp 的代码如下：

```
<%@LANGUAGE="VBSCRIPT" CODEPAGE="936"%>
'判断提交表单数据的用户是否是合法用户
<%if Session("userflag")=0 then
```

```
  response.Redirect("user_login.asp")
  end if
%>
'获得当前网页的文件名与路径
<% CurPageName=Request.servervariables("Script_name") %>
<!DOCTYPE html PUBLIC "-//W3C//DTD XHTML 1.0 Transitional//EN" "http://www.w3.org/TR/xhtml1/
DTD/xhtml1-transitional.dtd">
<html xmlns="http://www.w3.org/1999/xhtml">
<head>
<meta http-equiv="Content-Type" content="text/html; charset=gb2312" />
<title>用户管理子系统主控页面</title>
<script language="VBScript">
'定义跳转函数，可以跳转到在文本框中输入的指定页数
  Sub gopage()
     if window.event.keycode=13 then                     '若按回车键
        pno=document.frmPage.pageno.value                '获得文本框中输入的页号
        window.location.href="<%=CurPageName%>? pageno="&pno
     end if
  end Sub
</script>
<link href="../css/mycss.css" rel="stylesheet" type="text/css" />
<style type="text/css">
<!--
.STYLE1 {font-size: 9px}
-->
</style>
</head>
<body>
<h1 align="center">用户管理子系统</h1>
<hr width="60%" />
<table width="400" border="0" align="center" cellpadding="2" cellspacing="2">
  <tr>
    <td class="text"><div align="center"><a href="add_user.asp" target="_self">添加用户</a></div></td>
    <td class="text"><a href="del_user.asp" target="_self"></a></td>
    <td class="text"><a href="edit_user.asp" target="_self"></a></td>
    <td class="text"><div align="center"><a href="../news/news_manage.asp" target="_self">返回新闻发布
系统首页</a></div></td>
  </tr>
</table>
<span class="text">
<% Const adOpenKeyset=1
   Const adLockReadOnly=1
   Const adCmdText=&H0001
dbpath=Server.MapPath("/data/webdata.mdb")
connstr="Provider=Microsoft.JET.OLEDB.4.0;Data Source="&dbpath
sqlstr="Select * From users"
set rs=server.createobject("adodb.RecordSet")
rs.open sqlstr,connstr,adOpenKeyset,adLockReadOnly,adCmdText          '获得记录集
```

```
rs.pageSize=5                                                          '设置每页显示的记录数
if request.querystring("pageno")="" then                               '查询所要显示的页号
rs.absolutepage=1                                                      '若未指定，则显示第 1 页
else
   rs.absolutepage=request.querystring("pageno")                       '设置所要显示的页号
end if
title="<form name='frmPage'><div align='center'>第"&rs.absolutepage&"/"&rs.pagecount&"页 共
"&rs.recordcount&"条记录"
if rs.absolutepage>1 then                                '若当前页号大于 1，则上一页有效
   title=title&"<a href="&curpagename&"?pageno="&rs.absolutepage-1&">上一页</a>"
else
   title=title&"上一页"
end if
if rs.absolutepage<rs.pagecount then
   title=title&"<a href="&curpagename&"?pageno="&rs.absolutepage+1&">下一页</a>"
else
   title=title&"下一页"
end if
if rs.absolutepage>1 then
   title=title&"<a href="&curpagename&"?pageno=1>首页</a>"
else
   title=title&"首页"
end if
if rs.absolutepage<rs.pagecount then
title=title&"      "&"<a href="&curpagename&"?pageno="&rs.pagecount&">尾页</a>"
else
   title=title&"尾页"
end if
title=title&"跳转到第<input type='text' name='pageno' onKeyPress='gopage' size=2>页</div></form>"
response.write title
response.write "<table border=0 align='center' width='60%'><tr bgcolor=#000080>"
for num=0 to rs.fields.count-1
response.write "<td><font color=#ffffff>"+rs.fields(num).name+"</td>"
   '添加操作字段
   if num=2 then
      response.write "<td><font color=#ffffff>操作</font></td>"
   end if
next
response.write "</font></tr>"
LineNo=1                                                               '初始化行计数变量
Do While Not rs.eof and LineNo<=rs.pageSize                            '循环输出当前页的内容
if(LineNo mod 2)=1 then                                                '奇偶行显示不同颜色
   response.write "<tr bgcolor=#faf0e6 onMouseOver=mOver(this,'#e7e9cf');onMouseOut=mOut(this,'#faf0e6');>"
else
   response.write "<tr bgcolor=#faebd7 onMouseOver=mOver(this,'#e7e9cf');onMouseOut=mOut(this,'#faebd7');>"
end if
'在表格中输出数据表中的数据
for num=0 to rs.fields.count-1
```

```
fdvalue=rs(num)
  if isnull(fdvalue) then
     response.write "<td> </td>"
else
     response.write "<td>"&rs(num)&"</td>"
end if
'在第四列输出操作控制项
if num=2 then
     response.write "<td width=60><a href='edit_user.asp?userid="&rs("userid")&"'>编辑</a>"
     '若该记录为超级管理员，则不显示删除功能项
if LCase(rs("username"))<>"admin" and LCase(rs("userpwd"))<>"1234" then
       response.Write " <a href='del.asp?userid="&rs("userid")&"'>删除</a>"
    end if
       response.write "</td>"
end if
next
rs.movenext                     '将记录指针移到下一条记录
response.write "</tr>"          '输出当前行的结束标记符
LineNo=LineNo+1                 '行计数变量值加 1，将输出下一行内容
Loop
Rs.close
%>
</span>
</body>
</html>
```

将完成的网页保存并调试运行。

10.2.5　编写添加用户功能页面

【例 10.3】按照系统需求，超级管理员 admin 可以向 users 表中添加用户。添加用户功能由添加用户表单页面（add_user.asp）和添加用户处理页面（add.asp）组成。页面效果如图 10-6 和图 10-7 所示。

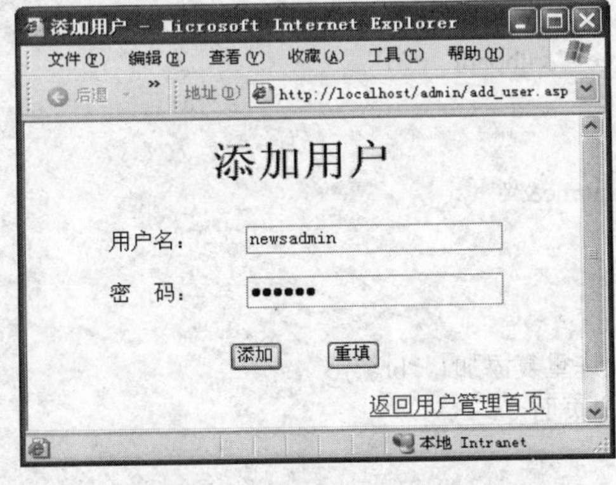

图 10-6　添加用户表单页面

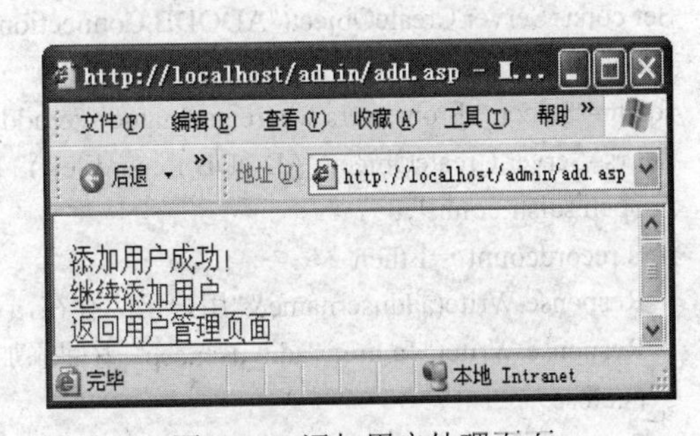

图 10-7　添加用户处理页面

一、知识解析（页面功能分析）

在表单中输入用户名和密码，单击“添加”按钮，将表单内填入的信息提交给处理页面

add.asp。若用户名和密码均不为空，且输入的用户名在数据表 users 中不存在，则将用户名和密码信息存储到数据表 users 中，添加用户成功，否则提示出错。为了方便管理员操作，可以在表单页中设置超链接返回用户管理主控页面，在用户管理主控页面中设置超链接跳转到添加用户功能页面 add_user.asp。

要实现将用户信息写入数据表保存，必须掌握 ASP 对数据库的存取访问方法。先创建与数据库 webdata.mdb 的连接，再使用 open 方法打开连接对象，然后进一步调用连接对象的其他方法如 Execute 执行 SQL 语句，实现对数据表的相关操作。

二、案例实现

启动 Dreamweaver CS3，在站点下新建一个名为 admin 的文件夹，在该文件夹中创建两个网页文件，分别是添加用户表单页面 add_user.asp 和添加用户处理页面 add.asp。在设计视图模式下制作 add_user.asp 页面表单。表单采用 Post 方式提交给处理页面 add.asp，表单中输入框对象名称分别为 username 和 password。

处理页面 add.asp 的代码如下。

```
<%
'获取表单提交的用户名和密码数据
dim addusername,adduserpwd
addusername=Request.Form("username")
adduserpwd=Request.Form("password")
'对获取的数据进行有效性检查
if trim(addusername)="" then
  Response.Write("用户名不能为空！<br>")
  Response.Write("<a href='add_user.asp'>返回添加用户页面</a><br>")
  Response.End()
end if
if trim(adduserpwd)="" then
  Response.Write("密码不能为空！<br>")
  Response.Write("<a href='add_user.asp'>返回添加用户页面</a>")
  Response.End()
end if
'连接数据库，判断表单提交的用户名和密码数据库中是否已经存在，若没有则添加用户信息成功
dbpath=Server.MapPath("/data/webdata.mdb")
connstr="Provider=Microsoft.Jet.OLEDB.4.0;Data Source="&dbpath
Set conn=Server.CreateObject("ADODB.Connection")
conn.open connstr
sqlstr="Select * From users where username='"&addusername&"'"
Set rs=Server.CreateObject("ADODB.RecordSet")
rs.open sqlstr,conn,1,1
if rs.recordcount>=1 then
  Response.Write(addusername&"用户已经存在，不允许重复添加！<br>")
  Response.Write("<a href='add_user.asp'>返回添加用户页面</a>")
  rs.close
  Set rs=nothing
  Response.End()
end if
sqlstr="Insert Into users(username,userpwd)
```

```
values('"&addusername&"','"&adduserpwd&"')"
conn.Execute sqlstr,result
if result=1 then
  Response.Write("添加用户成功！<br>")
  Response.Write("<a href='add_user.asp'>继续添加用户</a><br>")
  Response.Write("<a href='user_manage.asp'>返回用户管理页面</a>")
else
  Response.Write("添加用户失败！<br>")
  Response.Write("<a href='add_user.asp'>返回添加用户页面</a>")
end if
conn.close
set conn=nothing
%>
```

将完成的网页保存并调试运行。

10.2.6　编写删除用户功能页面

【例 10.4】按照系统需求，超级管理员 admin 可以删除 users 表中的任何其他用户。如图 10-2 所示，删除用户功能是通过在用户管理主控页面中单击“删除”，跳转到删除用户处理页面（del.asp）完成删除操作。页面处理效果如图 10-8 所示。

图 10-8　删除用户处理页面

一、知识解析（页面功能分析）

在用户管理主控页面中单击“删除”，跳转到删除用户处理页面 del.asp 完成删除该用户的操作。为使对用户的删除具有通用性，页面 del.asp 使用 Request 对象的 QueryString 方法，通过指定 userid 参数的值来删除指定的用户记录。用户管理主控页面中“删除”超链接的设置如下：

```
<a href='del.asp?userid="&rs("userid")&"'>删除</a>
```

二、案例实现

在站点下 admin 文件夹中创建网页文件 del.asp。

页面 del.asp 的代码如下：

```
<%
'获取要删除用户的 id
dim myid
myid=request.QueryString("userid")
'连接数据库，判断要删除的用户是否存在，若存在则可成功删除用户信息
dbpath=Server.MapPath("/data/webdata.mdb")
connstr="Provider=Microsoft.Jet.OLEDB.4.0;Data Source="&dbpath
Set conn=Server.CreateObject("ADODB.Connection")
conn.open connstr
```

```
sqlstr="delete from users where userid="&myid
conn.Execute sqlstr,result
if result=1 then
   Response.Write("删除用户成功！<br>")
   Response.Write("<a href='user_manage.asp'>返回用户管理页面</a>")
else
   Response.Write("删除用户失败！<br>")
   Response.Write("<a href='user_manage.asp'>返回用户管理页面</a>")
end if
conn.close
set conn=nothing
%>
```

将完成的网页保存并调试运行。

10.2.7 编写编辑用户功能页面

【例 10.5】按照系统需求，超级管理员 admin 可以编辑 users 表中的任何用户信息，如修改用户密码。编辑用户功能由编辑用户表单页面（edit_user.asp）和编辑用户处理页面（changepwd.asp）组成。页面效果如图 10-9 和图 10-10 所示。

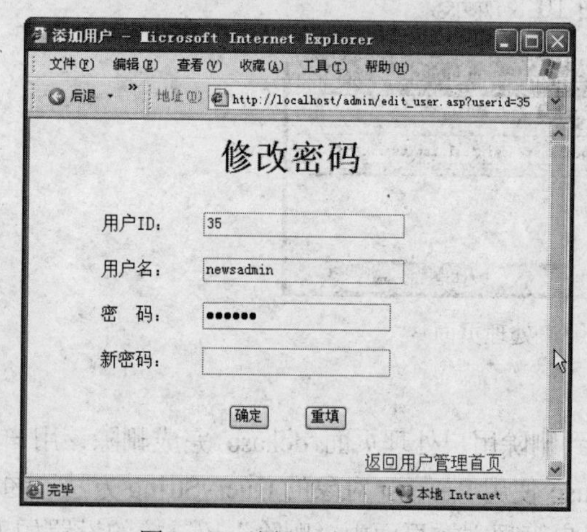

图 10-9 编辑用户表单页面

图 10-10 编辑用户处理页面

一、知识解析（页面功能分析）

本例中编辑用户信息主要指修改用户密码。在用户管理主控页面中单击“编辑”，跳转到编辑用户表单页面 edit_user.asp，同样使用 Request 对象的 QueryString 方法，通过指定 userid 参数的值来修改指定用户的密码。用户管理主控页面中“编辑”超链接的设置如下：

```
<a href='edit_user.asp?userid="&rs("userid")&"'>编辑</a>
```

二、案例实现

在站点下 admin 文件夹中创建网页文件 edit_user.asp 和 changepwd.asp。在设计视图模式下制作 edit_user.asp 页面表单。表单采用 Get 方式提交给处理页面 changepwd.asp，表单中输入框对象名称分别为 username、oldpwd 和 newpwd。

页面 edit_user.asp 的代码如下：

```
<body>
<%
```

```
'获取要编辑用户的 id
dim myid
myid=request.QueryString("userid")
'连接数据库，并查询要编辑用户的数据信息
sqlstr="select * from users where userid="&myid
dbpath=Server.MapPath("/data/webdata.mdb")
connstr="Provider=Microsoft.Jet.OLEDB.4.0;Data Source="&dbpath
Set rs=Server.CreateObject("ADODB.RecordSet")
rs.open sqlstr,connstr,1,1
%>
<form id="form1" name="form1" method="post" action="changepwd.asp">
  <table width="400" height="187" border="0" align="center" cellpadding="0" cellspacing="0">
    <tr><td colspan="2"><h1 align="center">修改密码</h1></td></tr>
     <tr><td width="30%" height="40"><div align="center" class="STYLE4">用户 ID：</div></td>
<td width="70%"><input name="myuserid" type="text" size="25" maxlength="30" value="<%=rs.fields
("userid").value%>"/></td></tr>
    <tr><td width="30%" height="40"><div align="center" class="STYLE4">用户名：</div></td>
    <td width="70%"><input name="username" type="text" size="25" maxlength="30" value="<%=rs.fields
("username").value%>"/></td></tr>
    <tr><td height="40"><div align="center" class="STYLE4">密  码：</div></td>
    <td><input name="oldpwd" type="password" size="25" maxlength="30" value="<%=rs.fields
("userpwd").value%>" /></td></tr>
        <tr><td height="40"><div align="center" class="STYLE4">新密码：</div></td>
    <td><input name="newpwd" type="password" size="25" maxlength="30" />    </td> </tr>
    <tr><td height="59" colspan="2"><div align="center">
        <input type="submit" name="Submit" value="确定" />
        <input type="reset" name="Submit2" value="重填" />
        </div></td>
    </tr>
    <tr><td colspan="2"><div align="right"><a href="user_manage.asp" target="_self">返回用户管理首页
</a></div></td></tr>
  </table>
  </form>
<%
rs.close
set rs=nothing
%>
</body>
```

页面 changepwd.asp 的代码如下：

```
<%
'获取用户名和密码
dim myuserid,editusername,oldpwd,newpwd
edituserid=request.Form("myuserid")
editusername=Request.Form("uscrname")
oldpwd=Request.Form("oldpwd")
newpwd=Request.Form("newpwd")
if trim(editusername)="" then
```

```
        Response.Write("用户名不能为空！<br>")
        Response.Write("<a href='edit_user.asp'>返回修改密码页面</a><br>")
        Response.End()
    end if
    if trim(newpwd)="" then
        Response.Write("密码不能为空！<br>")
        Response.Write("<a href='edit_user.asp'>返回修改密码页面</a><br>")
        Response.End()
    end if
    '判断密码是否被修改
    if newpwd<>oldpwd then
        pwd=trim(newpwd)
    else
        pwd=trim(oldpwd)
    end if
    '连接数据库并作密码更新
    dbpath=Server.MapPath("/data/webdata.mdb")
    connstr="Provider=Microsoft.Jet.OLEDB.4.0;Data Source="&dbpath
    Set conn=Server.CreateObject("ADODB.Connection")
    conn.open connstr
    sqlstr="update users set userpwd='"&pwd&"' where userid="&edituserid
    conn.Execute sqlstr,result
    if result=1 then
        Response.Write("密码修改成功！<br>")
        Response.Write("<a href='user_manage.asp'>返回用户管理页面</a>")
    else
        Response.Write("密码修改失败！<br>")
        Response.Write("<a href='edit_user.asp'>返回修改密码页面</a>")
    end if
    conn.close
    set conn=nothing
    %>
```

将完成的网页保存并调试运行。

10.3 新闻发布系统

10.3.1 系统需求分析

新闻发布系统主要实现将要发布的新闻数据及相关信息保存到数据表中，并能实现对这些数据进行统一管理。网站前台网页只需从数据表中将新闻数据读出，将新闻标题显示在网页栏目列表中，当浏览者单击某条新闻的标题链接时，再将这条新闻的具体内容读出并在另一个网页中显示。

本网站新闻发布系统由系统主控页面、用户管理、新闻的发布、新闻的编辑修改和新闻的删除等模块组成。其中用户管理模块就是前面介绍的用户管理子系统。从功能模块组成方面看，新闻发布系统与用户管理子系统是相同的，只是管理的数据项不同。

新闻发布系统的主控页面如图 10-11 所示。

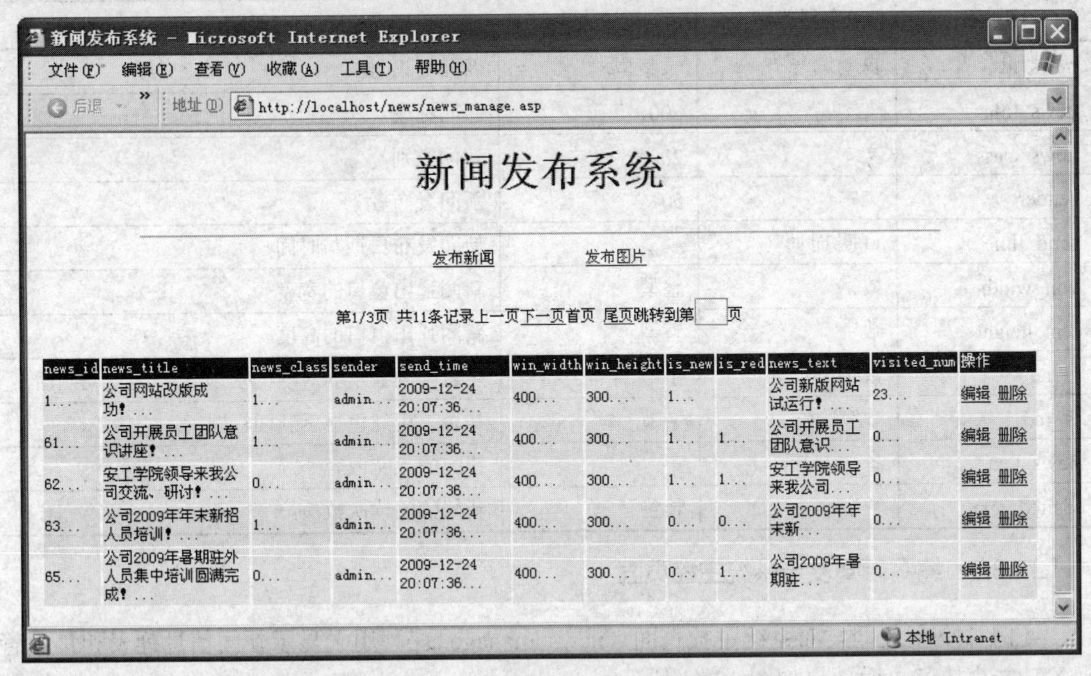

图 10-11　新闻发布系统的主控页面

根据新闻发布系统的需求，通过设计不同的页面来实现其各种功能，各功能页面的相互关系和系统执行流程如图 10-12 所示。

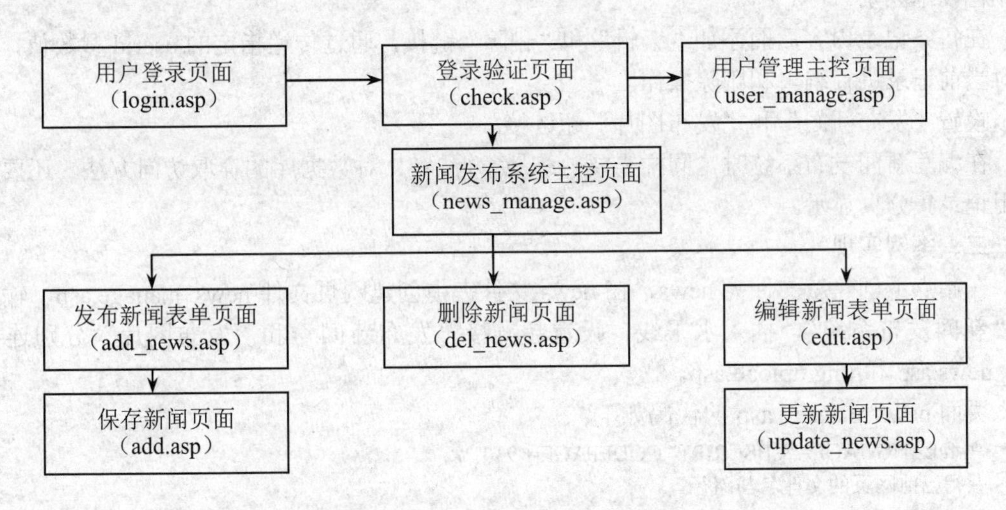

图 10-12　新闻发布系统执行流程

10.3.2　系统数据库设计

通过对新闻发布系统的功能分析，在数据库 webdata.mdb 中设计一个新的数据表文件 news，用于存储新闻发布的信息，结构设计如表 10-2 所示。

表 10-2　新闻数据表 news

字段名	字段类型	字段大小	说明
news_id	自动编号	长整型	新闻标识号
news_title	文本	200	新闻标题
news_class	文本	200	新闻类别
sender	文本	50	新闻发布者
send_time	日期/时间		新闻发布日期与时间
win_width	数字	整型	新闻弹出窗口的宽度
win_height	数字	整型	新闻弹出窗口的高度
is_new	数字	字节	是否强制显示 new，1 为显示，0 为自动判断
is_red	数字	字节	是否采用红色显示新闻标题
news_text	备注		新闻的正文内容
visited_num	数字	长整型	新闻的阅读次数

10.3.3　编写新闻发布系统主控页面

【例 10.6】新闻发布系统主控页面（news_manage.asp）用于显示新闻信息列表和集中管理各功能模块。页面效果如图 10-11 所示。

一、知识解析（页面功能分析）

新闻信息列表采用分页的方式显示，每页显示 5 条记录，奇数行和偶数行采用不同的背景颜色以示区别。

在每条记录内容后面添加“编辑”和“删除”链接，通过传递指定的 userid 参数值，以实现对当前记录进行编辑和删除操作。

设置“发布新闻”和“发布图片”超链接。

在编写新闻发布系统时，同样需要熟练地掌握 ASP 对数据库的存取访问方法，还要灵活应用记录集分页显示。

二、案例实现

在站点下创建新文件夹 news，在 news 文件夹中创建网页文件 news_manage.asp，输入标题“新闻发布系统”，插入水平线，设置超链接“发布新闻”和“发布图片”分别连接到 add_news.asp 和/img/upload.asp。

页面 news_manage.asp 的代码如下：

```
<%@LANGUAGE="VBSCRIPT" CODEPAGE="936"%>
'获得当前网页的文件名与路径
<% CurPageName=Request.servervariables("Script_name") %>
<!DOCTYPE html PUBLIC "-//W3C//DTD XHTML 1.0 Transitional//EN" "http://www.w3.org/TR/xhtml1/
DTD/xhtml1-transitional.dtd">
<html xmlns="http://www.w3.org/1999/xhtml">
<head>
<meta http-equiv="Content-Type" content="text/html; charset=gb2312" />
<title>新闻发布系统</title>
<script language="VBScript">
```

```
'定义跳转函数，可以跳转到在文本框中输入的指定页数
    Sub gopage()
        if window.event.keycode=13 then                    '若按回车键
            pno=document.frmPage.pageno.value              '获得文本框中输入的页号
             window.location.href="<%=CurPageName%>? pageno="&pno
         end if
    end Sub
</script>
<link href="../css/mycss.css" rel="stylesheet" type="text/css" />
<style type="text/css">
<!--
.STYLE1 {font-size: 9px}
-->
</style>
</head>
<body class="text">
<h1 align="center">新闻发布系统</h1>
<hr width="80%" />
<table width="600" border="0" align="center" cellpadding="2" cellspacing="2">
  <tr>
    <td  class="text"><div  align="center"><a  href="add_news.asp"  target="_self">发布新闻</a>   
          <a            href="../img/upload.asp"
target="_blank">发布图片</a></div></td>
  </tr>
</table>
<% Const adOpenKeyset=1
   Const adLockReadOnly=1
   Const adCmdText=&H0001
dbpath=Server.MapPath("/data/webdata.mdb")
connstr="Provider=Microsoft.JET.OLEDB.4.0;Data Source="&dbpath
sqlstr="Select * From news"
set rs=server.createobject("adodb.RecordSet")
rs.open sqlstr,connstr,adOpenKeyset,adLockReadOnly,adCmdText    '获得记录集
rs.pagesize=5                                                   '设置每页显示的记录数
if request.querystring("pageno")="" then                        '查询所要显示的页号
rs.absolutepage=1                                               '若未指定，则显示第 1 页
else
   rs.absolutepage=request.querystring("pageno")                '设置所要显示的页号
end if
title="<form name='frmPage'><div align='center'>第"&rs.absolutepage&"/"&rs.pagecount&"页 共
"&rs.recordcount&"条记录"
if rs.absolutepage>1 then                               '若当前页号大于 1，则上一页有效
   title=title&"<a href="&curpagename&"?pageno="&rs.absolutepage-1&">上一页</a>"
else
   title=title&"上一页"
end if
if rs.absolutepage<rs.pagecount then
   title=title&"<a href="&curpagename&"?pageno="&rs.absolutepage+1&">下一页</a>"
```

```
else
    title=title&"下一页"
end if
if rs.absolutepage>1 then
    title=title&"<a href="&curpagename&"?pageno=1>首页</a>"
else
    title=title&"首页"
end if
if rs.absolutepage<rs.pagecount then
    title=title&"        "&"<a href="&curpagename&"?pageno="&rs.pagecount&">尾页</a>"
    else
        title=title&"尾页"
    end if
title=title&"跳转到第<input type='text' name='pageno' onKeyPress='gopage' size=2>页</div></form>"
response.write title
response.write "<table border=0 align='center' width='100%'><tr bgcolor=#000080>"
for num=0 to rs.fields.count-1
    response.write "<td><font color=#ffffff>"+rs.fields(num).name+"</td>"
    '添加操作字段
    if num=10 then
        response.write "<td><font color=#ffffff>操作</font></td>"
    end if
next
response.write "</font></tr>"
LineNo=1                                                        '初始化行计数变量
Do While Not rs.eof and LineNo<=rs.pageSize                     '循环输出当前页的内容
if(LineNo mod 2)=1 then                                         '奇偶行显示不同颜色
 response.write "<tr bgcolor=#faf0e6 onMouseOver=mOver(this,'#e7e9cf');onMouseOut=mOut(this,'#faf0e6');>"
else
  response.write "<tr bgcolor=#faebd7 onMouseOver=mOver(this,'#e7e9cf');onMouseOut=mOut(this,'#faebd7');>"
end if
'在表格中输出数据表中的数据
for num=0 to rs.fields.count-1
  fdvalue=rs(num)
  if isnull(fdvalue) then
      response.write "<td> </td>"
else
'对数据表中“新闻内容”字段只显示前 10 个字符
      if num=9 then
         response.Write "<td>" &Left(rs(num),10)&"...</td>"
      else
         response.Write "<td>" &rs(num)&"...</td>"
      end if
end if
'在第 12 列输出操作控制项
if num=10 then
    response.write "<td width=60><a href='edit.asp?news_id="&rs("news_id")&"'>编辑</a>"
    response.write " <a href='del_news.asp?news_id="&rs("news_id")&"'>删除</a>"
```

```
        response.write "</td>"
    end if
    next
    rs.movenext                    '将记录指针移到下一条记录
    response.write "</tr>"         '输出当前行的结束标记符
    LineNo=LineNo+1                '行计数变量值加 1，将输出下一行内容
    Loop
    Rs.close
    %>
    </body>
    </html>
```

将完成的网页保存并调试运行。

10.3.4　编写发布新闻功能页面

【例 10.7】发布新闻模块由发布新闻表单页面（add_news.asp）和保存新闻页面（add.asp）组成。页面效果如图 10-13 所示。

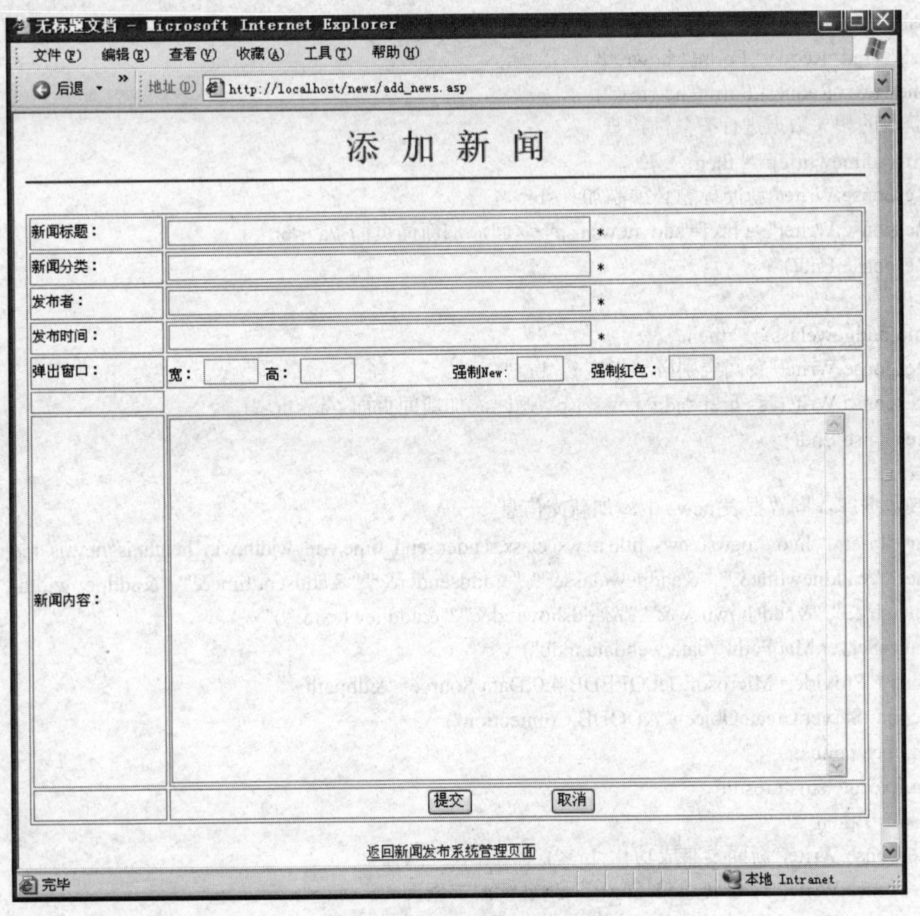

图 10-13　发布新闻表单页面

一、知识解析（页面功能分析）

制作如图 10-13 所示的发布新闻表单页面，在表单中输入相关新闻信息，单击“提交”按

钮，表单内填入的信息提交给保存新闻页面 add.asp 处理，将新闻数据写入到 news 表中保存。

要实现将新闻信息写入数据表保存，必须掌握 ASP 对数据库的存取访问方法。先创建与数据库 webdata.mdb 的连接，再使用 open 方法打开连接对象，然后进一步调用连接对象的其他方法如 Execute 方法执行 SQL 语句，实现对数据表的相关操作。

二、案例实现

在 news 文件夹中创建发布新闻表单页面 add_news.asp 和保存新闻页面 add.asp，在设计视图模式下制作 add_news.asp 页面表单。表单采用 Post 方式提交给处理页面 add.asp。

页面 add.asp 的代码如下：

```
<%
'获取表单提交的数据
addnewtitle=Request.Form("newtitle")
addnewclass=Request.Form("newclass")
addsender=Request.Form("sender")
addsendtime=Request.Form("sendtime")
addpopwidth=Request.Form("popwidth")
addpopheight=Request.Form("popheight")
addshownew=Request.Form("shownew")
addshowred=Request.Form("showred")
addnewtext=Request.Form("newtext")
'对获取的相关数据进行有效性检查
if trim(addnewtitle)="" then
  Response.Write("新闻标题必须添加！<br>")
  Response.Write("<a href='add_news.asp'>返回添加新闻页面</a><br>")
  Response.End()
end if
if trim(addnewclass)="" then
  Response.Write("新闻类别必须指定！<br>")
  Response.Write("<a href='add_news.asp'>返回添加新闻页面</a><br>")
  Response.End()
end if
'连接数据库，向数据表 news 中添加新闻信息
sqlstr="Insert  Into  news(news_title,news_class,sender,send_time,win_width,win_height,is_new,is_red,news_text)
values('"&addnewtitle&"','"&addnewclass&"','"&addsender&"','"&addsendtime&"','"&addpopwidth&"','"&add
popheight&"','"&addshownew&"','"&addshowred&"','"&addnewtext&"')"
dbpath=Server.MapPath("/data/webdata.mdb")
connstr="Provider=Microsoft.Jet.OLEDB.4.0;Data Source="&dbpath
Set conn=Server.CreateObject("ADODB.Connection")
conn.open connstr
conn.Execute sqlstr,result
if result=1 then
  Response.Write("新闻发布成功！<br>")
  Response.Write("<a href='add_news.asp'>继续添加新闻</a><br>")
  Response.Write("<a href='news_manage.asp'>返回新闻发布系统管理页面</a>")
else
  Response.Write("新闻发布失败！<br>")
  Response.Write("<a href='add_news.asp'>返回添加新闻页面</a>")
```

```
end if
conn.close
set conn=nothing
%>
```

将完成的网页保存并调试运行。

10.3.5　编写删除新闻功能页面

【例 10.8】如图 10-11 所示，删除新闻功能是通过在新闻发布系统主控页面中单击“删除”，跳转到删除新闻页面（del_news.asp）完成删除操作。页面处理效果如图 10-14 所示。

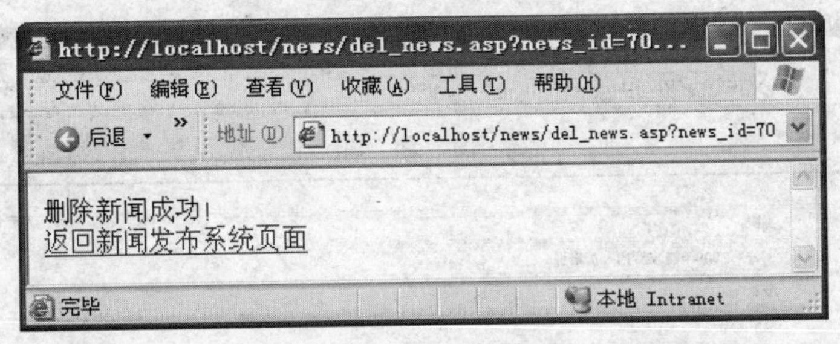

图 10-14　删除新闻页面

一、知识解析（页面功能分析）

在新闻发布系统主控页面中单击“删除”，跳转到删除新闻处理页面 del_news.asp 完成删除该新闻的操作。为使对新闻的删除具有通用性，页面 del_news.asp 使用 Request 对象的 QueryString 方法，通过指定 news_id 参数的值来删除指定的新闻记录。新闻发布系统主控页面中“删除”超链接的设置如下：

```
<a href='del_news.asp?news_id="&rs("news_id")&"'>删除</a>
```

二、案例实现

在站点下 news 文件夹中创建网页文件 del_news.asp。

页面 del_news.asp 的代码如下：

```
<%
'获取要删除新闻的 id
dim myid
myid=request.QueryString("news_id")
'连接数据库，并判断要删除的新闻信息是否存在，若存在则可成功删除
dbpath=Server.MapPath("/data/webdata.mdb")
connstr="Provider=Microsoft.Jet.OLEDB.4.0;Data Source="&dbpath
Set conn=Server.CreateObject("ADODB.Connection")
conn.open connstr
sqlstr="delete from news where news_id="&myid
conn.Execute sqlstr,result
if result=1 then
   Response.Write("删除新闻成功！<br>")
   Response.Write("<a href='news_manage.asp'>返回新闻发布系统页面</a>")
else
   Response.Write("删除新闻失败！<br>")
   Response.Write("<a href='news_manage.asp'>返回新闻发布系统页面</a>")
```

```
end if
conn.close
set conn=nothing
%>
```

将完成的网页保存，并调试运行。

10.3.6 编写编辑新闻功能页面

【例 10.9】编辑新闻模块由编辑新闻表单页面（edit.asp）和更新新闻页面（update_news.asp）组成。页面效果如图 10-15 和图 10-16 所示。

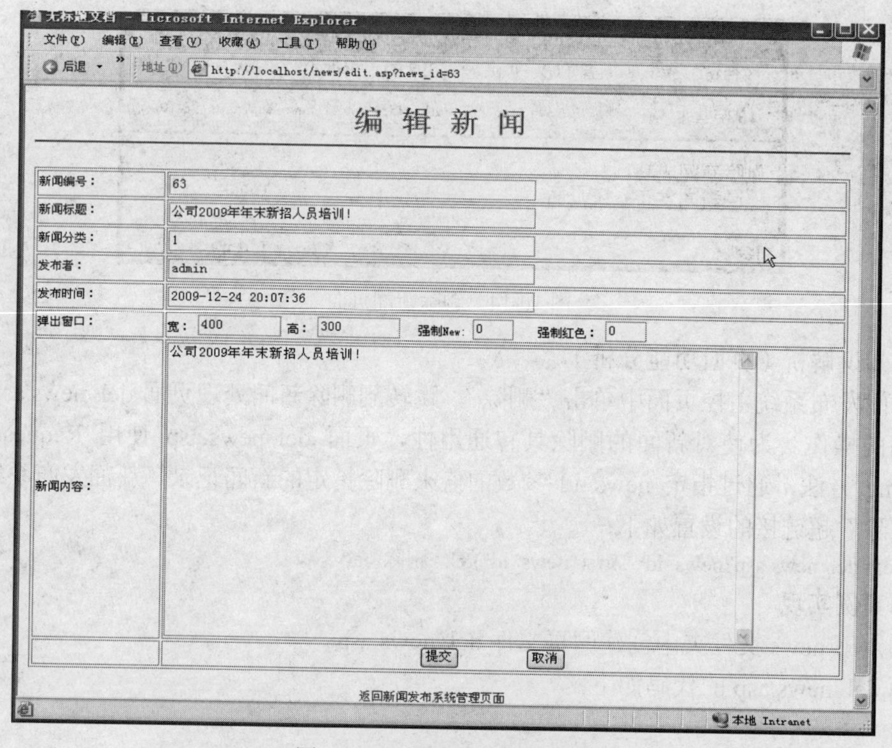

图 10-15 编辑新闻表单页面

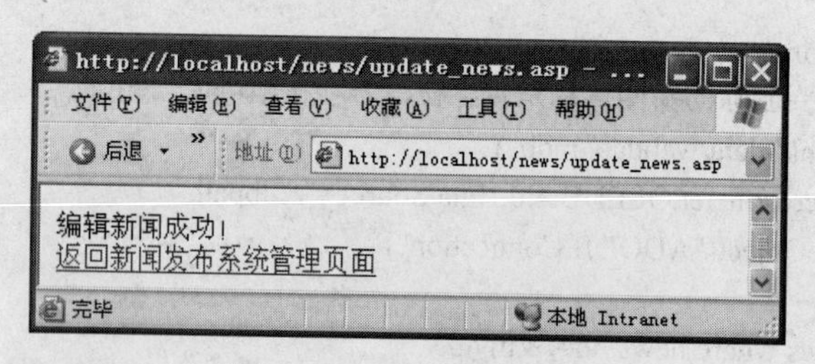

图 10-16 更新新闻页面

一、知识解析（页面功能分析）

在新闻发布系统主控页面中单击“编辑”，跳转到编辑新闻表单页面 edit.asp，同样使用 Request 对象的 QueryString 方法，通过指定 news_id 参数的值来修改指定新闻的数据信息。用户管理主控页面中“编辑”超链接的设置如下：

```
<a href='edit.asp?news_id="&rs("news_id")&"'>编辑</a>
```

二、案例实现

在站点下 news 文件夹中创建网页文件 edit.asp 和 update_news.asp。在设计视图模式下制作 edit.asp 页面表单。表单采用 Post 方式提交给处理页面 update_news.asp。

页面 edit.asp 的代码如下：

```
<body class="text">
<%
'获取要编辑新闻的 id
dim myid
myid=request.QueryString("news_id")
'连接数据库，并查询要编辑新闻的数据信息
sqlstr="select * from news where news_id="&myid
dbpath=Server.MapPath("/data/webdata.mdb")
connstr="Provider=Microsoft.Jet.OLEDB.4.0;Data Source="&dbpath
Set rs=Server.CreateObject("ADODB.RecordSet")
rs.open sqlstr,connstr,1,1
%>
<div align="center"><span class="STYLE2">编　辑　新　闻</span></div>
<hr color="#6633CC">
<form id="form1" name="form1" method="post" action="update_news.asp">
  <table width="100%" border="1" bordercolor="#999933">
   <tr>
      <td width="16%">新闻编号：</td>
      <td width="84%"><label>
        <input name="newid" type="text" size="50" id="newid" maxlength="50" value="<%=rs
("news_id")%>"/>
      </label></td>
   </tr>
   <tr>
      <td>新闻标题：</td>
      <td><label>
        <input name="newtitle" type="text" id="newtitle" value="<%=rs("news_title")%>" size="50"
maxlength="100" />
      </label></td>
   </tr>
   <tr>
      <td>新闻分类：</td>
      <td><label>
        <input name="newclass" type="text" id="newclass" value="<%=rs("news_class")%>" size="50"
maxlength="50" />
      </label></td>
   </tr>
   <tr>
      <td>发布者：</td>
      <td><label>
        <input name="sender" type="text" id="sender" value="<%=rs("sender")%>" size="50"
maxlength="50" />
```

```
        </label></td>
      </tr>
      <tr>
        <td>发布时间：</td>
        <td><label>
          <input name="sendtime" type="text" id="sendtime" value="<%=rs("send_time")%>" size="50" 
maxlength="100" />
        </label></td>
      </tr>
      <tr>
        <td>弹出窗口：</td>
        <td>
          <label>宽：
          <input name="popwidth" type="text" id="popwidth" value="<%=rs("win_width")%>" size="10" />
高：<input name="popheight" type="text" id="popheight" value="<%=rs("win_height")%>" size="10" />
 
强制 New: <input name="shownew" type="text" id="shownew" value="<%=rs("is_new")%>" size="4" />
    
强制红色：<input name="showred" type="text" id="showred" value="<%=rs("is_red")%>" size="4" />
</label></td>
      </tr>
      <tr>
        <td>新闻内容：</td>
        <td><label>
        <textarea name="newtext" cols="80" rows="20" id="newtext"><%=rs("news_text")%></textarea>
        </label></td>
      </tr>
      <tr>
        <td> </td>
        <td><label>
          <div align="center">
            <input type="submit" name="Submit" value="提交" />
            <input type="reset" name="Submit2" value="取消" />
</div>
        </label></td>
      </tr>
    </table>
    <p align="center"><a href="news_manage.asp" target="_self">返回新闻发布系统管理页面</a></p>
</form>
<%
rs.close
set rs=nothing
%>
</body>
```

页面 update_news.asp 的代码如下：

```
<%
'获取表单提交的数据
```

```
myid=Request.Form("newid")
addnewtitle=Request.Form("newtitle")
addnewclass=Request.Form("newclass")
addsender=Request.Form("sender")
addsendtime=Request.Form("sendtime")
addpopwidth=Request.Form("popwidth")
addpopheight=Request.Form("popheight")
addshownew=Request.Form("shownew")
addshowred=Request.Form("showred")
addnewtext=Request.Form("newtext")
'对获取的相关数据进行有效性检查
if trim(addnewtitle)="" then
  Response.Write("新闻标题必须添加！<br>")
  Response.Write("<a href='add_news.asp'>返回添加新闻页面</a><br>")
  Response.End()
end if
if trim(addnewclass)="" then
  Response.Write("新闻类别必须指定！<br>")
  Response.Write("<a href='add_news.asp'>返回添加新闻页面</a><br>")
  Response.End()
end if
'连接数据库，在数据表 news 中更新新闻信息
sqlstr="Update news Set news_title='"&addnewtitle&"',news_class='"&addnewclass&"',sender='"&addsender&"',
send_time='"&addsendtime&"',win_width='"&addpopwidth&"',win_height='"&addpopheight&"',is_new='"&a
ddshownew&"',is_red='"&addshowred&"',news_text='"&addnewtext&"' where news_id="&myid
dbpath=Server.MapPath("/data/webdata.mdb")
connstr="Provider=Microsoft.Jet.OLEDB.4.0;Data Source="&dbpath
Set conn=Server.CreateObject("ADODB.Connection")
conn.open connstr
conn.Execute sqlstr,result
if result=1 then
  Response.Write("编辑新闻成功！<br>")
  Response.Write("<a href='news_manage.asp'>返回新闻发布系统管理页面</a>")
else
  Response.Write("编辑新闻失败！<br>")
  Response.Write("<a href='edit_news.asp'>返回编辑新闻页面</a>")
end if
conn.close
set conn=nothing
%>
```

将完成的网页保存并调试运行。

习题十

1．选择一个熟悉的网站，分析其后台管理系统的功能需求。

2．在网站用户管理子系统中，如何设置网页的访问权限，来判断用户在访问该页面时是否为经过身份

验证的合法用户？

3．为了用户密码安全，一般的ASP动态网站通常都会采用MD5加密算法将密码数据进行MD5加密运算。查找学习MD5加密算法的相关资料，并运用到本章案例的用户管理子系统中。

4．在新闻发布系统中，如何实现在新闻列表中当天发布的新闻标题后显示New图标？

5．在新闻发布系统中，如何实现在新闻列表中将某些新闻标题采用红色显示，以突出本条新闻？

实验十　新闻发布系统设计与实现

一、实验目的与要求

1．熟悉和掌握ASP对数据库的存取访问方法，掌握利用ASP编写Web应用程序的方法。

2．掌握新闻发布系统的规划、设计与编程实现方法。

3．掌握ASP程序的运行调试方法。

二、实验内容

以一个企业网站后台为参考，编写新闻发布系统。

第 11 章　企业网站前台页面设计

通过前一章的学习，完成了企业网站后台的用户管理系统和新闻发布系统的开发。本章将以“易安科技”公司网站前台页面设计与制作为案例，介绍网站前台页面的设计与功能实现，主要包括网站栏目结构设计，网站首页布局设计，首页新闻、图片等动态内容的设计，以及其他页面的设计与制作。

- 掌握网站栏目结构设计的方法。
- 掌握网站首页的布局与设计。
- 掌握首页新闻动态、图片新闻、通知公告、成功案例和网站访问计数器等模块的编程实现方法。
- 掌握新闻内容显示页面的编程实现方法。
- 掌握图片内容显示的编程实现方法。
- 掌握网站前台页面和后台数据库衔接的方法，达到能独立设计制作复杂页面的能力。

11.1　网站栏目结构设计

企业网站的前台页面是企业展示形象、推广业务的窗口，也是浏览者了解企业、业务沟通的平台。“易安科技”公司网站建设的主要目标就是通过介绍公司的业务内容和技术实力，促进公司的宣传与发展。

根据网站的内容与功能需求，设计网站导航栏目如图 11-1 所示。

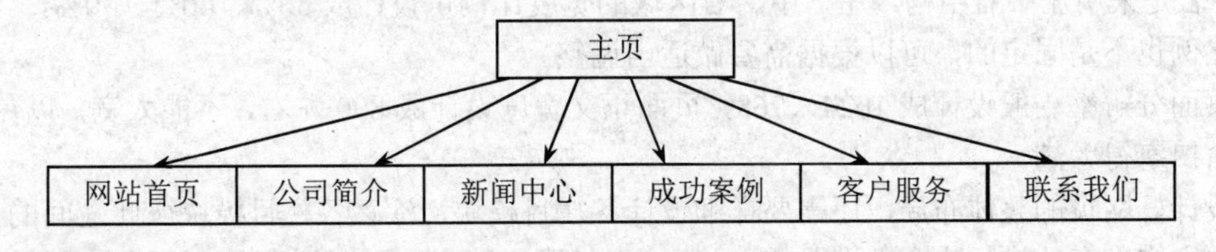

图 11-1　网站导航栏目结构

“网站首页”的主要作用是展现网站的功能和信息，重点是对各主要功能模块的集成，如网站 logo 标志、主题 Flash 动画、网站导航栏目、新闻动态、图片新闻、通知公告、成功案例和网站访问计数器等。

“公司简介”页面向客户介绍本公司的性质和资质。

“新闻中心”页面动态展示了公司的相关重大信息和公司运营情况。

“成功案例”页面展示了公司的业绩，表明公司的实力。

“客户服务”页面详细列出了公司的业务范畴。

“联系我们”页面说明了客户与公司联系的方式方法。

11.2 网站首页布局与设计

【例 11.1】设计布局“易安科技”公司网站首页，效果如图 11-2 所示。

图 11-2 网站首页

一、知识解析

在进行页面设计时，一般采用 Div+CSS 来布局和定位页面元素，通常是由粗到细，先勾勒出网页整体布局，再考虑各栏目模块的布局。在具体设计时，可以先将网页划分成几个大的部分，每个部分用一个 Div 块来实现，再在每个 Div 块中根据需要嵌入一个或多个 Div 块或表格，对内容进行细分。

通常情况下，页面的整体布局有上下、左右、上中下、左中右和上下左右混合五种结构。但不管采用哪种结构，必须遵循黄金分割的原则来布局划分，尽量避免平分区域，以使页面的整体效果更和谐舒适。如若采用上中下结构，上、中、下区域的高度比例可设计成 30%、60%、10%，若是采用左中右结构，左、中、右区域的宽度比例可设计成 30%、40%、30%。当然，这些比例也不是固定的，可以根据需要做适当调整。

页面分辨率一般设计成 1024×768，页面正文宽度设计成 800 左右，不能太宽，以免将浏览器窗口塞得太满。

设计好网页的整体布局，还需要详细设计各栏目模块，注意各栏目模块彼此之间的协调。栏目中文字内容的排版应合理设置文字的大小、行距、字间距及段落间距，行距和字间距太小，会使内容显示太拥挤，太大则有易脱节感。一般情况下，行间距设置为 1.5em，字间距设置为 1px 比较合适。

除此以外，还必须考虑网站的整体色调呈现。

按照“易安科技”公司网站功能和结构需求，首页需要设计网站 logo 图片、主题 Flash 动画、导航栏、日期显示、新闻动态栏、通知公告栏、图片新闻栏、案例展示栏、联系方式栏以及网站版权与设计信息、网站访问计数器、后台管理入口链接等模块。根据需求，绘制首页布局结构图如图 11-3 所示。

<table>
<tr><td>网站 logo</td><td colspan="2">网站导航条</td></tr>
<tr><td colspan="3">主题 Flash 动画</td></tr>
<tr><td colspan="3">显示当前日期</td></tr>
<tr><td>图片新闻</td><td>新闻动态</td><td>通知公告</td></tr>
<tr><td colspan="2">成功案例</td><td>联系我们</td></tr>
<tr><td>版权信息</td><td>网站访问计数器</td><td>后台管理入口</td></tr>
</table>

图 11-3　首页布局结构图

“网站 logo”是根据“易安科技”公司的性质与形象而设计的网站标识图片，网站设计者可以充分发挥想象和创意，使用 Photoshop 或 Fireworks 制作。首页中设有“公司简介”等 6 个导航链接。“主题 Flash 动画”将展示公司发展宗旨、口号和目标，可以是文字动画，也可以是图形动画。“显示当前日期”可以使用 JavaScript 或 VBScript 脚本编程实现。“新闻动态”和“通知公告”栏目采用前面设计好的新闻发布系统，自动从数据库中读取前 6 条新闻的标题显示在栏目区域，浏览者单击某条新闻或公告的标题，将会弹出新窗口显示具体内容。单击栏目标题后的“more”可以查看更多新闻标题列表。“图片新闻”和“成功案例”同样也是从后台数据库中读取数据然后有序显示，区别是读取的数据是图片，而且“图片新闻”栏目采用 JavaScript 代码使图片按照特殊滤镜效果转换显示。“联系我们”使用表格列出公司各种业务的联系方式，包括公司地址、电话等。“版权信息”声明网站所有权、设计制作权的归属。“网站访问计数器”显示本网站已经被访问的次数，每有一个浏览者打开了网站首页，计数器就将原计数值加 1 后保存在数据库中，并在首页动态显示这个数值。“后台管理入口”是网站管理员进入网站后台管理系统的入口链接，单击可进入用户登录后台页面。

根据首页布局结构图，使用 Photoshop 或 Fireworks 绘制首页设计图，如图 11-4 所示。

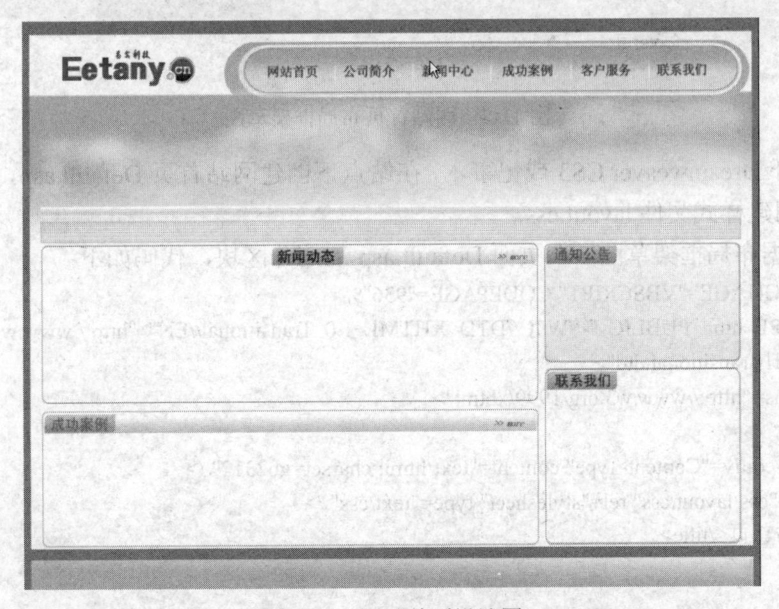

图 11-4　网站首页设计图

首页设计图绘制完成后，根据需要将其切割成一个个切片图片并保存。切片是为了加快网页的显示速度，整张图片要在其全部下载完后才能显示，切成小块就可以下载完成一部分就显示一部分，这样会使网页浏览者感觉速度快一些；另外，切片图片在网页中可以重复使用，减小网页的体积。

在首页设计图的基础上，进行相关网页编辑和功能模块的编程后，就可以得到如图 11-2 所示的网站首页。

网站整体色调设计以蓝色为主基调，与白色混合，淡雅、清新，体现出专业、科技的内涵，符合公司科技企业的特征。

二、案例实现

（1）根据以上设计思想，使用 Div+CSS 布局网站首页。绘制网站首页布局框架草图，如图 11-5 所示。

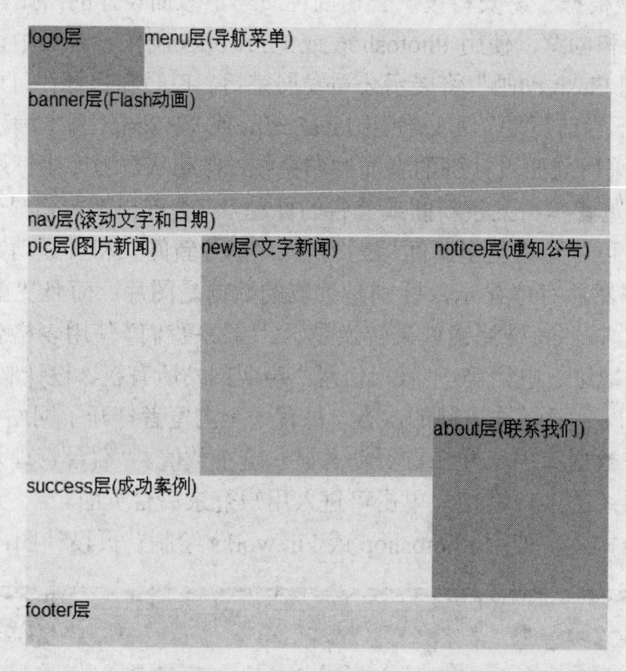

图 11-5 网站首页布局框架草图

（2）打开 Dreamweaver CS3 或记事本，在站点下创建网站首页 Default.asp，在站点下 CSS 文件目录下创建样式文件 layout.css。

（3）根据布局框架草图，在页面 Default.asp 上划分区块，代码如下：

```
<%@LANGUAGE="VBSCRIPT" CODEPAGE="936"%>
<!DOCTYPE html PUBLIC "-//W3C//DTD XHTML 1.0 Transitional//EN" "http://www.w3.org/TR/xhtml1/
DTD/xhtml1-transitional.dtd">
<html xmlns="http://www.w3.org/1999/xhtml">
<head>
<meta http-equiv="Content-Type" content="text/html; charset=gb2312" />
<link href="css/layout.css" rel="stylesheet" type="text/css" />
<title>网站首页</title>
</head>
<body>
```

```
<div id="container">
<div id="header">
  <div id="logo">logo 层</div>
  <div id="menu">menu 层(导航菜单)</div>
</div>
<div id="banner">banner 层(Flash 动画)</div>
<div id="nav">nav 层(滚动文字和日期)</div>
<div id="maincontent">
  <div id="main">
    <div id="news">
      <div id="pic">pic 层(图片新闻)</div>
      <div id="new">new 层(文字新闻)</div>
    </div>
    <div id="success">success 层(成功案例)</div>
    </div>
  <div id="side">
    <div id="notice">notice 层(通知公告)</div>
    <div id="about">about 层(联系我们)</div>
  </div>
</div>
<div id="footer">footer 层</div>
</div>
</body>
</html>
```

（4）在样式文件 layout.css 中定义各区块的初步形态，代码如下：

```
/*body*/
#container { width:1000px; margin:0 auto;}

/*header*/
#header { height:100px;    margin-bottom:2px;}
#logo{ float:left;width:200px; height:100px; background:#AACC99;}
#menu{ float:right;width:800px; height:100px; background:#FFFF99;}

/*banner*/
#banner{height:200px; background:#CCCCCC;}

/*nav*/
#nav { height:30px; background:#CCFFCC; margin-bottom:2px;}

/*main*/
#maincontent { margin-bottom:3px;}
#main { float:left; width:700px; height:600px;}
#news{height:400px; }
#pic{float:left; width:300px;height:400px;background:#FFFF99;}
#new{float:right; width:400px;height:400px;background:#dddd99;}
#success{height:200px; background:#eeFFee;}
#side { float:right; width:300px; height:600px;}
```

```
#notice{ height:300px; background:#FFCC99;}
#about{ height:300px; background:#AACC99;}

/*footer*/
#footer { height:80px; background:#CCFFCC;}
```

网站首页的框架就基本搭建好了，下面要做的就是向各层中添加相应的内容了。

11.3 首页各功能模块的设计与实现

11.3.1 “新闻动态”模块

【例 11.2】“新闻动态”模块包括首页新闻标题列表的显示和新闻内容显示页面两个部分，设计效果分别如图 11-6 和图 11-7 所示。

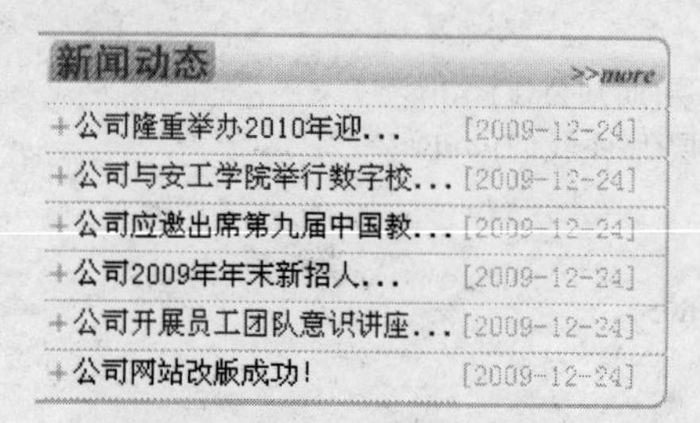

图 11-6 “新闻动态”模块

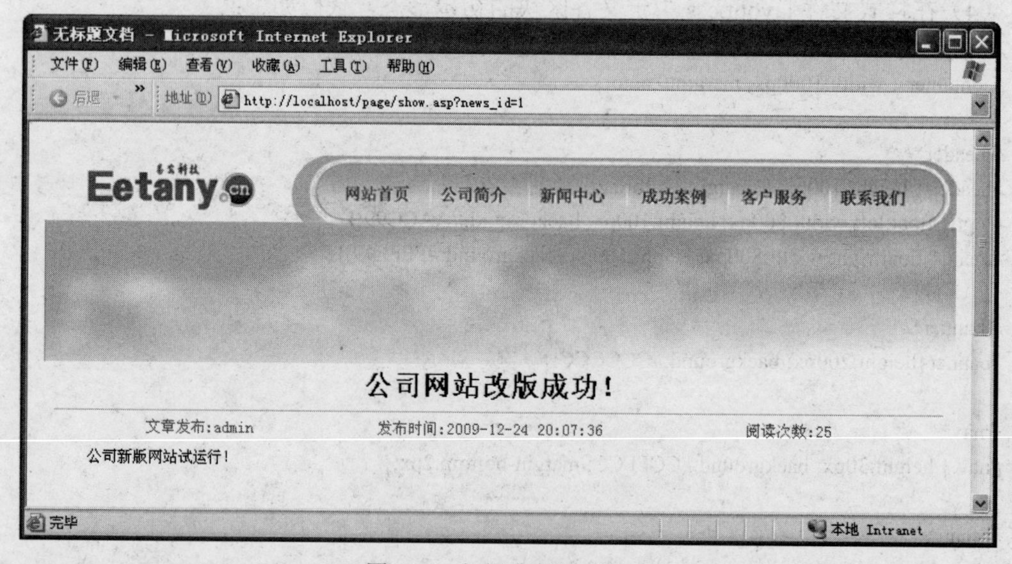

图 11-7 新闻内容显示页面

一、知识解析（模块功能分析）

“新闻动态”栏目应用前面开发的新闻发布系统，自动从数据库 webdata.mdb 的 news 数据表中读取 news_class 字段值为“新闻动态”的相关信息显示在栏目指定区域。具体实现办法如下：

（1）采用新闻发布系统动态显示最新的 6 条新闻标题。若数据库中的新闻少于 6 条，余下显示空行；标题长度限制为最长 12 个字，超过部分显示省略号...，表示标题未显示完。

（2）在每条新闻标题前，使用一个图片（images/tb.gif）标识；在每条新闻标题后，显示该条新闻发布的日期，如[2009-12-24]；若是最近 3 天之内发布的新闻，则在新闻发布日期后显示 new 图标（images/new.gif）。

（3）在两条新闻标题之间，设置背景图片（images/news_line.jpg）作为分隔符。

（4）当鼠标指针移到某条新闻上时，使用一个提示框显示该条新闻的发布具体时间与阅读次数。

（5）通过传递新闻的 news_id，实现单击某条新闻标题后，弹出新窗口（page/show.asp）显示新闻具体内容。

（6）单击栏目标题后的 more 链接可以查看更多新闻标题列表。

二、案例实现

“新闻动态”栏目的代码如下：

```
<%
'连接数据库，查询新闻类别为“新闻动态”的前 6 条新闻记录
sqlstr="select top 6 news_id,news_title,news_class,sender,send_time,is_new,is_red,visited_num from news where news_class='新闻动态' order by news_id desc"
dbpath=Server.MapPath("/data/webdata.mdb")
connstr="Provider=Microsoft.Jet.OLEDB.4.0;Data Source="&dbpath
Set rs=Server.CreateObject("ADODB.RecordSet")
rs.open sqlstr,connstr,1,1
if rs.eof then
  response.write "还没有新闻!"
else
'定义新闻输出条数的记录变量，在不足 6 条新闻时用空行补充
outnewsnum=1
response.write "<table width=288 border=0 align=center cellpadding=0 cellspacing=0 style='line-height:12pt'>"
'输出高度为 2px 的空行，用于间隔栏目标题和新闻内容
response.write "<tr><td height=2 colspan=2></td></tr>"
'循环输出新闻记录的内容
Do While not rs.eof
  '输出用于分隔不同新闻记录的虚线
response.write "<tr> <td height='1' colspan=3 background='/images/news_line.jpg'></td></tr>"
'输出每条新闻记录前的标识图标
  response.write "<tr><td width=18 height='21' align=center><img src='/images/tb.gif'></td>"
  '判断新闻标题是否超过 12 个字，若超过则截取显示新闻标题的前 12 个字
  if len(rs("news_title"))>12 then
    response.write "<td width=290 height=21>"
    '输出新闻标题超链接内容
response.write "<a href='page/show.asp?news_id="&rs("news_id")&"'target='_blank' title='发布时间："&rs("send_time")&chr(13)&chr(10)&"阅读次数："&rs("visited_num")&"'>"
    '判断该条新闻是否使用红色显示
if rs("is_red")=1 then
      response.write "<font color='#AA0000' size=2>"
      response.write left(rs("news_title"),12)&"..."
```

```
'判断该条新闻是否使用 new 图标
 if rs("is_new")=1 and DateDiff("d",rs("send_time"),Date)<=3 then
    response.write "<img src='/images/new.gif' width=24 height=11>"
else
   response.write ""
end if
 response.write "</td>"
'在每条新闻标题后显示新闻发布时间
 response.write  "<td  width=120><font  color='#CCCCCC'  size=2>["&left(rs("send_time"),10)&"]
</font>"
 response.write "</font>"
else
 response.write "<font color='#000000' size=2>"
 response.write left(rs("news_title"),12)&"..."
 if rs("is_new")=1 and DateDiff("d",rs("send_time"),Date)<=3 then
    response.write "<img src='/images/new.gif' width=24 height=11>"
else
  response.write ""
end if
 response.write "</td>"
 response.write "<td width=120><font color='#CCCCCC' size=2>["&left(rs("send_time"),10)&"]</font>"
 response.write "</font>"
end if
else
response.write "<td width=270 height=21>"
response.write  "<a  href='page/show.asp?news_id="&rs("news_id")&"'target='_blank'  title='标题：
"&rs("news_title")&chr(13)&chr(10)&"发布时间："&rs("send_time")&chr(13)&chr(10)&"阅读次数：
"&rs("visited_num")&"'>"
if rs("is_red")=1 then
  response.write "<font color='#AA0000' size=2>"
  response.write rs("news_title")
  if rs("is_new")=1 and DateDiff("d",rs("send_time"),Date)<=3 then
     response.write "<img src='/images/new.gif' width=24 height=11>"
  else
    response.write ""
  end if
  response.write "</td>"
  response.write "<td width=120><font color='#CCCCCC' size=2>["&left(rs("send_time"),10)&"]</font>"
  response.write "</font>"
else
  response.write "<font color='#000000' size=2>"
  response.write rs("news_title")
  if rs("is_new")=1 and DateDiff("d",rs("send_time"),Date)<=3 then
     response.write "<img src='/images/new.gif' width=24 height=11>"
  else
    response.write ""
  end if
  response.write "</td>"
```

```
            response.write "<td width=140><font color='#CCCCCC' size=2>["&left(rs("send_time"),10)&"]</font>"
            response.write "</font>"
        end if
        response.write "</a>"
    end if
    response.write "</td></tr>"
    outnewsnum=outnewsnum+1          '输出的记录条数加 1
    rs.movenext                '将记录指针移到下一条记录
Loop
'不足 6 条新闻时用空行补充
Do While outnewsnum<6
    response.write "<tr> <td height=1 colspan=2></td></tr>"
    response.write "<tr><td width=18 height=21> </td><td width=270 height=21> </td></tr>"
    outnewsnum=outnewsnum+1
  rs.movenext
Loop
response.write "<tr> <td height=1 colspan=2    background='/images/news_line.jpg'></td></tr>"
response.write "</table>"
end if
rs.close
set rs=nothing
%>
```

新闻内容显示页面 page/show.asp 的代码如下：

```
<%
'获取要显示的某条新闻的 id
dim myid
myid=request.QueryString("news_id")
'连接数据库，查询该条新闻记录并设置该条记录的被访问次数增加 1 次
dbpath=Server.MapPath("/data/webdata.mdb")
connstr="Provider=Microsoft.Jet.OLEDB.4.0;Data Source="&dbpath
Set conn=Server.CreateObject("ADODB.Connection")
conn.open connstr
Set rs=Server.CreateObject("ADODB.RecordSet")
sqlstr="update news set visited_num=visited_num+1 where news_id="&myid
conn.execute sqlstr
sqlstr="select * from news where news_id="&myid
rs.open sqlstr,connstr,1,1
'输出显示该条新闻记录的内容
response.write "<table width=760 border=0 cellspacing=0 cellpadding=0 align=center><tr><td>"
   response.write "<table width=760 border=0 cellspacing=0 cellpadding=0 >"
   if len(trim(rs("news_title")))>0 then
       response.write "<tr><td width=760 align=center colspan=3><font size=5 ><strong>"&rs("news_title")&
"</strong></font></td></tr><tr><td    width=760   align=center   colspan=3   height=5><hr   size=1   color=
#CCCCCC></td></tr>"
       response.write    "<tr><td    width=250    align=center><font    size=2    color=#666666> 文 章 发
布 :"&rs("sender")&"</font></td><td   width=250   align=center><font   size=2   color=#666666> 发 布 时
间 :"&rs("send_time")&"</font></td><td  width=260  align=center><font  size=2  color=#666666> 阅 读 次
```

```
数:"&rs("visited_num")&"</font></td></tr><tr><td height=10></td></tr>"
   else
        response.write "对不起，没有文章或文章已经删除!"
   end if
   response.write "</table></td></tr>"
   response.write "<tr><td width=760><font size=2>    "&rs("news_text")&"</font>
</td></tr></table>"
rs.close
set rs=nothing
conn.close
set conn=nothing
%>
```

11.3.2 “图片新闻”模块

【例 11.3】首页“图片新闻”模块的设计效果如图 11-8 所示。

图 11-8 “图片新闻”模块

一、知识解析（模块功能分析）

“图片新闻”模块是从数据库 webdata.mdb 的 images 数据表中读取 img_class 字段值为“图片新闻”的图片数据和标题信息显示在栏目的指定区域。images 数据表用于动态存储“图片新闻”和“成功案例”栏目所需的图片，结构设计如表 11-1 所示。

表 11-1 图片数据表 images

字段名	字段类型	字段大小	说明
img_id	自动编号	长整型	图片标识号
img	OLE 对象	50	图片二进制数据
txt	文本	50	图片标题文本
img_class	文本	50	图片分类
img_name	文本	50	图片文件名称

具体实现办法如下：

（1）从数据表中读取最新的 3 张图片显示。

（2）采用 JavaScript 代码使图片按照特殊滤镜效果转换后显示。

二、案例实现

“图片新闻”栏目的脚本代码如下：

```
<script language="JavaScript">
var i=0;
var arr=new Array(3);
arr[0]="<img border=0 width=220 height=120 src=/images/1.jpg>";
arr[1]="<img border=0 width=220 height=120 src=/images/2.jpg>";
arr[2]="<img border=0 width=220 height=120 src=/images/3.jpg>";
function playTp(){
if (i == 2)
    {i = 0;}
    else
    {i++;}
     div1.filters[0].apply();
     div1.innerHTML=arr[i];
     div1.filters[0].play();
     setTimeout('playTp()',6000);
  }
</script>
<p><div id="div1" style="filter:revealtrans(duration=2,transition=23); WIDTH:220px;   HEIGHT:120px">
<img src="/images/1.jpg" onload="setTimeout('playTp()',3000);" border="0" width="220" height="120">
</div>
```

本例直接使用 JavaScript 编程实现指定 3 张图片的滤镜效果显示。读者可以利用前面介绍的从数据库中读取数据的方法，使用 VBScript 脚本编程实现。

11.3.3　“通知公告”模块

【例 11.4】首页“通知公告”模块的设计效果如图 11-9 所示。

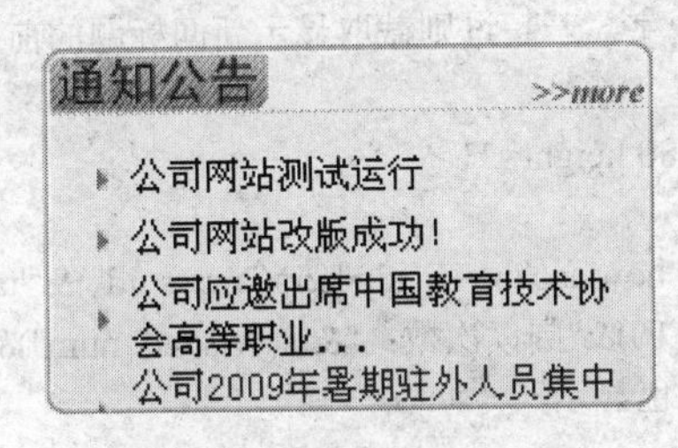

图 11-9　“通知公告”模块

一、知识解析（模块功能分析）

“通知公告”栏目与前面的“新闻动态”栏目的实现办法基本类似，也是应用新闻发布系统从数据库 webdata.mdb 的 news 数据表中读取 news_class 字段值为“通知公告”的相关信息显示在栏目指定区域。具体实现办法如下：

（1）动态显示最新 6 条新闻标题。若数据库中新闻少于 6 条，余下显示空行；标题长度限制为最长 18 个字，超过部分显示省略号...，表示标题未显示完。

（2）在每条新闻标题前，使用一个图片（images/ arror.gif）标识；若是最近 3 天之内发布的新闻，则在新闻发布日期后显示“New”图标（images/new.gif）。

（3）当鼠标指针移到某条新闻上时，使用一个提示框显示该条新闻发布的具体时间与阅读次数。

（4）通过传递新闻的 news_id，实现单击某条新闻标题，弹出新窗口（page/show.asp）显示新闻具体内容。

（5）单击栏目标题后的 more 可以查看更多新闻标题列表。

（6）所有新闻标题内容由下向上滚动。

二、案例实现

“通知公告”栏目的代码如下：

```
<%
'连接数据库，查询新闻类别为“新闻动态”的前 6 条新闻记录
sqlstr="select top 6 news_id,news_title,news_class,sender,send_time,is_new,is_red,visited_num from news where news_class='新闻公告' order by news_id desc"
dbpath=Server.MapPath("/data/webdata.mdb")
connstr="Provider=Microsoft.Jet.OLEDB.4.0;Data Source="&dbpath
Set rs=Server.CreateObject("ADODB.RecordSet")
rs.open sqlstr,connstr,1,1
if rs.eof then
   response.write "还没有新闻!"
else
'定义新闻输出条数的记录变量，在不足 6 条新闻时用空行补充
outnewsnum=1
response.write "<table width=200 border=0 align=center cellpadding=0 cellspacing=0 style='line-height:12pt'>"
'输出高度为 2px 的空行，用于间隔栏目标题和新闻内容
response.write "<tr><td height=2 colspan=2></td></tr>"
'循环输出新闻记录的内容
Do While not rs.eof
'输出每条新闻记录前的标识图标
response.write "<tr><td width=20 height='21' align=center><img src='/images/arror.gif'></td>"
  '判断新闻标题是否超过 18 个字，若超过则截取显示新闻标题的前 18 个字
if len(rs("news_title"))>18 then
    response.write "<td width=180 height=21>"
    '输出新闻标题超链接内容
response.write  "<a  href='page/show.asp?news_id="&rs("news_id")&"'target='_blank'  title=' 发 布 时 间 ："&rs("send_time")&chr(13)&chr(10)&"阅读次数："&rs("visited_num")&"'>"
    '判断该条新闻是否使用红色显示
if rs("is_red")=1 then
       response.write "<font color='#AA0000'size=2>"
       response.write left(rs("news_title"),18)&"......"
       response.write "</font>"
   else
       response.write "<font color='#000000' size=2>"
       response.write left(rs("news_title"),18)&"..."
       response.write "</font>"
   end if
else
   response.write "<td width=180 height=21>"
   response.write  "<a  href='page/show.asp?news_id="&rs("news_id")&"'target='_blank'  title=' 标 题 ：
```

```
"&rs("news_title")&chr(13)&chr(10)&" 发 布 时 间 ： "&rs("send_time")&chr(13)&chr(10)&" 阅 读 次 数 ：
"&rs("visited_num")&"'>"
        if rs("is_red")=1 then
          response.write "<font color='#AA0000' size=2>"
          response.write rs("news_title")
          response.write "</font>"
        else
          response.write "<font color='#000000' size=2>"
          response.write rs("news_title")
          response.write "</font>"
        end if
        response.write "</a>"
    end if
    '判断该条新闻是否使用“New”图标
if rs("is_new")=1 and DateDiff("d",rs("send_time"),Date)<=3 then
        response.write "<img src='/images/new.gif' width=28 height=11>"
    else
        response.write ""
    end if
    response.write "</td></tr>"
    outnewsnum=outnewsnum+1              '输出的记录条数加 1
    rs.movenext                          '将记录指针移到下一条记录
Loop
'不足 6 条新闻时用空行补充
Do While outnewsnum<6
    response.write "<tr> <td height=1 colspan=2></td></tr>"
    response.write "<tr><td width=20 height=21> </td><td width=180 height=21> </td></tr>"
    outnewsnum=outnewsnum+1
   rs.movenext
Loop
response.write "</table>"
end if
rs.close
set rs=nothing
%>
```

11.3.4　“成功案例”模块

【例 11.5】首页“成功案例”模块的设计效果如图 11-10 所示。

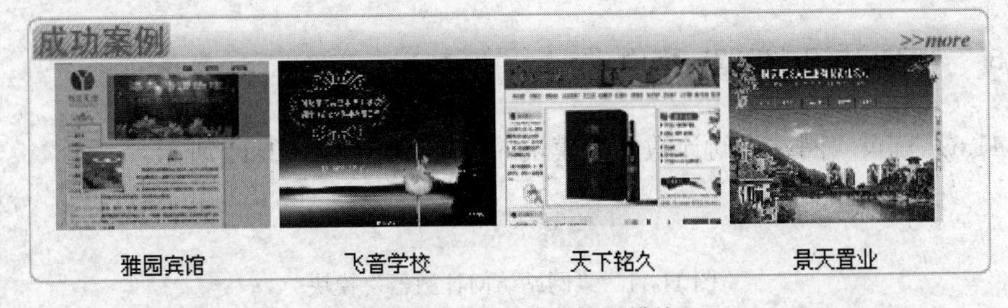

图 11-10　“成功案例”模块

一、知识解析（模块功能分析）

“成功案例”模块同样也是从数据库 webdata.mdb 的 images 数据表中读取 img_class 字段值为“成功案例”的图片数据显示在栏目指定区域。images 数据表的结构设计如表 11-1 所示。

具体实现办法如下：

（1）从数据表中读取最新的 4 张图片，使用表格显示图片和标题。

（2）单击栏目标题后的 more 可以查看更多的成功案例展示图片。

二、案例实现

“成功案例”栏目的代码如下：

```
<%
'连接数据库，查询数据表 images 中图片类型为“成功案例”的图片数据
dbPath=server.MapPath("/data/webdata.mdb")
connStr="Provider=Microsoft.Jet.OLEDB.4.0;Data Source=" & dbPath & ";"
Set rs=Server.CreateObject("ADODB.recordset")
sql="select * from images where img_class='成功案例'"
rs.open sql,connstr,1,1
if rs.eof then
    response.write "没有图片!"
else
rs.movelast
imgnum=1
%>
<table width="500" height="100" border="0" align="center" cellpadding="0" cellspacing="1" >
 <tr>
 '输出显示 4 张图片
<%   do while not rs.bof
         if imgnum<5 then
 %>
     <td align="center"><img src="/img/showpic.asp?id=<%=rs(0)%>" width="120" height="90" title="点击看大图"><br /><br /><%=rs("txt")%></td>
 <%    imgnum=imgnum+1
         end if
        rs.moveprevious
        loop
    rs.close
end if
%>
</tr>
</table>
```

11.3.5 “网站访问计数器”模块

【例 11.6】首页“网站访问计数器”模块的设计效果如图 11-11 所示。

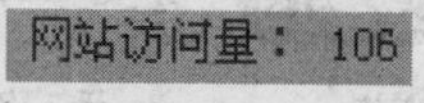

网站访问量： 106

图 11-11 “网站访问计数器”模块

一、知识解析（模块功能分析）

“网站访问计数器”用于记录浏览者对首页的累计访问次数。考虑到计数器的值要永久保存，所以在数据库 webdata.mdb 中设计一个数据表 counters，将动态改变的计数值保存在字段 webcounter 中。数据表 counters 的结构设计如表 11-2 所示。

表 11-2　计数器数据表 counters

字段名	字段类型	字段大小	说明
counter_id	自动编号	长整型	计数变量标识号
webcounter	数字	长整型	计数变量

二、案例实现

“网站访问计数器”栏目的代码如下：

```
<%
'连接数据库，查询数据表 counters 中计数器的值
sqlstr="select * from counters where counter_id=1"
dbpath=Server.MapPath("/data/webdata.mdb")
connstr="Provider=Microsoft.Jet.OLEDB.4.0;Data Source="&dbpath
Set conn=Server.CreateObject("ADODB.Connection")
conn.open connstr
Set rs=Server.CreateObject("ADODB.RecordSet")
rs.open sqlstr,connstr,1,1
'更新计数器的值
new_webcounter=rs("webcounter")+1
sqlstr="update counters set [webcounter]="&new_webcounter&" where counter_id=1"
conn.execute sqlstr
'输出最新访问量
response.write new_webcounter
rs.close
conn.close
set conn=nothing
%>
```

11.4　其他页面的设计与实现

【例 11.7】统一设计布局网站“新闻中心”、“公司简介”、“成功案例”、“客户服务”、“联系我们”等其他页面。

一、知识解析

统一布局网站其他页面，需要使用 Div+CSS。

二、案例实现

（1）绘制布局框架草图，如图 11-12 所示。

（2）打开 Dreamweaver CS3 或记事本，在站点下创建页面 Untitled-1.html，在站点下 CSS 文件目录下创建样式文件 layout_2.css。

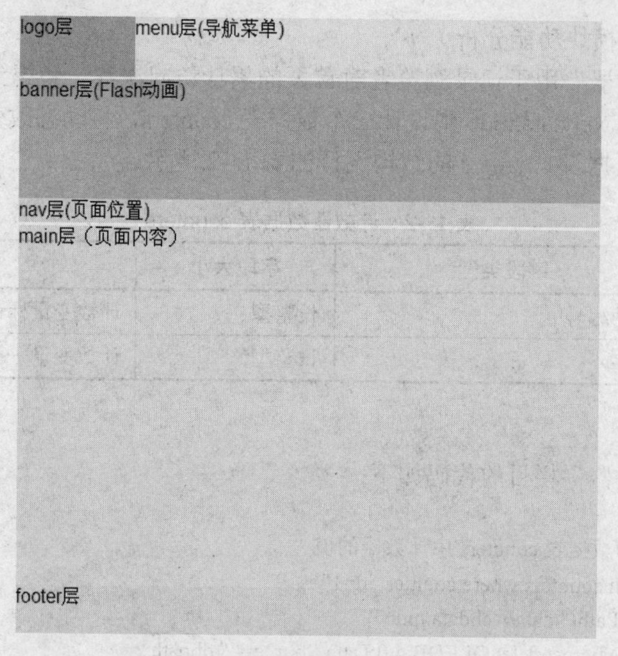

图 11-12　网站其他页面布局框架图

（3）根据布局框架草图，在页面 Untitled-1.html 上划分区块，代码如下：

```
<%@LANGUAGE="VBSCRIPT" CODEPAGE="936"%>
<!DOCTYPE html PUBLIC "-//W3C//DTD XHTML 1.0 Transitional//EN" "http://www.w3.org/TR/xhtml1/
DTD/xhtml1-transitional.dtd">
<html xmlns="http://www.w3.org/1999/xhtml">
<head><meta http-equiv="Content-Type" content="text/html; charset=gb2312" />
<link href="../css/layout_2.css" rel="stylesheet" type="text/css" />
<title>其他页面布局</title>
</head>
<body>
<div id="container">
<div id="header">
   <div id="logo">logo 层</div>
   <div id="menu">menu 层(导航菜单)</div>
</div>
<div id="banner">banner 层(Flash 动画)</div>
<div id="nav">nav 层(页面位置)</div>
<div id="main">main 层（页面内容）</div>
<div id="footer">footer 层</div>
</div>
</body>
</html>
```

（4）在样式文件 layout_2.css 中定义各区块的内容样式，代码如下：

```
body {font-family: Arial, Helvetica, sans-serif; font-size:12px;}
h2{font-family:Verdana, Arial, Helvetica, sans-serif; font-size:16px; color:#CC0000;}
/*body*/
#container { width:785px; margin:0 auto;}
/*header*/
```

```
#header { height:63px;    margin-bottom:2px;}
#logo{ float:left;width:200px; height:63px; }
#menu{ float:right;width:583px; height:63px; background:url(../images/dh.jpg) 0 0 no-repeat;}
#menu ul { list-style: none; margin: 20px 50px; padding: 0px; }
#menu ul li { float:left;font-size:14px; font-weight:bold; font-family:"黑体"; }
#menu ul li a { display:block; padding: 10px 10px; height: 36px; line-height: 26px; float:left;}
#menu ul li a:hover { background:#ff0000; }
a { color:#999999; text-decoration: none; }
a:hover{ color:#fff;}
/*banner*/
#banner{height:118px;}
/*nav*/
#nav { height:30px; background:#CCFFCC;}
/*main*/
#main { width:600px; margin:20px auto; }
/*footer*/
#footer { height:33px; background:url(../images/button.jpg) 0 0 no-repeat;}
```

其他页面的框架就基本搭建好了，下面要做的就是向各层中添加相应的内容了。

11.4.1　编写“新闻中心”页面

【例 11.8】“新闻中心”页面动态展示了公司的相关重大信息和公司运营情况。页面效果如图 11-13 所示。

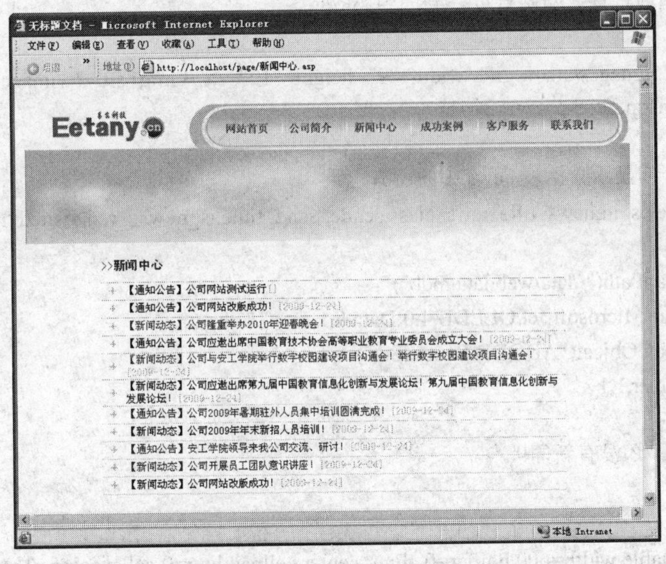

图 11-13　“新闻中心”页面

一、知识解析

在 Dreamweaver CS3 中，创建页面“新闻中心.asp”，将页面 Untitled-1.html 中的布局结构代码复制过来，在 main 区块填充动态新闻目录。

二、案例实现

页面主要代码如下：

```
<%@LANGUAGE="VBSCRIPT" CODEPAGE="936"%>
```

```
<!DOCTYPE html PUBLIC "-//W3C//DTD XHTML 1.0 Transitional//EN" "http://www.w3.org/TR/xhtml1/
DTD/xhtml1-transitional.dtd">
<html xmlns="http://www.w3.org/1999/xhtml">
<head>
<meta http-equiv="Content-Type" content="text/html; charset=gb2312" />
<link href="../css/layout_2.css" rel="stylesheet" type="text/css" />
<title>新闻中心</title>
</head>
<body>
<div id="container">
<div id="header">
  <div id="logo"><img src="../images/logo.jpg" width="200" height="63" /></div>
  <div id="menu">
  <ul>
   <li><a href="../Default.asp">网站首页</a></li>
   <li><a href="公司简介.html">公司简介</a></li>
   <li><a href="新闻中心.asp">新闻中心</a></li>
   <li><a href="成功案例.html">成功案例</a></li>
   <li><a href="客户服务.html">客户服务</a></li>
   <li><a href="联系我们.html">联系我们</a></li>
  </ul>
  </div></div>
<div id="banner"><img src="../flash/banner.swf" /></div>
<div id="nav">当前位置：网站首页>>新闻中心</div>
<div id="main">
<h2><img src="../images/arrow.gif" width="9" height="12" /> <img src="../images/arrow.gif" width="9"
height="12" /> 新闻中心</h2><hr />
<%
'连接数据库，查询显示数据表 news 中的所有记录
sqlstr="select  news_id,news_title,news_class,sender,send_time,is_new,is_red,visited_num from news  order
by news_id desc"
dbpath=Server.MapPath("/data/webdata.mdb")
connstr="Provider=Microsoft.Jet.OLEDB.4.0;Data Source="&dbpath
Set rs=Server.CreateObject("ADODB.RecordSet")
rs.open sqlstr,connstr,1,1
if rs.eof then
   response.write "还没有新闻!"
else
outnewsnum=1
response.write "<table width=600 border=0 align=center cellpadding=0 cellspacing=0 style='line-height:12pt'>
response.write "<tr><td height=5 colspan=2></td></tr>"
response.write  "<tr><td  height=40  colspan=2><font  size=3  color=#AA0000  face=黑体>>> 新闻中心
</font></td></tr>"
Do While not rs.eof
  response.write "<tr> <td height='1' colspan=2 background='/images/news_line.jpg'></td></tr>"
  response.write "<tr><td width=30 height='21' align=center><img src='/images/tb.gif'></td>"
  if len(rs("news_title"))>20 then
    response.write "<td width=560 height=21>"
```

```
        response.write "<a href='show.asp?news_id="&rs("news_id")&"'target='_blank' title='发布时间：
"&rs("send_time")&chr(13)&chr(10)&"阅读次数："&rs("visited_num")&"'>"
        if rs("is_red")=1 then
            response.write "<font color='#AA0000'size=2>"
            response.write "【"&rs("news_class")&"】"&rs("news_title")
            response.write "<font color='#CCCCCC' size=2>["&left(rs("send_time"),10)&"]</font>"
            response.write "</font>"
        else
            response.write "<font color='#000000' size=2>"
            response.write "【"&rs("news_class")&"】"&rs("news_title")
            response.write "<font color='#CCCCCC' size=2>["&left(rs("send_time"),10)&"]</font>"
            response.write "</font>"
        end if
    else
        response.write "<td width=560 height=21>"
        response.write "<a href='show.asp?news_id="&rs("news_id")&"'target='_blank' title='标题：
"&rs("news_title")&chr(13)&chr(10)&"发布时间："&rs("send_time")&chr(13)&chr(10)&"阅读次数：
"&rs("visited_num")&"'>"
        if rs("is_red")=1 then
            response.write "<font color='#AA0000' size=2>"
            response.write "【"&rs("news_class")&"】"&rs("news_title")
            response.write "<font color='#CCCCCC' size=2>["&left(rs("send_time"),10)&"]</font>"
            response.write "</font>"
        else
            response.write "<font color='#000000' size=2>"
            response.write "【"&rs("news_class")&"】"&rs("news_title")
            response.write "<font color='#CCCCCC' size=2>["&left(rs("send_time"),10)&"]</font>"
            response.write "</font>"
        end if
        response.write "</a>"
    end if
    if rs("is_new")=1 and DateDiff("d",rs("send_time"),Date)<=6 then
        response.write "<img src='/images/new.gif' width=28 height=11>"
    else
        response.write ""
    end if
    response.write "</td></tr>"
    outnewsnum=outnewsnum+1
    rs.movenext
Loop
response.write "<tr> <td height=1 colspan=2  background='/images/news_line.jpg'></td></tr>"
response.write "</table>"
end if
rs.close
set rs=nothing
%>
</div>
<div  id="footer"><div  align="center">版权所有@2009-2012     易安科技有限公司
```

```
</div></div></div>
</body></html>
```

11.4.2 编写“公司简介”页面

【例 11.9】“公司简介”页面用于向客户介绍本公司的性质和资质。页面效果如图 11-14 所示。

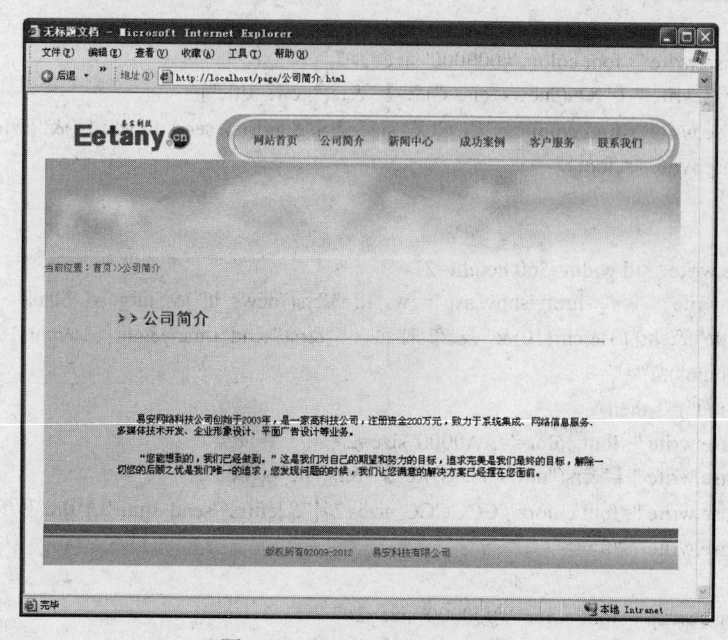

图 11-14 “公司简介”页面

一、知识解析

在 Dreamweaver CS3 中，创建页面“公司简介.html”，将页面 Untitled-1.html 中的布局结构代码复制过来，在 main 区块填充“公司简介”的文字内容。

二、案例实现

页面主要代码如下：

```
<!DOCTYPE html PUBLIC "-//W3C//DTD XHTML 1.0 Transitional//EN" "http://www.w3.org/TR/xhtml1/
DTD/xhtml1-transitional.dtd">
<html xmlns="http://www.w3.org/1999/xhtml">
<head>
<meta http-equiv="Content-Type" content="text/html; charset=gb2312" />
<link href="../css/layout_2.css" rel="stylesheet" type="text/css" />
<title>公司简介</title>
</head>
<body>
<div id="container">
<div id="header">
  <div id="logo"><img src="../images/logo.jpg" width="200" height="63" /></div>
  <div id="menu">
    <ul>
      <li><a href="../Default.asp">网站首页</a></li>
```

```
            <li><a href="公司简介.html">公司简介</a></li>
            <li><a href="新闻中心.asp">新闻中心</a></li>
            <li><a href="成功案例.html">成功案例</a></li>
            <li><a href="客户服务.html">客户服务</a></li>
            <li><a href="联系我们.html">联系我们</a></li>
        </ul>
      </div>
    </div>
    <div id="banner"><img src="../flash/banner.swf" /></div>
    <div id="nav">当前位置：网站首页>>公司简介</div>
    <div id="main">
    <p>   易安网络科技公司创始于 2003 年，是一家高科技公司，注册资金 200 万元，致
    力于系统集成、网络信息服务、多媒体技术开发、企业形象设计、平面广告设计等业务。</p>
    <p>    “您能想到的，我们已经做到。”这是我们对自己的期望和努力的目标，追求
    完美是我们最终的目标，解除一切您的后顾之忧是我们唯一的追求，您发现问题的时候，我们让您满意
    的解决方案已经摆在您面前。<br /></p>
    </div>
    <div id="footer">
    <div align="center">版权所有@2009-2012    易安科技有限公司</div>
    </div>
    </div>
    </body>
    </html>
```

11.4.3　编写“成功案例”页面

【例 11.10】“成功案例”页面用于展示公司的业绩，表明公司的实力。页面效果如图 11-15 所示。

图 11-15　“成功案例”页面

一、知识解析

在 Dreamweaver CS3 中，创建页面“成功案例.html”，将页面 Untitled-1.html 中的布局结构代码复制过来，在 main 区块填充“成功案例”的展示内容。

二、案例实现

页面主要代码如下：

```
<!DOCTYPE html PUBLIC "-//W3C//DTD XHTML 1.0 Transitional//EN" "http://www.w3.org/TR/xhtml1/
DTD/xhtml1-transitional.dtd">
<html xmlns="http://www.w3.org/1999/xhtml">
<head>
<meta http-equiv="Content-Type" content="text/html; charset=gb2312" />
<link href="../css/layout_2.css" rel="stylesheet" type="text/css" />
<title>成功案例</title>
</head>
<body>
<div id="container">
<div id="header">
  <div id="logo"><img src="../images/logo.jpg" width="200" height="63" /></div>
  <div id="menu">
    <ul>
      <li><a href="../Default.asp">网站首页</a></li>
      <li><a href="公司简介.html">公司简介</a></li>
      <li><a href="新闻中心.asp">新闻中心</a></li>
      <li><a href="成功案例.html">成功案例</a></li>
      <li><a href="客户服务.html">客户服务</a></li>
      <li><a href="联系我们.html">联系我们</a></li>
   </ul>
  </div>
</div>
<div id="banner"><img src="../flash/banner.swf" /></div>
<div id="nav">当前位置：网站首页>>成功案例</div>
<div id="main">
<h2><img src="../images/arrow.gif" width="9" height="12" /> <img src="../images/arrow.gif" width="9"
height="12" /> 成功案例</h2><hr />
            <table width="500" height="260" border="0" align="center" cellpadding="0" cellspacing="0">
              <tr>
                <td height="90"><div align="center"><img src="../images/al_1.jpg" width="200" height=
"90" /></div></td>
                <td width="40"> </td>
                <td><div align="center"><img src="../images/al_3.jpg" width="200" height="90" />
</div></td>
                </tr>
                <tr>
                  <td height="30" class="text"><div align="center">景天置业</div></td>
                  <td> </td>
                  <td><div align="center"><span class="text">飞音学校</span></div></td>
                </tr>
                <tr>
```

```
                    <td height="90"><div align="center"><img src="../images/al_2.jpg" width="200" height
="90" /></div></td>
                    <td> </td>
                    <td><div  align="center"><img  src="../images/al_4.jpg"  width="200"  height="90"  />
</div></td>
                </tr>
                <tr>
                    <td height="30"><div align="center"><span class="text">天下铭久</span></div></td>
                    <td> </td>
                    <td><div align="center"><span class="text">雅园宾馆</span></div></td>
                </tr>
            </table>< </div>
<div id="footer">
<div align="center">版权所有@2009-2012    易安科技有限公司</div>
</div>
</div>
</body>
</html>
```

11.4.4　编写“客户服务”页面

【例 11.11】“客户服务”页面用于详细列出公司的业务范畴。页面效果如图 11-16 所示。

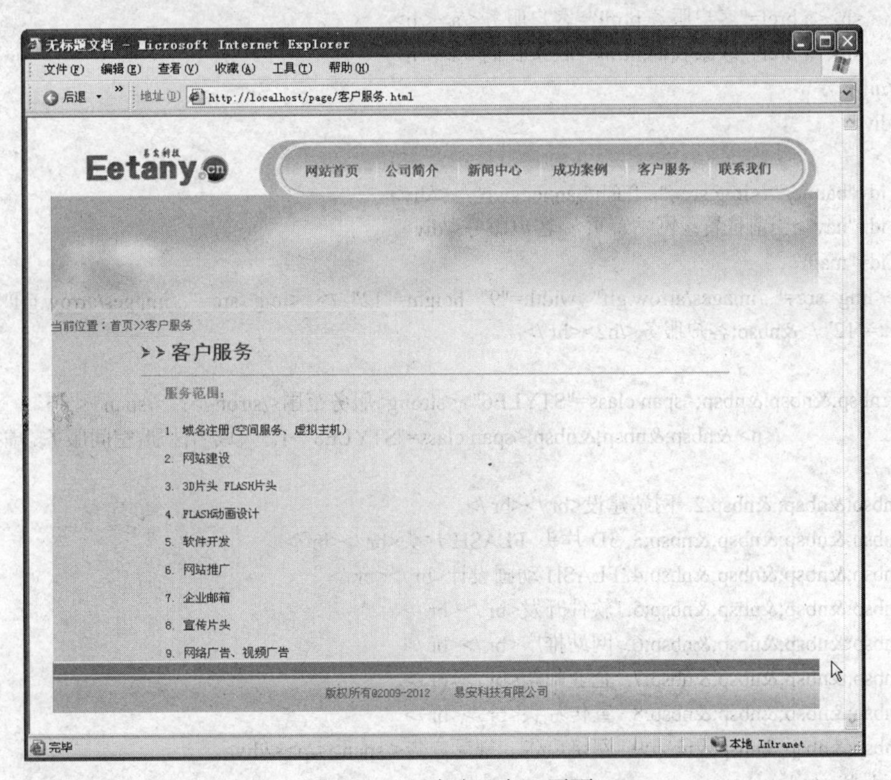

图 11-16　“客户服务”页面

一、知识解析

在 Dreamweaver CS3 中，创建页面“客户服务.html”，将页面 Untitled-1.html 中的布局结

构代码复制过来，在 main 区块填充“客户服务”的文字内容。

二、案例实现

页面主要代码如下：

```
<!DOCTYPE html PUBLIC "-//W3C//DTD XHTML 1.0 Transitional//EN" "http://www.w3.org/TR/xhtml1/
DTD/xhtml1-transitional.dtd">
<html xmlns="http://www.w3.org/1999/xhtml">
<head>
<meta http-equiv="Content-Type" content="text/html; charset=gb2312" />
<link href="../css/layout_2.css" rel="stylesheet" type="text/css" />
<title>客户服务</title>
</head>
<body>
<div id="container">
<div id="header">
  <div id="logo"><img src="../images/logo.jpg" width="200" height="63" /></div>
  <div id="menu">
    <ul>
      <li><a href="../Default.asp">网站首页</a></li>
      <li><a href="公司简介.html">公司简介</a></li>
      <li><a href="新闻中心.asp">新闻中心</a></li>
      <li><a href="成功案例.html">成功案例</a></li>
      <li><a href="客户服务.html">客户服务</a></li>
      <li><a href="联系我们.html">联系我们</a></li>
    </ul>
  </div>
</div>
<div id="banner"><img src="../flash/banner.swf" /></div>
<div id="nav">当前位置：网站首页>>客户服务</div>
<div id="main">
<h2><img src="../images/arrow.gif" width="9" height="12" /> <img src="../images/arrow.gif" width="9"
height="12" /> 客户服务</h2><hr />

<p>   <span class="STYLE6"><strong>服务范围</strong>：</span></p>
            <p>    <span class="STYLE8">1.    域名注册(空间服务、虚拟主机)<br
/><br />
      2. 网站建设<br /><br />
      3. 3D 片头 FLASH 片头<br /><br />
      4. FLASH 动画设计<br /><br />
      5. 软件开发<br /><br />
      6. 网站推广<br /><br />
      7. 企业邮箱<br /><br />
      8. 宣传片头<br /><br />
      9. 网络广告、视频广告</span></p></div>
<div id="footer">
<div align="center">版权所有@2009-2012    易安科技有限公司</div>
</div>
</div>
```

```
</body>
</html>
```

11.4.5　编写“联系我们”页面

【例 11.12】“联系我们”页面用于说明客户与公司联系的方式。页面效果如图 11-17 所示。

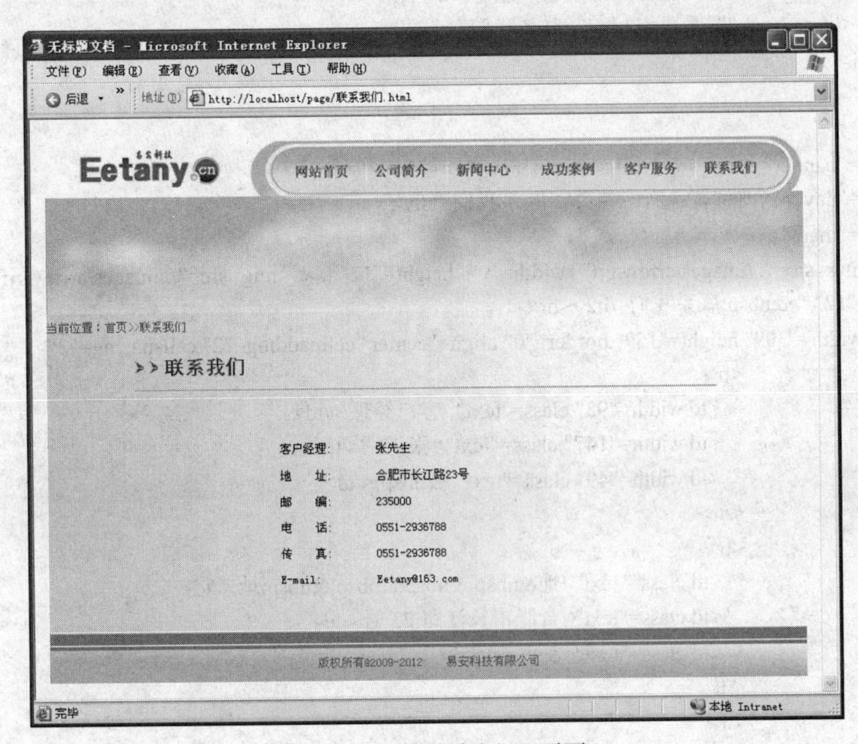

图 11-17　“联系我们”页面

一、知识解析

在 Dreamweaver CS3 中，创建页面“联系我们.html”，将页面 Untitled-1.html 中的布局结构代码复制过来，在 main 区块填充“联系我们”的文字内容。

二、案例实现

页面主要代码如下：

```
<!DOCTYPE html PUBLIC "-//W3C//DTD XHTML 1.0 Transitional//EN" "http://www.w3.org/TR/xhtml1/
DTD/xhtml1-transitional.dtd">
<html xmlns="http://www.w3.org/1999/xhtml">
<head>
<meta http-equiv="Content-Type" content="text/html; charset=gb2312" />
<link href="../css/layout_2.css" rel="stylesheet" type="text/css" />
<title>联系我们</title>
</head>
<body>
<div id="container">
<div id="header">
  <div id="logo"><img src="../images/logo.jpg" width="200" height="63" /></div>
```

```
    <div id="menu">
      <ul>
        <li><a href="../Default.asp">网站首页</a></li>
        <li><a href="公司简介.html">公司简介</a></li>
        <li><a href="新闻中心.asp">新闻中心</a></li>
        <li><a href="成功案例.html">成功案例</a></li>
        <li><a href="客户服务.html">客户服务</a></li>
        <li><a href="联系我们.html">联系我们</a></li>
      </ul>
    </div>
  </div>
  <div id="banner"><img src="../flash/banner.swf" /></div>
  <div id="nav">当前位置：网站首页>>联系我们</div>
  <div id="main">
  <h2><img src="../images/arrow.gif" width="9" height="12" /> <img src="../images/arrow.gif" width="9"
  height="12" /> 联系我们</h2><hr />
  <table width="309" height="159" border="0" align="center" cellpadding="2" cellspacing="2">
          <tr>
            <td width="93" class="text">客户经理:</td>
            <td width="147" class="text">张先生</td>
            <td width="49" class="text"> </td>
          </tr>
          <tr>
            <td class="text">地    址:</td>
            <td class="text">合肥市长江路 23 号</td>
            <td class="text"> </td>
          </tr>
          <tr>
            <td class="text">邮    编:</td>
            <td class="text">235000</td>
            <td class="text"> </td>
          </tr>
          <tr>
            <td class="text">电    话:</td>
            <td class="text">0551-2936788</td>
            <td class="text"> </td>
          </tr>
          <tr>
            <td class="text">传    真:</td>
            <td class="text">0551-2936788</td>
            <td class="text"> </td>
          </tr>
          <tr>
            <td class="text">E-mail:</td>
            <td class="text">Eetany@163.com</td>
            <td class="text"> </td>
          </tr>
        </table>
```

```
</div>
<div id="footer">
<div align="center">版权所有@2009-2012    易安科技有限公司</div>
</div>
</div>
</body>
</html>
```

1．选择一个熟悉的网站，分析其前台页面特别是网站首页的功能需求，按照需求将其划分成一个个模块，思考如何实现模块。

2．完成一个富有特点的个人站点的首页布局与设计。

实验十一　***企业网站的首页设计

一、实验目的与要求

1．熟悉和掌握 ASP 对数据库的存取访问方法，掌握利用 ASP 编写 Web 应用程序的方法。

2．掌握网站栏目结构设计的方法。

3．掌握网站首页的布局与设计。

4．掌握首页新闻动态、图片新闻、通知公告、成功案例和网站访问计数器等模块的编程实现方法。

5．掌握图片内容显示的编程实现方法。

二、实验内容

以一个企业网站前台页面为参考，设计实现网站的首页。要求必须包含新闻动态、图片新闻、通知公告、成功案例和网站访问计数器等模块。

第 12 章　网站管理与维护

完成了网站规划与设计、网页制作和程序设计后，网站建设的系统主体工程就基本完成了，最后一步就是关于网站的管理与维护。本章将从网站域名的基础知识开始，介绍域名和空间的申请，网站的上传与发布，网站的维护与安全，网站的评价与推广。

- 了解域名的概念。
- 掌握域名和空间的申请方法。
- 掌握网站的上传与发布的方法。
- 了解网站维护的解决方案。
- 了解网站推广的方式。

12.1　域名和空间的申请

一、什么是域名

网上建“家”的第一步就是域名和空间的申请。早期的 Internet 使用了非等级的名字空间，其优点是名字简短。但当 Internet 上的用户数急剧上升的时候，用非等级的名字空间来管理一个很大的而且是经常变化的名字集合是非常困难的。因此 Internet 后来就采用了层次树状结构的命名方法。采用这种命名方法，任何一个连接在 Internet 的主机或路由器都有一个唯一的层次结构的名字，即域名（domain name）。这里的域是指名字空间中的一个可被管理的划分。域还可以划分为子域，如二级域、三级域。

域名的结构由若干个分量组成，各个分量之间用点（请读者注意，是英文小数点的点，这里的点的位置在这个字符的正中央）隔开，格式如下：

…….三级域名.二级域名.顶级域名

各分量分别代表不同级别的域名。每一级的域名都由英文字母和数字组成（不超过 63 个字符，并且不区分大小写字母），级别最低的域名写在最左边，而级别最高的顶级域名写在最右边。完整的域名不超过 255 个字符。

在 Internet 上，当前的顶级域名 TLD（top level domain）有以下三类：

（1）国家顶级域名 nTLD：采用 ISO 3166 的规定。如：.cn 表示中国，.uk 表示英国等。国家顶级域名又可以常记为 CCTLD，现在使用的国家顶级域名大约有 200 个左右。

（2）国际顶级域名 ITLD：采用.int。国际性的组织可以在.int 下注册。

（3）通用顶级域名 gTLD：根据 1994 年公布的[RFC 1591]规定，顶级域名共有 7 个，即：.com 表示公司企业，.net 表示网络服务机构，.org 表示非营利组织，.edu 表示教育机构（美国专用），.gov 表示政府部门（美国专用），.mil 表示军事部门（美国专用），.arpa 用于反向域名解析。

我国在国际互联网络信息中心（Inter NIC）正式注册并运行的顶级域名是.CN。在顶级域名之下，我国的二级域名又分为类别域名和行政区域名两类。图 12-1 是 Internet 名字空间的结构图。它实际上是倒过来的一棵树，树根没有名字，树根的下面一级是最高一级的顶级域节点，在顶级域名下面是二级域节点。最下面的叶节点就是单台计算机。图中所示的中央电视台、IBM、惠普等公司在顶级域名.com 下注册了域名，他们都获得了一个二级域名。在.cn 下的二级域名是北京市、上海市等的区域域名。在.edu 下面有北京大学、复旦大学注册的三级域名。

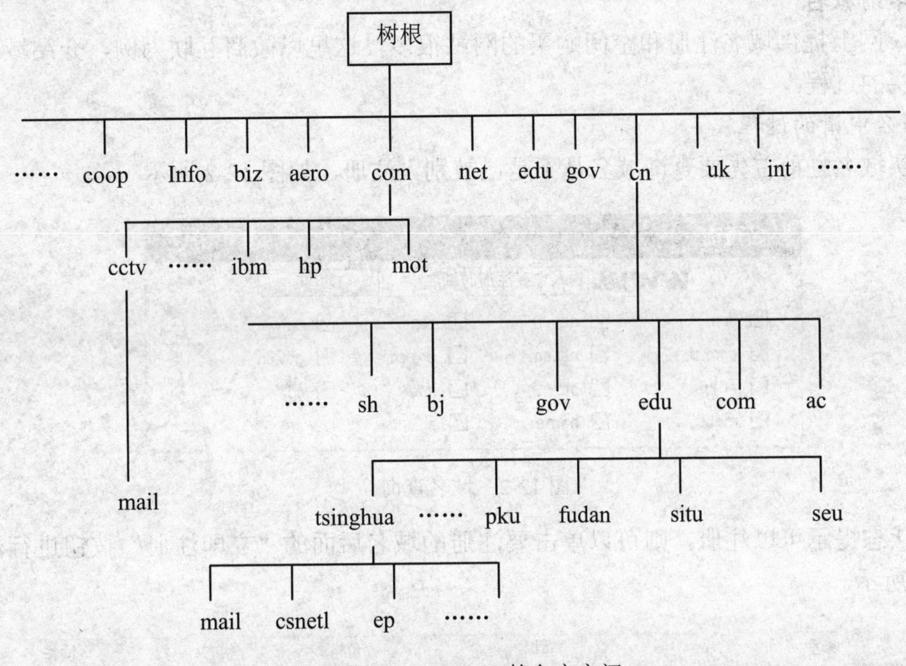

图 12-1　Internet 的名字空间

二、什么样的域名才是一个好域名

域名被企业视为网上商标，那么，注册一个好的域名就显得至关重要了。其实域名在实质上没有好坏之分，往往选择容易被推广、容易被广泛传播的域名。一个好的域名一般与单位的相关信息是一致的，例如：

（1）单位名称的中英文缩写。

（2）企业的产品注册商标。

（3）与企业广告语一致的中英文内容，但注意不能超过 20 个字符。

（4）比较有趣的名字，如 QQ、163，等等。

三、域名的价值

域名的价值是一个很抽象的概念，它可以由以下几个方面来评估：

（1）域名的长度。域名长度（不包括后缀名）的重要性是不容质疑的，短的域名不仅易记，而且输入方便，不易出错。

（2）域名的含义。域名的含义也是域名价值的要素之一，如以一些常用的英文单词或中文拼音缩写来命名的域名比较有价值，可将其分为以下几个级别：

A 级：以一些常用的有意义、简单的英文单词为域名，如 bank。

B 级：以一些简短、明了的中文拼音或一些不常用但有意义的英文单词为域名，如 1hao（1 号）、zhaodaola（找到啦）、amazon（亚马逊河）。

C 级：由两个词合成的域名，如 supermarket 等。

D 级：由三个词以上构成的域名，如 youcanmakeit 等。

E 级：无明显含义的域名，如 wtwewfddg。

（3）域名的后缀。对于商业应用来说，.com 域名无疑是最具诱惑力的，而.net 及.org 域名就略差一些。

四、申请域名

目前，网上提供域名注册和空间购买的网站很多，这里以徽商互联为例，介绍域名申请和空间购买的过程。

1. 域名申请的过程

在购买域名之前首先要查询域名是不是已被别人注册，如图 12-2 所示。

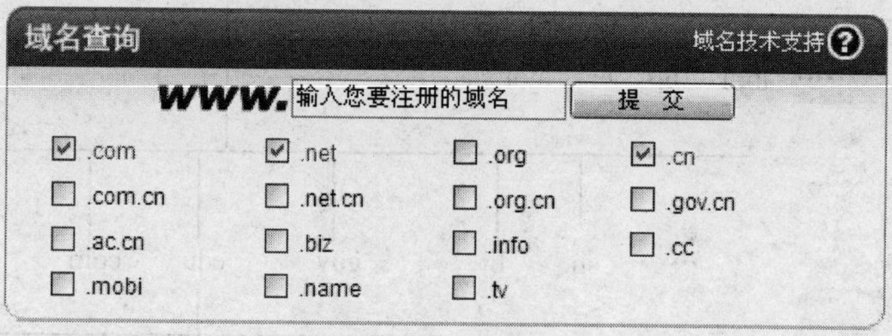

域名查询　域名技术支持

www. 输入您要注册的域名　提 交

☑ .com　☑ .net　☐ .org　☑ .cn
☐ .com.cn　☐ .net.cn　☐ .org.cn　☐ .gov.cn
☐ .ac.cn　☐ .biz　☐ .info　☐ .cc
☐ .mobi　☐ .name　☐ .tv

图 12-2　域名查询

如果状态提示可以注册，则可以单击要注册的域名后面的“立即注册”按钮进行注册，如图 12-3 所示。

	域名	类型	价格	状态	操作
	hs60test.com	.com英文国际域名	75元	可以注册	立刻注册
	hs60test.net	.net英文国际域名	75元	可以注册	立刻注册
	hs60test.cn	.cn英文国家域名	1元	可以注册	立刻注册

图 12-3　域名查询结果

单击“立即注册”后进入下一个界面，根据括号内的提示认真填写域名注册人的信息。然后单击“下一步”按钮后便可完成域名注册。

2. 空间购买过程

目前互联网上提供的主机类型有很多，小到 50MB，大到 10GB 之多。在选择空间的时候可以根据企业的规模和支付能力来选择不同的主机。

在选择好主机类型并填写过 FTP 用户名和密码等信息后点击“下一步”按钮，如图 12-4 所示。

检查基本信息，如果确认没有错误点击“确认开通”按钮，如图 12-5 所示。

确认之后，服务即将开通，这个过程大约需要 1～2 分钟，此时不可以关闭和刷新网页。开通完成后，转到已经开通的主机列表中，如图 12-6 所示。

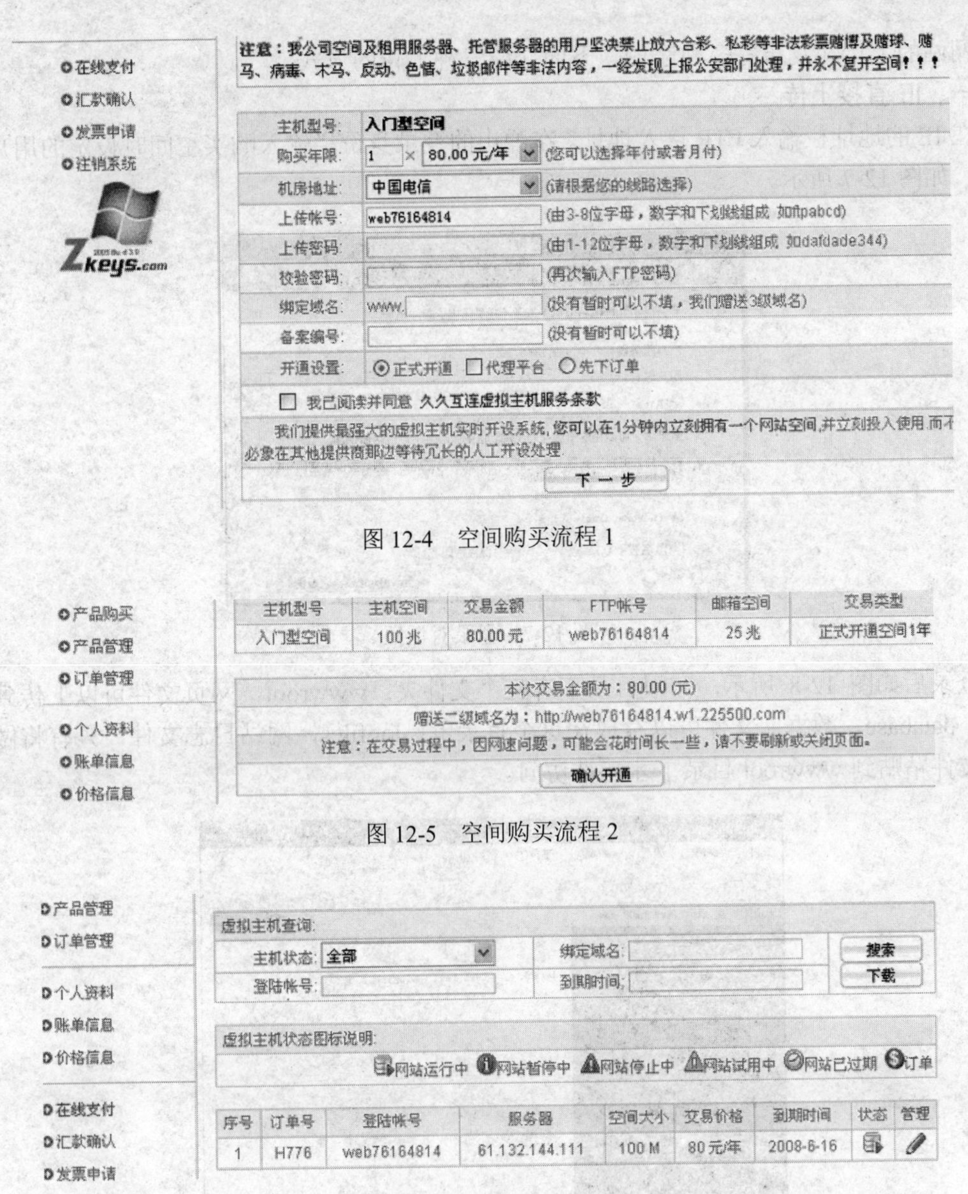

图 12-4　空间购买流程 1

图 12-5　空间购买流程 2

图 12-6　空间购买流程 3

点击“管理”图标，进入主机管理单元，进行相关管理操作。

12.2　网站的上传与发布

网站的上传与发布就是将网站文件上传到 Web 服务器的过程。一些网页制作软件如 Dreamweaver 等都具有网站发布的功能，还可以使用专用的 FTP 上传下载工具软件进行发布。

FTP 是 File Transfer Protocol（文件传输协议）的英文简称。FTP 的主要作用，就是让用户连接 Internet 上运行的 FTP 服务器，访问服务器上的程序和信息。在 Internet 发展的早期阶段，用 FTP 传送文件约占整个 Internet 的通信量的三分之一，而由电子邮件和域名系统所产生的通信量还要小于 FTP 所产生的通信量。只是到了 1995 年，WWW 的通信量才首次超过了 FTP。

网站的上传和发布有多种途径，下面介绍三种上传的方式。

一、IE 直接上传

在 IE 的地址栏输入 FTP 接入地址。在弹出的登录身份栏输入购买空间时设定的用户名和密码，如图 12-7 所示。

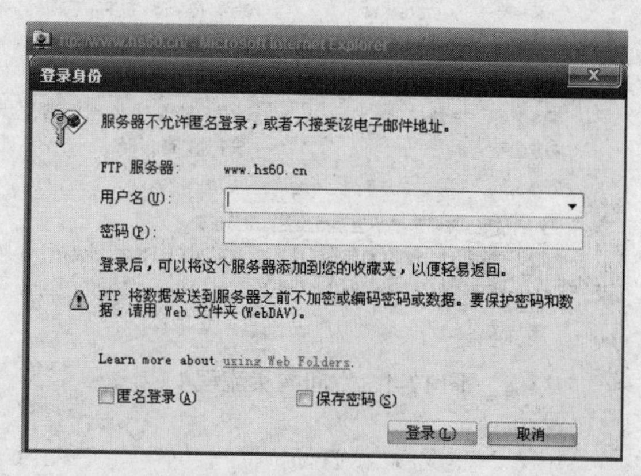

图 12-7　登录对话框

登录后如图 12-8 所示，在根目录下有三个文件夹：wwwroot，网页文件可以上传到这个目录；database，数据库文件可以存放在这个目录下；logfiles，网站日志文件，只有将做好的网页文件粘贴到 wwwroot 目录下才能被访问。

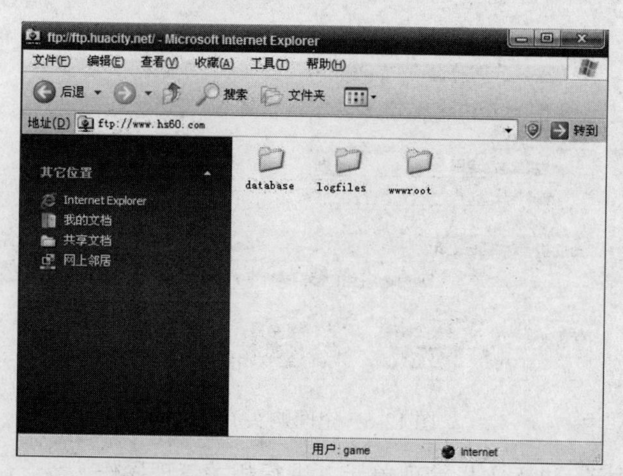

图 12-8　FTP 站点目录

二、使用 CuteFTP 发布网站

CuteFTP 是基于文件传输协议的上传下载工具，用 CuteFTP 发布网站的过程其实就是文件上传的过程。

1. 添加 FTP 站点

（1）运行 CuteFTP，在“FTP 站点管理”窗口中，单击“新建”按钮。

（2）在“站点标签”文本框输入 FTP 站点的名称。

（3）在“FTP 主机地址”文本框输入地址。

（4）在“FTP 站点用户名称”和“FTP 站点密码”文本框输入登录所需的用户名和密码。如果登录站点不需要密码，则在“登录类型”区域中选择“匿名”单选按钮。

（5）在“FTP 站点连接端口”文本框输入 FTP 地址的端口，默认值是 21，如图 12-9 所示。

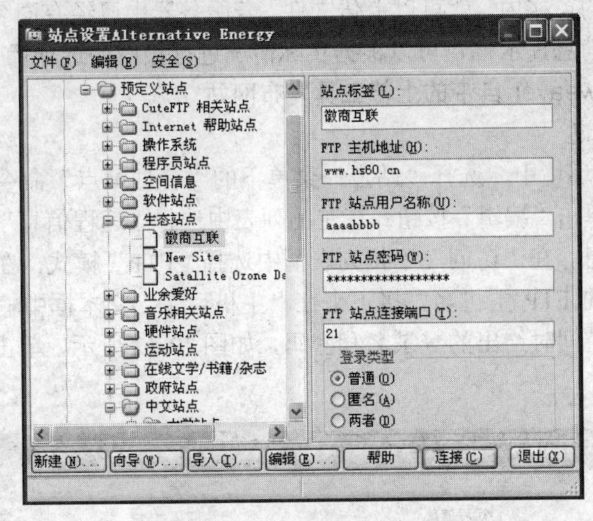

图 12-9　CuteFTP 站点设置

2. 连接 FTP

连接 FTP 站点有两种方法：一种方法是直接快速连接，并不需要在 CuteFTP 添加站点的地址，只要在“文件”菜单下选择“快速连接”命令，便会弹出快速连接窗口，在窗口按要求输入网站的网址、描述性质、用户 ID 和用户名，用户名可以默认为 anonymous（匿名登录方式），如图 12-10 所示；另外一种方法就是在“站点管理器”窗口中，选择一个已经建好的 FTP 网址，然后单击“连接”按钮，CuteFTP 便开始连接所选择的站点。

图 12-10　CuteFTP 的连接设置

3. 上传网站文件

连接到服务器以后，CuteFTP 的窗口就被分成左右两个窗格，左边的窗格显示本地硬盘的文件列表，右边的窗格显示的是远程硬盘上的文件列表，如图 12-11 所示。

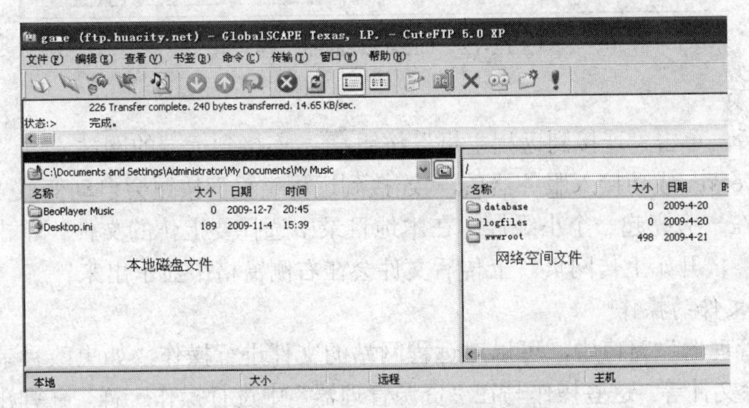

图 12-11　CuteFTP 的文件传输设置

在左边的窗格中选定要上传的文件或目录，选择“命令”菜单下的“上传”命令或者将它们用鼠标拖到右侧的窗格内，就可以上传文件。若服务器中已经有同名的文件，或者上次上传未完成，将会出现消息提示框，可以根据实际情况进行相应的选项操作。

三、使用 Dreamweaver 自带的上传工具发布网站

1. 设置服务器消息

在 Dreamweaver 环境中，选择“站点”菜单下的“管理站点”命令，在站点列表中选择要发布的网站，然后单击“编辑”按钮。在左侧列表中选择“远程信息”选项，右侧列出有关网络服务器的一些消息。在“访问”下拉列表框中选择“FTP”模式，在“FTP 主机”文本框中输入上传站点文件的 FTP 主机名。接下来在“主机目录”文本框中输入远程站点的主机目录名，输入申请网站空间时给出的登录名和密码，如图 12-12 所示，单击“确定”按钮，设置完毕。

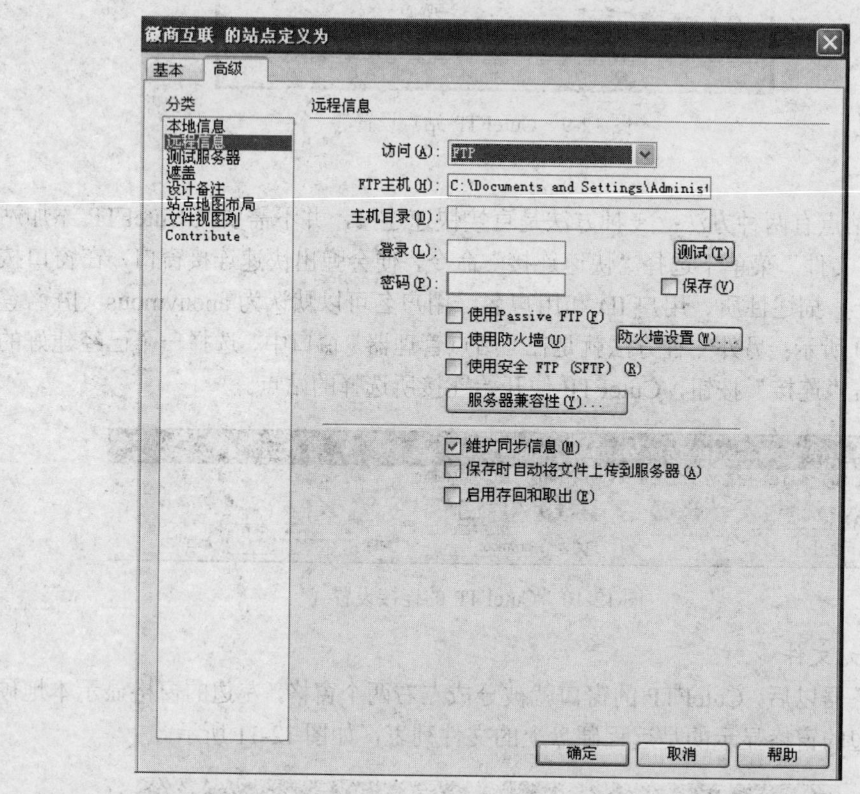

图 12-12　Dreamweaver 上传设置

2. 上传网页

设置完成后，单击“连接到远程主机”按钮，连接到远端的网站。

当 Dreamweaver 成功接入服务器后，“连接到远程主机”按钮会自动变成“从远程主机断开”，并且在一旁亮起一个小绿灯。在本地目录中选择要上传的文件，单击工具栏的“上传文件”按钮，开始上传网页。上传后文件会在右侧窗格中显示出来。

3. 对远程文件的操作

在“站点管理器”窗口中，可以对远程网站的文件进行操作，如更改目录、新建目录、新增文件、删除文件等。这些操作与在“资源管理器”中进行操作一样，在弹出的菜单中包含

了许多操作远端网站文件的命令，在弹出的菜单中包含许多操作远端网站文件的命令，选取其中的命令时，系统会将其转换成相应的 FTP 指令。

4. 同步文件或站点

在网站制作完成并发布以后还需要更新网站的内容，这就带来如何让本地站点和服务器上站点之间的文件同步，以及确保在本地站点和服务器站点上的文件都是最新版本的问题，解决这些问题可利用 Dreamweaver 的同步文件的功能。

进行同步文件的操作，打开扩展的“文件”面板上的“扩展/折叠”按钮。选择“站点”|“同步”命令，弹出“同步文件”对话框，如图 12-13 所示：

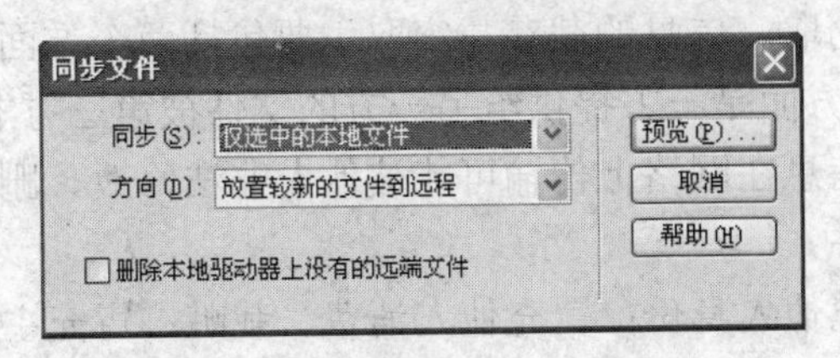

图 12-13　Dreamweaver 同步文件设置

在“同步”列表框中选择“仅选中的本地文件”，在“方向”列表框中选择“放置较新的文件到远程”，就可以把本地文件中的最新版本上传到远程服务器。如果选中远程窗格中的文件或文件夹，再执行同步命令，选择“从远程获得较新的文件”选项，就可以把远程文件中的最新版本下载到本地。也可以同步整个站点，选择“填补”命令后，选择“获得或放置较新的文件”选项，在下面的列表框中选择同步方向。

12.3　网站的维护与安全

12.3.1　网站的维护

网站一旦建成，网站的维护就成为不容忽视的问题，做好网站的日常维护与管理成为网站安全有效运行的基础。网站日常维护与管理通常由专人进行，需要实现以下目标：

（1）监测网络硬件设施的工作状况，网络中心机房的温度和湿度，供电系统的电流和电压等；及时发现故障，有效地对软硬件系统进行维护，保持最佳的运行状态。

（2）监视网站的性能包括查看各种设备（尤其是服务器）的运行状态，如内存占用情况、硬盘剩余空间情况、CPU 占用率，以便为硬件提供可靠的依据。

（3）定期进行数据备份，保障网站的安全。

（4）做好网站内容的更新，保持网页的及时性。

网络的维护通常有两种解决方案。

（1）直接委托给网络公司维护，也就是由谁制作的网站就委托给谁，这里要考虑一个维护的价格问题，因为目前网络服务没有一个统一标准，所以要看制作网站的公司的维护标准是不是可以接受的。如果不能接受，那就看第二种方案。

（2）聘请一个网站运营专家来维护。网站运营专家在网站建设、网站推广、网络营销策划等方面都是比较全面的。网站有了自己的维护人员，用户可以根据自己的要求随时修改页面的结构、美化自己的网站，而且有了网站运营人员就代表网站有了在线客服，这样的网站才有活力。

12.3.2 网站的安全

网站安全是一个多层面的安全问题，它不仅涉及到黑客、漏洞、入侵、病毒等外来攻击安全问题，而且涉及到泄密、授权、抵赖等内部安全问题，而安全问题的解决包括政策、标准、管理、指导、监控、法规和技术工具等方面。

1. 网站常见的安全问题

由于网站是以计算机网络为基础的，因此它不可避免地面临一系列的安全问题。

（1）信息的截获与窃取。信息的截获与窃取主要包括两个方面：一方面是双方在通信时信息被第三方窃取；另一方面是一方提供给另一方的文件被第三方非法使用。

（2）信息的篡改。信息在网络上传输可能被他人非法修改、删除或重改，使得信息失去了真实性和完整性。

（3）信息假冒。冒充他人身份；冒充他人消费、栽赃；冒充主机欺骗合法主机及合法用户；冒充网络控制程序，套用或修改使用权限、密钥等信息，接管合法用户，欺骗系统，占用合法用户资源。

（4）伪造电子邮件。虚开网站和商店，给用户发电子邮件，收购货单；伪造大量的用户，发电子邮件，穷尽商家资源，使有严格时间要求的服务不能及时得到响应；伪造用户，发大量的电子邮件，窃取商家的商品信息和用户信息。

（5）交易抵赖。交易抵赖在商务网站上表现为发信者事后否认曾经发送过某条信息，收信者事后否认曾经收到过某行消息或内容，购买者发出订单后不承认，商家卖出的商品因价格差而否认原来的交易。

（6）身份识别。如果不进行身份验证就会导致有可能有第三方假冒交易的一方，以破坏交易、破坏被假冒的信誉或盗取被假冒的一方交易成果等。

（7）计算机病毒。计算机病毒的出现，加之各种新型的病毒及其变种的迅速增加，互联网又为其带来了最好的传播媒介，给计算机用户造成了巨大的经济损失。

（8）黑客工具。各种黑客工具箱的传播，导致了黑客的大众化，不仅仅只有电脑高手才可以进行黑客工具。只要下载几个黑客工具就可以进行网络攻击。在这个时代，抵抗黑客的攻击也越来越严峻。

2. 网站的安全措施

近年来，针对网站的各种安全问题，网络专家也推出了不少安全措施，主要有以下几点：

（1）加密技术。加密技术是电子商务采取的主要安全保密措施，是最常用的安全保密手段。利用技术手段把重要的数据变为乱码（加密）传送，到达目的地后再用相同或不同的手段还原（解密）。加密技术包括两个元素：算法和密钥。

（2）安全认证技术。安全认证技术是防止信息被篡改、删除、重放和伪造的一种切实有效的方法。它使发送的消息具有被验证的能力，使接受者能识别和确认消息的真伪。安全认证的实现包括数字摘要、数字签名、数字时间戳、数字证书、虚拟专用网和智能卡等技术。

（3）防火墙技术。网络防火墙技术是一种用来加强网络之间访问控制，防止外部网络用户以非法手段通过外部网络进入内部网络，访问内部网络资源，保护内部网络操作环境的特殊网络互联设备。它对两个或多个网络之间传输的数据包按照一定的安全策略来实施检查，以决定网络之间的通信是否被允许，并监视网络运行状态。实现防火墙技术主要有三种途径：数据包过滤、应用网关和代理服务。

（4）入侵检测技术。入侵检测，是对入侵行为的发觉。它通过对计算机网络或计算机系统中的若干关键点收集信息并对其进行分析，从中发现网络或系统中是否有违反安全策略的行为和被攻击的迹象。

12.4　网站的评价与推广

一、网站的评价

网站专业性评价分析是网络营销管理的重要内容之一，它是对网站整体策划、主要功能、结构、内容、优化设计等方面以及与竞争者对比分析而进行的综合评价。在众多的网站评价中，新竞争力网站专业性评价指标体系比较健全，其中企业网站评价包括 10 个类别 120 项评价指标，全面反映网站各个方面的专业水平；网站搜索引擎优化诊断则为 8 类共计 90 项评价指标。

新竞争力网站评价网站诊断体系包括 4 项主要服务内容。

1. 网站专业性评价报告

网站专业性评价报告是对企业网站总体策划、网站结构、网站功能、网站内容、竞争者进行分析。

对于 B2B 电子商务网站、B2C 电子商务网站等，分别建立了相应的评价指标体系，对于某些特定领域，根据用户的需求，依据行业特征进行针对性的网站评价指标体系设计。图 12-14 是网站专业性评价报告的样本。

新竞争力™ 企业网站专业性评价报告

被评价网站基本信息		
网站名称	深圳 XXXX 文化用品有限公司	
网　　址	www.XXXX.com	
核心关键词	办公用品	
同类网站	根据关键词"办公用品"通过 google 检索的相关网站	
网站专业性综合评价结果		
	评价指标类类别	**类别得分小计**
（1）	网站整体策划设计	78%
（2）	网站功能和内容	75%
（3）	网站结构	80%
（4）	网站服务	70%
（5）	网站的 XXXXX	80%
（6）	网站 XXXXXX	75%
（7）	网站 XXXXXX	90%
（8）	网站 XXXXXX	67%
（9）	同类网站比较评价	80%
（10）	其他特色功能、内容和服务	50%
网站综合评价加权平均得分：78 分		
综合评价结论与建议：（略）		
网站评价报告签发机构： 深圳市竞争力科技有限公司 报告审核：冯英健　博士 2005 年 8 月 8 日		

图 12-14　企业网站专业性评价报告样表

2. 网站专业性综合分析报告

网站专业性综合分析报告是在“网站专业性评价报告”的基础上，以网站专业性评价指标体系为基础对网站主要问题进行全面的分析，除了评价报告中的基本内容之外，还包括详尽的分析和建议，这些分析和建议可以直接应用于企业网站的升级改造方案，以及制定更加合理的网络营销策略。

3. 网站搜索引擎优化状况诊断报告

搜索引擎优化诊断指标体系包括网站结构优化、内容优化、网站链接、竞争者分析等。

专业的网站搜索引擎优化诊断报告对于全面了解网站的搜索引擎优化状况、制定有效的搜索引擎营销策略具有重要的指导意义。

4. 企业网站专业性在线评价

企业网站专业性在线评价是对企业网站结构、内容、主要搜索引擎收录情况、搜索结果等方面进行的初步诊断。

网站专业性综合分析报告中的分析和建议可以直接应用于企业网站的升级改造方案，以及制定更加合理的网络营销策略。一份网站专业性评价分析报告就相当于一个网络营销顾问。

二、网站的推广

当网站发布后，为了提高网站的知名度和访问量，实现企业营销目标，应该采用必要的推广方式进行宣传。

1. 网站推广的重要性

网站推广的目的在于让尽可能多的用户了解并访问网站，通过网站获得有关产品和服务等信息，为最终形成购买决策提供支持。网站推广取得的效果是多方面的，不仅仅包括首页的推广，还要考虑网站整体的推广效果，如网站访问量增加带来的直接销售增长、网络品牌的提升和用户资源的增加。在进行网站推广时，如果仅仅将目的定位于网站访问量的增长时，有时可能会造成无效的访问量增加，浪费了有限的用户资源，甚至影响到用户的信任。此外，即使网站已经拥有了一定的访问量，但为了保持网站品牌形象的领先，或者为了进一步获得新用户，仍然有必要进行网站的推广。

2. 网站推广的方法与方式

网站推广的方法有很多，包括广告推广、邮件推广、电视推广、搜索引擎推广、网站排名推广、报刊媒体推广等。推广要借助于一些网络工具和资源，包括搜索引擎、分类目录、电子邮件、网站链接、在线黄页、分类广告、电子书、免费软件、网络广告媒体、传统推广等渠道。因此要制定出合理的网站推广的方法是要对各种网站推广工具和资源的充分认识和合理的应用。

下面介绍一下常用的网站推广方法。

（1）搜索引擎推广法。搜索引擎推广是网站在线推广的各种方式中最重要的一种，它是指利用搜索引擎、分类目录等具有在线检索信息功能的网络工具来进行网站推广。它包括搜索引擎优化、关键词广告、竞价排名、固定排名、基于内容定位的广告等多种形式。据一家美国公司最新的调查发现，新网站的有效途径中 85%以上来自搜索引擎。每天有成千上万的网站出现和消失，人们不得不依赖搜索引擎来为自己导航。

（2）电子邮件推广法。以电子邮件为主要的网站推广手段，常用方法包括电子刊物、会员通讯、专业服务商的电子邮件广告等。

（3）资源合作推广法。通过网站交换链接、交换广告、内容合作、用户资源合作等方式，在具有类似目标的网站之间实现互相推广的目的，其中最常用的资源合作方式为网站链接策略，利用合作伙伴之间的网站访问量资源合作互为推广。

（4）信息发布推广法。将有关的网站推广信息发布在其他潜在用户可能访问的网站上，利用用户在这些网站获取信息的机会实现网站推广的目的，适用于这些信息发布的网站包括在线黄页、分类广告、论坛、博客网站、供求信息平台、行业网站等。

（5）快捷网址推广法。即合理利用网络实名、通用网址以及其他类似的关键词网站快捷访问方式来实现网站推广。快捷网址使用自然语言和网站 URL 建立其对应关系，这对习惯于使用中文的用户来说，提供了极大的方便，用户只需输入比英文网址要更加容易记忆的快捷网址就可以访问网站。

（6）网络广告推广法。网络广告是常用的网络营销策略之一，在网络品牌、产品促销、网站推广等方面均有明显作用。网络广告的常见形式包括 Banner 广告、关键词广告、分类广告、赞助式广告、Email 广告等。

（7）综合网站推广法。除了前面介绍的常用网站推广方法之外，还有许多专用性、临时性的网站推广方法，如有奖竞猜、在线优惠卷、有奖调查、针对在线购物网站推广的比较购物和购物搜索引擎等，有些甚至采用建立一个辅助网站进行推广。

（8）媒介宣传推广法。媒介宣传推广法包括人为宣传、实物宣传和利用商务软件推广等。①人为宣传：公司内部的员工都应该知道本公司的域名，而且培训员工经常使用其推广。②实物宣传：在公司名片、信封、文具、宣传刊物等资料中标明网址；在公司所有对外的广告中、留念品上添加网址宣传；借助相关媒体进行适当的宣传，如网络广告、新闻、广播、报刊杂志；通过开新闻发布会，让更多的记者和媒体报道自己的网站。

③利用商务软件推广，如登录骑兵、商务快车、商务动力、邮件群发软件，这些软件除了购买还可以让网站公司代办，但知名的商务网站应该亲自注册。

1．什么是域名？
2．如何申请域名？
3．网站常见的安全问题有哪些？
4．什么是网站专业性评价报告？

实验十二　上传发布企业网站

一、实验目的与要求

熟悉域名申请和空间购买的过程，掌握网站的上传与发布。

二、实验内容

以一个企业网站为参考，①为企业网站申请域名；②上传与发布企业网站。

参考文献

[1] 冯昊，杨海燕．ASP 动态网页设计与应用．北京：清华大学出版社，2008.

[2] 黄玉春．ASP 动态网页设计．北京：清华大学出版社，2009.

[3] 胡崧．网页设计技术伴侣——HTML/CSS/JavaScript 范例应用．北京：中国青年出版社，2006.

[4] 吴以欣，陈小宁．JavaScript 脚本程序设计．北京：人民邮电出版社，2006.

[5] 张固，汪晓平．ASP 网络应用系统典型模块开发实例解析．北京：人民邮电出版社，2004.

[6] 袁润非．DIV+CSS 网站布局案例精粹．北京：清华大学出版社，2011.

[7] 曾海，吴君胜．网页设计与网站规划．北京：清华大学出版社，2011.

[8] 张明，瞿朝成，郭小燕．网站开发与网页设计．北京：清华大学出版社，2011.

[9] 张李义，孟健，陈为思．网站开发与管理（第二版）．北京：高等教育出版社，2008.

[10] 沈美莉，陈孟建，马银晓．网站规划与建设实用教程．北京：机械工业出版社，2009.

[11] 胡仁喜，杨雪静．ASP 动态网站设计实战（第 2 版）．北京：机械工业出版社，2007.

[12] 屈喜龙，李正庚．ASP+Access 开发动态网站实例荟萃．北京：机械工业出版社，2006.

[13] [美]Eric A. Meyer．CSS Web 站点设计手册．北京：机械工业出版社，2008.